普通高等教育"十三五"规划教材

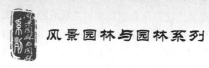

风景园林与园林系列

本书第 1 版荣获中国石油和化学工业优秀出版物奖

# 园林制图

## 第 2 版

段大娟 ◉ 主编

化学工业出版社

·北京·

《园林制图》是园林、风景园林与城市规划等专业的大学本科教材，本书依据国家最新颁布的《风景园林制图标准》和最新修订的《房屋建筑制图统一标准》、风景园林基本术语标准等有关标准、结合相关专业主干课程对制图课教学的基本要求编写。全书共分11章，内容包括画法几何、园林专业制图和计算机辅助园林制图三部分。详细论述了常用的四种投影图的作图原理及方法，结合工程实例系统介绍了主要园林专业图的内容及绘制和阅读方法。

　　为充分体现本教材所面向的使用对象，本书由具有丰富教学和设计经验的园林制图课教师、园林设计专业课教师及建筑设计专业课教师共同编写，力求做到专业性、实用性和系统性相结合。本书除了作为园林、风景园林、城市规划、观赏园艺、林学等专业的教材外，也可用于相关专业岗位技术培训、自学或工程技术人员参考。

**图书在版编目（CIP）数据**

园林制图/段大娟主编. —2版. —北京：化学工业
出版社，2019.12（2023.1重印）
（风景园林与园林系列）
普通高等教育"十三五"规划教材
ISBN 978-7-122-35501-0

Ⅰ.①园… Ⅱ.①段… Ⅲ.①园林设计-建筑制图-
高等学校-教材 Ⅳ.①TU986.2

中国版本图书馆 CIP 数据核字（2019）第 235687 号

---

责任编辑：尤彩霞　　　　　　　　　　　装帧设计：关　飞
责任校对：王鹏飞

---

出版发行：化学工业出版社（北京市东城区青年湖南街 13 号　邮政编码 100011）
印　　刷：北京云浩印刷有限责任公司
装　　订：三河市振勇印装有限公司
880mm×1230mm　1/16　印张 16　字数 558 千字　2023 年 1 月北京第 2 版第 4 次印刷

---

购书咨询：010-64518888　　　　　　　售后服务：010-64518899
网　　址：http://www.cip.com.cn
凡购买本书，如有缺损质量问题，本社销售中心负责调换。

---

定　　价：56.00 元　　　　　　　　　　　　　　　版权所有　违者必究

## 《园林制图》（第2版）
## 编写人员

主　编　段大娟

副主编　张　涛　王先杰　梁发辉　米　伟

编　委　（以姓氏笔画为序）

王中华（河北农业大学）

王先杰（北京农学院）

米　伟（天津农学院）

刘仁芳（华侨大学）

刘　爽（湛江师范学院）

李　想（大连工业大学）

肖　冰（仲恺农业工程学院）

张　涛（河北农业大学）

段大娟（河北农业大学）

梁发辉（天津农学院）

温　静（河北农业大学）

# 前 言

园林工程图样被誉为"园林工程界的技术语言"，绘制和阅读园林工程图是每个园林专业技术人员必须具备的基本技能。

园林制图课是园林、风景园林等专业重要的专业基础课程，其主要任务是培养学生的绘图和读图能力、空间想象能力和形象构思能力、认真负责的工作态度和严谨细致的工作作风，为后续专业课程的学习及从事相关专业技术工作奠定基础。

《园林制图》第 1 版作为普通高等教育"十二五"规划教材，于 2012 年 10 月由化学工业出版社出版。本书自出版以来，一直深受广大读者厚爱，并荣获"2014 年中国石油和化学工业优秀出版物奖（教材奖）二等奖"。

为适应我国园林行业的发展需求，根据住房和城乡建设部对风景园林规划和设计制图的新要求，结合广大读者在教材使用过程中的反馈意见，特对《园林制图》第 1 版进行修订。修订内容主要包括以下几个方面：

1. 根据教育部高等学校工程图学教学指导委员会最新制订的"普通高等学校工程图学课程基本要求"，修订、更新相关内容。

2. 在风景园林制图基本标准部分，重点介绍住房和城乡建设部最新颁布的《风景园林制图标准》（CJJ/T 67—2015）和最新修订的《房屋建筑制图统一标准》（GB/T 50001—2017）中的主要内容，以方便读者学习和工作时查阅。

3. 根据最新的国家标准和行业规范，对专业制图部分的相关内容进行相应的修改、补充和完善。

4. 在计算机辅助园林制图部分，对 AutoCAD、3dxMax 和 Photoshop 三个绘图软件的版本和相关内容进行了更新。

本次修订由段大娟任主编，张涛（河北农业大学）、梁发辉（天津农学院）、王中华（河北农业大学）参与了部分修订工作。

限于编者水平，不妥或疏漏之处在所难免，衷心希望读者批评指正。

编 者
2019 年 12 月

　　园林设计图样被誉为"园林工程界的技术语言"，它既是园林专业技术人员借以构思、表达和交流设计思想的基本工具，也是园林工程施工和管理的重要依据。绘制和阅读园林设计图是每个园林专业技术人员必须具备的基本技能。

　　园林制图作为园林、风景园林等专业的专业基础课程，其主要任务是培养学生绘图和读图的能力、空间想象能力和形象构思能力以及认真负责的工作态度和严谨细致的工作作风，为后续专业课程的学习及从事园林专业技术工作奠定基础。

　　本课程的主要内容包括以下几个方面：

　　(1) 制图基础　介绍制图的基本知识和基本技能，主要包括国家制图标准中有关园林制图的基本规定和正确的制图方法。

　　(2) 基本理论　研究用投影法图示空间物体的基本理论和方法。

　　(3) 投影制图　研究用投影图表达空间物体形状和大小的有关标准和规定，以及绘制和阅读园林工程投影图的基本理论和方法。

　　(4) 专业制图　研究园林工程图的绘制和阅读方法。

　　(5) 计算机制图　介绍利用计算机绘图软件表现园林工程图的基本方法。

　　本课程不仅系统性、逻辑性和实践性强，而且比较抽象，在学习过程中，务必理论联系实际，在透彻掌握有关基本概念、基本投影原理和作图方法的基础上，由浅入深、循序渐进地进行一系列作业练习，这样才能将知识转化为能力。由于图样是生产施工的依据，其绘制和阅读不允许有任何疏忽和差错，学生在学习过程中应自觉培养严谨细致的工作作风和严肃认真的工作态度。

　　本书由具有丰富教学经验和设计实践经验的园林制图课教师、园林设计专业课教师以及建筑设计课教师共同编写，在编写过程中根据"理论联系实际""削枝强干""精讲多练"的原则，编委们结合多年的教学和设计实践，依据 2011 年最新修订实施的有关制图标准，对教材内容和课程体系作了适当的调整，使本教材既保证了基础理论的系统性，又突出了园林专业特色。

　　本书共分 11 章，具体编写分工如下：第 1 章由王先杰编写；第 2 章、第 3 章由温静编写；第 4 章由肖冰编写；第 5 章由段大娟、米伟编写；第 6 章由刘仁芳编写；第 7 章由梁发辉编写；第 8 章由李想编写；第 9 章由张涛、刘爽编写；第 10 章由刘爽、张涛编写；第 11 章由王中华编写。全书由段大娟统稿。

　　由于编者水平有限，不当之处在所难免，热忱希望读者批评指正。

编　者
2012 年 7 月

# 目录

# 第9章　透视投影

# 第10章　园林设计图的绘制与阅读

# 第1章
# 园林制图基本知识

工程图样是工程建设的重要技术资料，是工程施工的依据。为了保证制图质量、适应工程建设的需要，有关部门特制定、颁布了各种制图标准。

本章主要介绍风景园林制图国家标准的有关规定、制图工具和仪器的使用方法以及绘图的一般步骤和方法。培养学生养成良好的作图习惯、严谨的工作作风，并为以后的学习打下良好的基础。

## 1.1 风景园林制图基本标准

为适应我国风景园林行业的发展，规范风景园林行业制图，准确表达图纸信息，保证制图质量，住房和城乡建设部于 2015 年批准实施了《风景园林制图标准》CJJ/T 67—2015（原《风景园林图例图示标准》CJJ 67—1995 同时废止）。同时规定，风景园林规划和设计制图除应符合本标准的规定外，尚应符合房屋建筑制图统一标准 GB/T 50001、《总图制图标准》GB/T 50103 等国家现行有关标准的规定。

本节主要介绍最新颁布的《风景园林制图标准》CJJ/T 67—2015 和最新修订的《房屋建筑制图统一标准》GB/T 50001—2017 中的有关内容。

### 1.1.1 图纸幅面

#### 1.1.1.1 图幅、图框

图幅是指制图所用图纸的幅面。国际通用的 A 系列规格图纸的幅面尺寸应符合表 1-1 的规定。从表中可以看出，幅面的长边与短边的比例 $l:b \approx \sqrt{2}:1$。标准图纸宜采用横幅，如图 1-1 所示。

表 1-1 图幅及图框尺寸 单位：mm

| 幅面代号<br>尺寸代码 | 0 号图幅<br>（A0） | 1 号图幅<br>（A1） | 2 号图幅<br>（A2） | 3 号图幅<br>（A3） | 4 号图幅<br>（A4） |
|---|---|---|---|---|---|
| $b \times l$ | 841×1189 | 594×841 | 420×594 | 297×420 | 210×297 |
| $c$ | 10 | 10 | 10 | 5 | 5 |
| $a$ | 25 | 25 | 25 | 25 | 25 |

#### 1.1.1.2 图纸图界

当图纸图界与比例的要求超出标准图幅最大规格时，可将标准图幅分幅拼接或加长图幅，加长的图幅应有一对边长与标准图幅的短边边长一致。

规划制图的图界应涵盖规划用地范围、相邻用地范围和其他与规划内容相关的范围。

当用一张图幅不能完整地标出图界的全部内容时，可将原图中超出图框边以外的内容标明连接符号后，移至图框边以内的适当位置上，但其内容、方位、比例应与原图保持一致，并不得压占原图中的主要内容。

当图纸按分区分别绘制时，应在每张分区图纸中绘制一张规划用地关系索引图，标明本区在总图或规划区中的位置和范围。

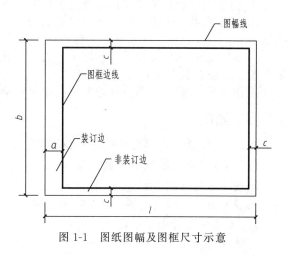

图 1-1 图纸图幅及图框尺寸示意

### 1.1.2 图纸的版式与编排

制图应以专业地形图作为底图，底图比例应与制图比例一致，制图后底图信息应弱化，突出规划设计信息。风景园林规划制图应为彩图；初步设计和施工图设计制图应为墨线图。

#### 1.1.2.1 规划图纸的版式与编排

风景园林规划制图的图纸板式应符合下列规定：

① 应在图纸固定位置标注图题并绘制图标栏和图签栏，图标栏和图签栏可统一设置，也可分别设置，如图 1-2 所示。

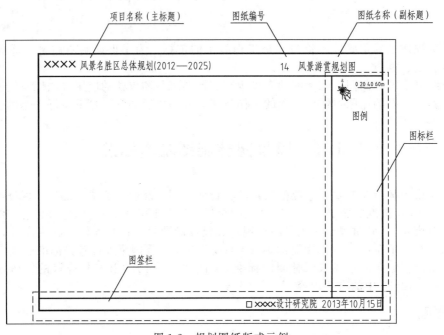

图 1-2 规划图纸版式示例

② 图题宜横写，位置宜选在图纸的上方，图题不应遮盖图中现状或规划的实质内容。图题内容应包括：项目名称（主标题）、图纸名称（副标题）、图纸编号或项目编号，如图 1-2 所示。

③ 图标栏内应在固定位置绘制和标注指北针和风向玫瑰图、比例和比例尺、图例、文字说明等内容。

④ 图签栏的内容应包括规划编制单位名称及资质等级、编绘日期等。规划编制单位名称应采用正式全称，并可加绘其标识徽记。

⑤ 规划图纸编排顺序宜为：现状图纸、规划图纸，图纸顺序应与规划文本的相关内容顺序一致。

#### 1.1.2.2 设计图纸的版式与编排

风景园林设计制图的图纸板式应符合下列规定：

① 初步设计和施工图设计图纸宜采用右侧图签栏或下侧图签栏，内容布局如图 1-3 所示。

② 图签栏的内容应包括设计单位正式全称及资质等级、项目名称、项目编号、工作阶段、图纸名称、图纸编号、制图比例、技术责任、修改记录、编绘日期等。

③ 初步设计和施工图设计制图中，当按照规定的图纸比例在一张图幅内放不下时，应增绘分区（分幅）图，并应在其分图右上角绘制索引标示。

④ 初步设计和施工图设计的图纸编排顺序应为封面、目录、设计说明和设计图纸。

### 1.1.3 图线

在绘图时，为了清晰地表达图中的不同内容，并能够分清主次，必须正确使用不同的线型、线宽和颜色。

#### 1.1.3.1 规划图纸的图线

风景园林规划图纸中应用不同线型、不同颜色的图线表示规划边界、用地边界及道路、市政管线等内容。图线的线型、线宽、颜色及主要用途应符合表 1-2 的规定。

#### 1.1.3.2 设计图纸的图线

风景园林设计图纸图线的线型、线宽及主要用途应符合表 1-3 的规定。表中图线线宽为基本要求，可

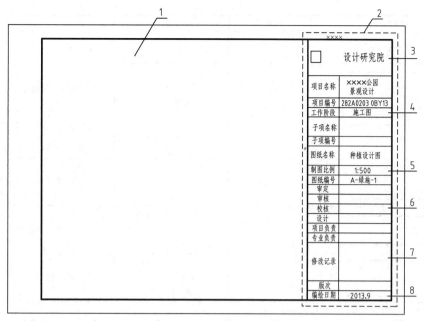

(a) 右侧图签栏

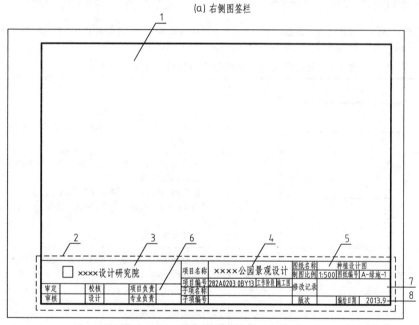

(b) 下侧图签栏

**图 1-3 图签栏布局示意**

1—绘图区；2—图签栏；3—设计单位正式全称及资质等级；4—项目名称、项目编号、工作阶段；
5—图纸名称、图纸编号、制图比例；6—技术责任；7—修改记录；8—编绘日期

根据图面所表达的内容进行调整以突出重点。

**表 1-2 风景园林规划图纸图线的线型、线宽、颜色及主要用途**

| 名称 | 线型 | 线宽 | 颜色 | 主要用途 |
|------|------|------|------|----------|
| 实线 |  | 0.10$b$ | C＝67<br>Y＝100 | 城市绿线 |
|  |  | 0.30～0.40$b$ | C＝22　M＝78<br>Y＝57　K＝6 | 宽度小于 8m 的风景名胜区车行道路 |
|  |  | 0.20～0.30$b$ | C＝27　M＝46<br>Y＝89 | 风景名胜区步行道路 |
|  |  | 0.10$b$ | K＝80 | 各类用地边线 |

| 名称 | 线型 | 线宽 | 颜色 | 主要用途 |
|---|---|---|---|---|
| 双实线 | | 0.10b | C=31　M=93<br>Y=100　K=42 | 宽度大于8m的风景名胜区道路 |
| 虚线 | 或 | 0.40b | C=3　M=98<br>Y=100<br>或 K=80 | 外围控制区(地带)界 |
| | | 0.20~0.30b | K=80 | 风景名胜区景区界、功能区界、保护分区界 |
| | | 0.10b | K=80 | 地下构筑物或特殊地质区域界 |
| 点画线 | 或 | 0.40~0.60b | C=3　M=98<br>Y=100<br>或 K=80 | 风景名胜区核心景区界 |
| | 或 | 0.60b | C=3　M=98<br>Y=100<br>或 K=80 | 规划边界和用地红线 |
| 双点<br>画线 | 或 | b | C=3　M=98<br>Y=100<br>或 K=80 | 风景名胜区界 |

注：1. b为线宽宽度，视图幅及规划区域的大小而定。

2. 风景名胜区界、风景名胜区核心景区界、外围控制区(地带)界、规划边界和用地红线应用红色，当使用红色边界不利于突出图纸主体内容时，可用灰色。

3. 图形颜色由C(青色)、M(洋红色)、Y(黄色)、K(黑色)4种印刷油墨的色彩浓度确定；图形颜色中字母对应的数值为色彩浓度百分值，表中缺省的油墨类型的色彩浓度百分值一律为0。

**表 1-3　风景园林设计图纸图线的线型、线宽及主要用途**

| 名称 | | 线型 | 线宽 | 主要用途 |
|---|---|---|---|---|
| 实线 | 极粗 | | 2b | 地面剖断线 |
| | 粗 | | b | 1)总平面图中建筑外轮廓线、水体驳岸顶线；<br>2)剖断线 |
| | 中粗 | | 0.5b | 1)构筑物、道路、边坡、围墙、挡土墙的可见轮廓线；<br>2)立面图的轮廓线；<br>3)剖面图中未剖切到的可见轮廓线；<br>4)道路铺装、水池、挡墙、花池、坐凳、台阶、山石等高差变化较大的线；<br>5)尺寸起止符号 |
| | 细 | | 0.25b | 1)道路铺装、挡墙、花池等高差变化较小的线；<br>2)放线网格线、图例线、尺寸线、尺寸界线、引出线、索引符号等；<br>3)说明文字、标注文字等 |
| | 极细 | | 0.15b | 1)现状地形等高线；<br>2)平面、剖面图中的纹样填充线；<br>3)同一平面不同铺装的分界线 |
| 虚线 | 粗 | | b | 新建建筑物和构筑物的地下轮廓线，建筑物、构筑物的不可见轮廓线 |
| | 中粗 | | 0.5b | 1)局部详图外引范围线；<br>2)计划预留扩建的建筑物、构筑物、铁路、道路、运输设施、管线的预留用地线；<br>3)分幅线 |
| | 细 | | 0.25b | 1)设计等高线；<br>2)各专业制图标准中规定的线型 |
| 单点画线 | 粗 | | b | 1)露天矿开采界限；<br>2)见各有关专业制图标准 |
| | 中粗 | | 0.5b | 1)土方填挖区零线；<br>2)各专业制图标准中规定的线型 |
| | 细 | | 0.25b | 1)分水线、中心线、对称线、定位轴线；<br>2)各专业制图标准中规定的线型 |

| 名称 | | 线型 | 线宽 | 主 要 用 途 |
|------|------|------|------|------|
| 双点画线 | 粗 | ———————— | $b$ | 规划边界和用地红线 |
| | 中粗 | ———————— | $0.5b$ | 地下开采区塌落界限 |
| | 细 | ———————— | $0.25b$ | 建筑红线 |
| 折断线 | | ———/—— | $0.25b$ | 断开线 |
| 波浪线 | | ∿∿∿ | $0.25b$ | |

注：$b$ 为线宽宽度，视图幅的大小而定，宜用 1mm。

#### 1.1.3.3 图线的画法及注意事项

① 图纸的图框边线、图标栏和图签栏的外框线及分格线，可采用表 1-4 的线宽。

**表 1-4 图框边线、图标栏和图签栏线的宽度**　　　　　单位：mm

| 幅面代号 | 图框边线 | 图标栏和图签栏外框线 | 图签栏分格线 |
|------|------|------|------|
| A0、A1 | $b$ | $0.5b$ | $0.25b$ |
| A2、A3、A4 | $b$ | $0.7b$ | $0.35b$ |

② 相互平行的图例线，其净间隙或线中间隙不宜小于 0.2mm。

③ 虚线、单点画线或双点画线的线段长度和间隔，宜各自相等。

④ 单点画线或双点画线，当在较小图形中绘制有困难时，可用实线代替。

⑤ 单点画线或双点画线的两端不应采用点。点画线与点画线交接或点画线与其它图线交接时，应采用线段交接。

⑥ 虚线与虚线交接或虚线与其它图线交接时，应采用线段交接。虚线为实线的延长线时，不得与实线相接。

⑦ 图线不得与文字、数字或符号重叠、混淆，不可避免时，应首先保证文字等的清晰。

## 1.1.4 字体

《房屋建筑制图统一标准》GB/T 50001—2017 规定：图纸上所需书写的文字、数字或符号等，均应笔画清晰、字体端正、排列整齐，标点符号应清楚正确。

风景园林规划或设计制图中所用的字体应统一，同一图纸中文字字体种类不宜超过两种。需加注外文的项目，可在中文下方加注外文，外文应使用印刷体或书写体等。为保证图纸内容的严肃性、正规性、准确性和清晰度，中文、外文均不宜使用繁体字和美术字。

文字的字高应从表 1-5 中选用，字高大于 10mm 的文字宜采用 True type 字体，如需书写更大的字，其高度应按 $\sqrt{2}$ 的倍数递增。

**表 1-5 文字的字高**　　　　　单位：mm

| 字体种类 | 汉字矢量字体 | True type 字体及非汉字矢量字体 |
|------|------|------|
| 字高 | 3.5、5、7、10、14、20 | 3、4、6、8、10、14、20 |

#### 1.1.4.1 汉字

图样及说明中的汉字，应使用中文标准简化汉字，并宜优先采用 True type 字体中的宋体字型，True type 字体的字高和字宽比宜为 1。采用矢量字体时应为长仿宋体字型，长仿宋字的字高和字宽应符合表 1-6 的规定。

**表 1-6 长仿宋字字高和字宽**　　　　　单位：mm

| 字高 | 20 | 14 | 10 | 7 | 5 | 3.5 |
|------|------|------|------|------|------|------|
| 字宽 | 14 | 10 | 7 | 5 | 3.5 | 2.5 |

由表中可以看出，长仿宋体字的字高与字宽的比例大约为 10：7，某号字的宽度，即为小一号字的高度。

长仿宋字书写要领：

① 横平竖直　横笔基本要平，末端稍微向上倾斜一点。竖笔要直，笔画要刚劲有力。

②起落分明　横、竖的起笔和收笔，撇的起笔，钩的转角等，都要顿一下，形成小三角。

③笔锋满格　一般字体的主要笔画要触及字格，但也有例外，如日、口等，比格略小。

④布局均匀　每个汉字是一个整体，笔画布局要均匀紧凑，并根据汉字的不同结构特点，灵活处理偏旁和整体的关系。

为使字体排列整齐，书写大小一致，在书写前应先打好字格。

长仿宋字的基本笔画及例字见表1-7。

表1-7　长仿宋字的基本笔画及例字

| 名称 | 横 | 竖 | 撇 | 捺 | 挑 | 钩 | | 点 | |
|------|----|----|----|----|----|----|----|----|----|
| 笔画形状 | 平横<br>斜横 | 竖<br>直竖 | 曲撇<br>竖撇 | 斜捺<br>平捺 | 平挑<br>斜挑 | 竖钩<br>斜曲钩 | 竖弯钩<br>包折钩 | 长点<br>上挑点 | 垂点<br>下挑点 |
| 笔法 | | | | | | | | | |
| 例字 | 工<br>土 | 上<br>中 | 人<br>形 | 尺<br>建 | 比<br>结 | 侧<br>划 | 机<br>构 | 泥<br>热 | 楼<br>总 |

### 1.1.4.2　数字与字母

图样及说明中的字母、数字，宜优先采用 True type 字体中 Roman 字型，可根据需要写成直体或斜体。斜体的倾斜度应是从字的底线逆时针向上倾斜 75°，其宽度和高度与相应的直体字相同，数字与字母的字高不应小于 2.5mm。字母与数字例字见图 1-4。

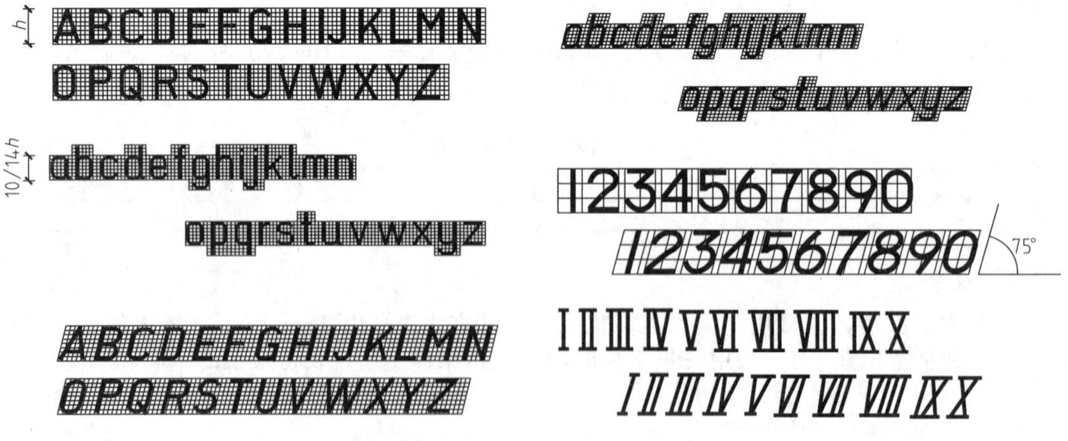

图1-4　字母与数字书写示例

数量的数值注写，应采用正体阿拉伯数字。各种计量单位凡前面有量值的，均应采用国家颁布的单位符号注写，单位符号应采用正体字母。

分数、百分数和比例数的注写，应采用阿拉伯数字和数学符号，例如：四分之三、百分之二十五、一比二十应分别写成 3/4、25%、1：20。

当注写的数字小于 1 时，必须写出个位的"0"，小数点应采用圆点，齐基准线书写，例如 0.01。

## 1.1.5　比例

图样的比例，应为图形与实物相对应的线性尺寸之比。

比例的符号应为"："，比例应以阿拉伯数字表示，宜注写在图名的右侧，字的底线应取平；比例数字的字号宜比图名的字号小一号或二号，如图1-5所示。

平面图1:100

图 1-5　比例的注写

比例的大小，是指比值的大小，如1：50大于1：100。

绘图所用的比例，应根据图样的用途与被绘对象的复杂程度确定，从表1-8中选用，并优先选用表中常用比例。

表 1-8　绘图常用比例及可用比例

| 常用比例 | 1：1,1：2,1：5,1：10,1：20,1：30,1：50,1：100,1：150,1：200,1：500,1：1000,1：2000 |
| --- | --- |
| 可用比例 | 1：3,1：4,1：6,1：15,1：25,1：40,1：60,1：80,1：250,1：300,1：400,1：600,1：5000,1：10000,1：20000,1：50000,1：100000,1：200000 |

特殊情况下也可自选比例，这时除应注出绘图比例外，还应在适当位置绘制出相应的比例尺。

### 1.1.5.1　规划制图的比例

城市绿地系统规划图纸的制图比例应与相应的城市总体规划图纸的比例一致。风景名胜区总体规划图纸的制图比例和比例尺应符合现行国家标准《风景名胜区规划规范》GB 50298中的相关规定。

### 1.1.5.2　设计制图的比例

初步设计和施工图设计图纸常用比例应符合表1-9的规定。

表 1-9　初步设计和施工图设计图纸常用比例

| 图纸类型 | 初步设计图纸常用比例 | 施工图设计图纸常用比例 |
| --- | --- | --- |
| 总平面图（索引图） | 1：500、1：1000、1：2000 | 1：200、1：500、1：1000 |
| 分区（分幅）图 | — | 可无比例 |
| 放线图、竖向设计图 | 1：500、1：1000 | 1：200、1：500 |
| 种植设计图 | 1：500、1：1000 | 1：200、1：500 |
| 园路铺装及部分详图、索引平面图 | 1：200、1：500 | 1：100、1：200 |
| 园林设备、电气平面图 | 1：500、1：1000 | 1：200、1：500 |
| 建筑、构筑物、山石、园林小品设计图 | 1：50、1：100 | 1：50、1：100 |
| 做法详图 | 1：5、1：10、1：20 | 1：5、1：10、1：20 |

## 1.1.6　符号

风景园林设计制图中的符号主要是按照现行国家标准《房屋建筑制图统一标准》CB/T 50001—2017中符号的相关规定制定的，同时根据风景园林实际情况进行了简化。

### 1.1.6.1　索引符号与详图符号

在工程施工图中，常用较大比例的图样将某一局部或构件的细部形状、大小、材料及做法另行画出，这种图样称为"详图"。同时，为了便于查阅详图、了解详图与被索引图样之间的关系，通常采用索引符号和详图符号的说明方法解决。

（1）索引符号

在平、立、剖面图中，用以注明已画详图的位置、详图编号以及详图所在图纸编号的符号，称为索引符号。索引符号是由直径为10mm的圆和水平直径组成，圆及直径均应以细实线绘制。索引符号应按下列规定编写：

① 当索引出的详图与被索引的图样在同一张图纸内时，应在索引符号的上半圆中用阿拉伯数字注明

该详图的编号，并在下半圆中间画一段水平细实线，如图 1-6（a）所示。

②当索引出的详图与被索引的图样不在同一张图纸内时，应在索引符号的上半圆中用阿拉伯数字注明该详图的编号，并在下半圆中用阿拉伯数字注明该详图所在图纸的编号，如图 1-6（b）所示。

③当索引出的详图采用标准图时，应在索引符号水平直径的延长线上加注该标准图集的编号，如图 1-6（c）所示。

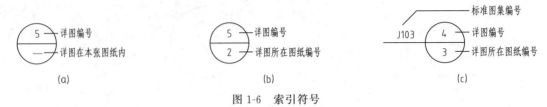

图 1-6　索引符号

④当索引符号用于索引剖面详图时，应在被剖切的部位绘制剖切位置线，并以引出线引出索引符号，引出线所在的一侧应为剖视方向。索引符号的编写同上条规定，如图 1-7 所示。

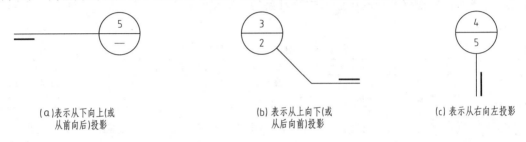

图 1-7　用于索引剖面详图的索引符号

（2）详图符号

用以注明详图编号及被索引图样所在图纸编号的符号，称为详图符号。详图符号以直径为 14mm 的粗实线圆表示。详图符号应按下列规定编写：

①当详图与被索引的图样在同一张图纸内时，应在详图符号内用阿拉伯数字注明该详图的编号，如图 1-8（a）所示。

②当详图与被索引的图样不在同一张图纸内时，应用细实线在详图符号内画一水平直径，并在上半圆中注明详图的编号，在下半圆中注明被索引的图样所在图纸的编号，如图 1-8（b）所示。

图 1-8　详图符号

### 1.1.6.2　引出线

当图样中的内容有需要用文字或图样加以说明的时候，要用引出线引出。引出线应以细实线绘制，宜采用水平方向的直线，或采用与水平方向成 30°、45°、60°或 90°的直线，并经上述角度再折为水平直线。文字说明宜注写在水平线的端部 ［图 1-9（a）］；索引详图的引出线，应与水平直径线相连接 ［图 1-9（b）］；同时引出几个相同部分的引出线，宜相互平行 ［图 1-9（c）］；也可画成集中于一点的放射线 ［图 1-9（d）］。

图 1-9　引出线的画法

多层构造共用的引出线，应通过被引出的各层，并用圆点示意对应各层次。文字说明宜注写在水平线的端部，说明的顺序应由上至下，并应与被说明的层次对应一致，如图 1-10（a）所示；如层次为横向排列，则由上至下的说明顺序应与由左至右的层次对应一致，如图 1-10（b）所示。

### 1.1.6.3 对称符号

若图形本身对称，可只画该图形的一半，并在图形的对称中心处画上对称符号。

对称符号由对称线及其两端的两对平行线组成。对称线用细单点长画线绘制；平行线宜用长度为 6～10mm 的细实线绘制，每对平行线的间距宜为 2～3mm；对称线垂直平分两对平行线，且两端超出平行线宜为 2～3mm，如图 1-11 所示。

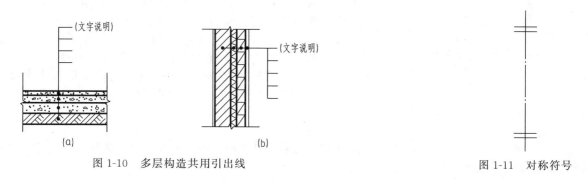

图 1-10　多层构造共用引出线　　　　　　　　图 1-11　对称符号

### 1.1.6.4 连接符号

连接符号应以折断线表示需连接的部位。两部位相距过远时，折断线两端靠图样一侧应标注大写英文字母表示连接编号。两个被连接的图样必须用相同的字母编号，如图 1-12 所示。

### 1.1.6.5 指北针

在平面图或总平面图中需要用指北针指示方位。指北针宜用直径为 24mm 的细实线圆表示，指针尾部的宽度宜为 3mm。需用较大直径绘制指北针时，指针尾部宽度宜为直径的 1/8。指针头部应注"北"或"N"字，如图 1-13 所示。

### 1.1.6.6 变更云线

对图纸中局部变更部分宜采用云线，并宜注明修改版次。修改版次符号宜为边长 8mm 的等边三角形，修改版次应采用数字表示，变更云线的线宽宜按 0.7b 绘制，如图 1-14 所示。

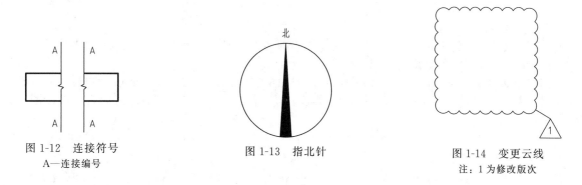

图 1-12　连接符号　　　　　　　图 1-13　指北针　　　　　　图 1-14　变更云线
　　　A—连接编号　　　　　　　　　　　　　　　　　　　　　　注：1 为修改版次

## 1.1.7　标注

在工程图纸中，除了按比例画出物体的图形外，还必须进行相关标注，才能完整地表达出物体的大小和各部分的相对关系，以作为施工的依据。

### 1.1.7.1　线段的尺寸标注

图样上的尺寸由尺寸界线、尺寸线、尺寸起止符号和尺寸数字组成，如图 1-15 所示。

（1）尺寸界线

尺寸界线是指被注长度的界限线。尺寸界线应用细实线绘制，一般应与被注长度垂直，其一端应离开图样轮廓线不小于 2mm，另一端宜超出尺寸线 2～3mm。总尺寸的尺寸界线应靠近所指部位，中间分尺寸的尺寸界线可稍短，但其长度应相等。必要时，图样轮廓线、对称线、中心线、轴线及它们的延长线可用作尺寸界线，如图 1-15 所示。

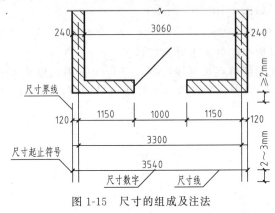

图 1-15　尺寸的组成及注法

（2）尺寸线

尺寸线是指被注长度的度量线。尺寸线应用细实线绘制，一般应与被注长度平行，两端宜以尺寸界线为边界，也可超出尺寸界线 2～3mm。图样本身的任何图线均不得用作尺寸线。

互相平行的尺寸线，应从被注的图样轮廓线由近向远整齐排列，较小尺寸应离轮廓线较近，较大尺寸应离轮廓线较远。如图 1-15 所示的尺寸标注，共有三道平行尺寸，最内侧尺寸标注门窗位置及大小，中间尺寸标注轴线距离，最外侧尺寸标注图样轮廓总长度。

图样轮廓线以外的尺寸线，与图样最外轮廓线之间的距离不宜小于 10mm。平行排列的尺寸线间距宜为 7～10mm，并应保持一致。

（3）尺寸起止符号

尺寸起止符号表示尺寸范围的起讫。尺寸起止符号一般应用中粗斜短线绘制，其倾斜方向应与尺寸界线成顺时针 45°角，长度宜为 2～3mm。

轴测图中用小圆点表示尺寸起止符号，小圆点直径宜为 1mm，如图 1-16 所示。

半径、直径、角度与弧长的尺寸起止符号，宜用箭头表示，箭头宽度 $b$ 不宜小于 1mm，如图 1-17 所示。

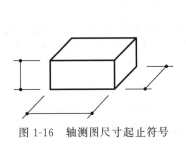

图 1-16　轴测图尺寸起止符号

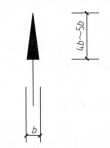

图 1-17　箭头尺寸起止符号

（4）尺寸数字

尺寸数字表示尺寸的大小。图样上的尺寸，是其所对应实物的实际尺寸，应以尺寸数字为准，不得从图上直接量取。标注尺寸数字应符合以下规定：

① 图样上标注的尺寸，除标高及总平面图以 m 为单位外，其它均必须以 mm 为单位，并可省略。

② 尺寸数字的方向，应按图 1-18（a）的规定注写。若尺寸数字在 30°斜线区内，也可按图 1-18（b）的形式注写。

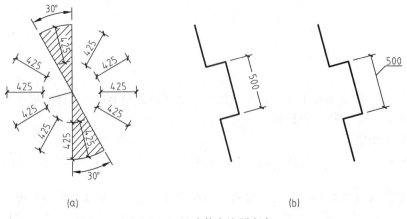

（a）　　　　　　　　　　（b）

图 1-18　尺寸数字注写方向

③ 尺寸数字应依据其读数方向注写在靠近尺寸线的上方中部，如没有足够的注写位置，最外边的尺寸数字可注写在尺寸界线的外侧，中间相邻的尺寸数字可上下错开注写，也可引出注写，如图1-19（a）所示。

尺寸宜标注在图样轮廓以外，不宜与图线、文字及符号等相交，不可避免时，应将尺寸数字处的图线断开，如图1-19（b）所示。

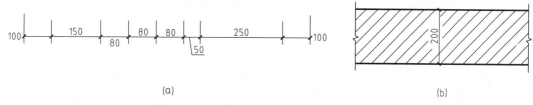

(a)

(b)

图1-19 尺寸数字的注写位置

### 1.1.7.2 半径、直径的尺寸标注

（1）半径的尺寸标注

① 半径的尺寸线，应一端从圆心开始，另一端画箭头指至圆弧，标注圆或圆弧的半径尺寸时，半径数字前要加注半径符号"R"，如图1-20。标注球的半径尺寸时，应在尺寸数字前加注符号"SR"，注写方法与圆弧半径尺寸的标注方法相同。

② 当被标注的圆弧半径较小时，可按图1-21所示标注。

③ 当被标注的圆弧半径较大时，可按图1-22所示标注。

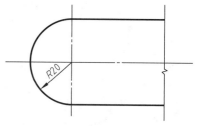

图1-20 半径的尺寸标注

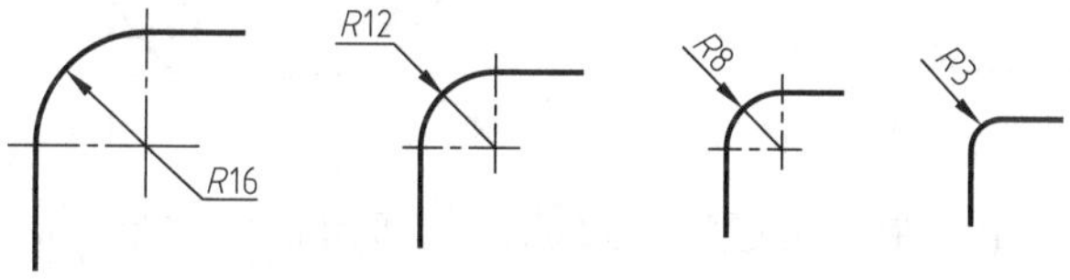

图1-21 较小圆弧半径的尺寸标注

图1-22 较大圆弧半径的尺寸标注

（2）直径的尺寸标注

① 在圆内标注直径的尺寸线应通过圆心，两端画箭头指至圆弧，标注圆的直径尺寸时，直径数字前要加注直径符号"$\phi$"，如图1-23所示。标注球的直径尺寸时，应在尺寸数字前加注符号"$S\phi$"。注写方法与圆直径尺寸的标注方法相同。

② 当被标注的圆的直径尺寸较小时，可标注在圆外，如图1-24所示。

### 1.1.7.3 角度、弧长和弦长的尺寸标注

（1）角度的尺寸标注

角度的尺寸线应以圆弧线表示，该圆弧的圆心应是该角的顶点，角的两条边为尺寸界线，角度的起止符号应以箭头表示，如没有足够的画箭头位置，可用圆点代替，角度数字应沿水平方向注写，如图1-25所示。

（2）弧长的尺寸标注

标注圆弧的弧长时，尺寸线应以与该圆弧同心的圆弧线表示，尺寸界线应垂直于该圆弧的弦。起止符号用箭头表示，弧长数字上方应加注圆弧符号"⌒"，如图1-26所示。

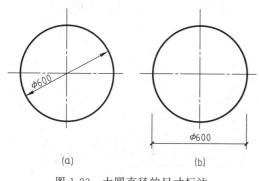

(a)          (b)

图1-23 大圆直径的尺寸标注

（3）弦长的尺寸标注

标注圆弧的弦长时，尺寸线应以平行于该弦的直线表示，尺寸界线应垂直于该弦，起止符号用中粗斜短线表示，如图1-27所示。

### 1.1.7.4 坡度的尺寸标注

标注坡度时，应沿坡度画出指向下坡方向的箭头，在箭头的一侧或一端注写坡度数字（百分数、小数

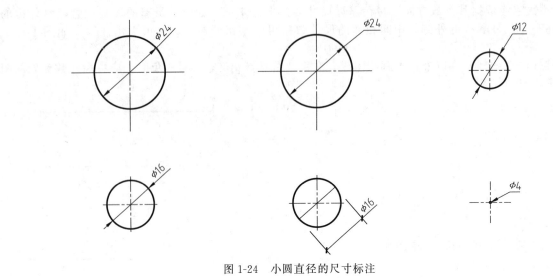

图 1-24 小圆直径的尺寸标注

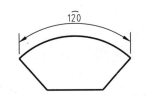

图 1-25 角度的尺寸标注

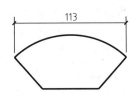

图 1-26 弧长的尺寸标注

图 1-27 弦长的尺寸标注

或比例），如图 1-28（a）～（d）所示。坡度有时也可用直角三角形的形式标注，即用直角三角形的两直角边的比来表示坡度的大小，如图 1-28（e）、（f）所示。

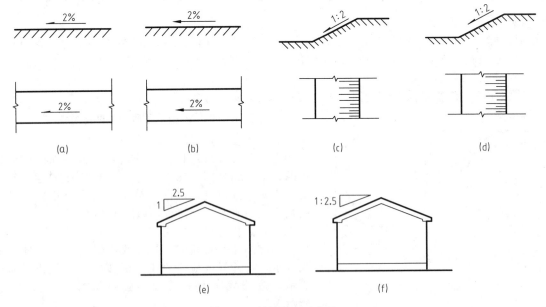

图 1-28 坡度的尺寸标注

### 1.1.7.5 非圆曲线和复杂图形的尺寸标注

外形为非圆曲线的构件，可以采用两种标注方式。对于简单的不规则曲线，可以采用坐标法标注其尺寸，如图 1-29（a）所示；对于复杂图形一般采用网格法标注，如图 1-29（b）所示。坐标或网格尺寸由实际情况确定，距离越小则精度越高。

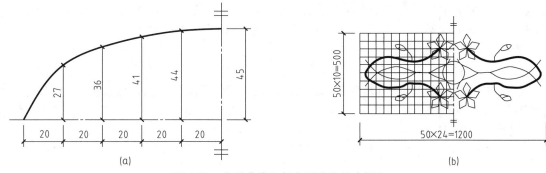

(a)

(b)

图 1-29　非圆曲线和复杂图形的尺寸标注

### 1.1.7.6　标高的尺寸标注

标高是指以某基准面（±0.000）为基准的相对高度，根据选定基准面的不同，标高可分为相对标高和绝对标高。个体建筑物图样一般将室内首层地面作为相对标高的基准面，标高符号应以等腰直角三角形表示，用细实线绘制，如图 1-30（a）所示，如数字标注位置不够时，也可按图 1-30（b）所示形式标注。标高符号的具体画法如图 1-30（c）、（d）所示。

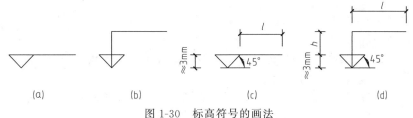

(a)　　　　(b)　　　　(c)　　　　(d)

图 1-30　标高符号的画法

$t$—取适当长度注写标高数字；$h$—根据需要取适当高度

1985 国家高程基准是 1956 年规定以黄海（青岛）的多年平均海平面作为统一基面。

绝对标高的基准面为青岛市附近黄海的平均海平面，多用于园林规划设计的总平面图。总平面图室外地坪标高符号，宜用涂黑的直角三角形表示，如图 1-31（a），具体画法如图 1-31（b）所示。

标高符号的尖端应指至被注高度的位置。尖端一般应向下，也可向上，如图 1-32（a）所示。在图样的同一位置需表示几个不同标高时，标高数字可按图 1-32（b）的形式注写。

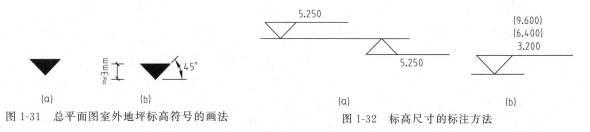

(a)　　　　(b)

图 1-31　总平面图室外地坪标高符号的画法

(a)　　　　(b)

图 1-32　标高尺寸的标注方法

同一张图纸上，标高符号应大小相同，排列整齐，如图 1-33 所示。

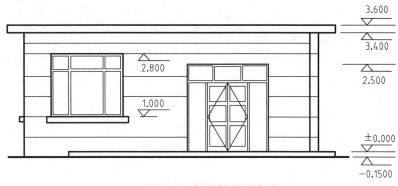

图 1-33　标高符号的排列

标高数字应以 m 为单位，注写到小数点后第三位。在总平面图中，可注写到小数点后第二位。零点标高应注写成±0.000，正数标高不注"＋"，负数标高应注"－"，例如 3.000、－5.600。

### 1.1.7.7　尺寸的简化标注

（1）单线图的尺寸标注

杆件或管线的长度，在单线图（桁架简图、钢筋简图、管线简图等）上，可直接将尺寸数字沿杆件或管线的一侧注写，如图 1-34 所示。

（2）连排等长尺寸的标注

连续排列的等长尺寸，可用"等长尺寸×个数＝总长"或"总长（等分个数）"的形式标注，如图 1-35 所示。

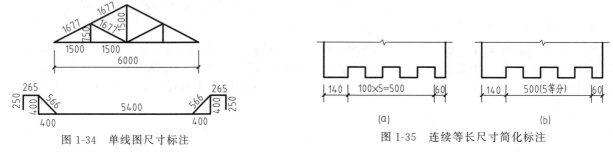

图 1-34　单线图尺寸标注　　　　　　　　　图 1-35　连续等长尺寸简化标注

（3）相同要素尺寸的标注

构配件内的构造要素（如孔、槽等）如相同，可仅标注其中一个要素的尺寸，如图 1-36 所示。

（4）对称构配件和相似构配件的尺寸标注

对称构配件采用对称省略画法时，该对称构配件的尺寸线应略超过对称符号，仅在尺寸线的一端画尺寸起止符号，尺寸数字应按整体全尺寸注写，其注写位置宜与对称符号对齐，如图 1-37 所示。

两个构配件如个别尺寸数字不同，可在同一图样中将其中一个构配件的不同尺寸数字注写在括号内，该构配件的名称也应注写在相应的括号内，如图 1-38 所示。

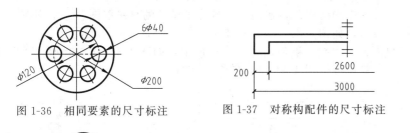

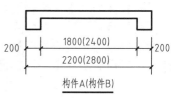

图 1-36　相同要素的尺寸标注　　　图 1-37　对称构配件的尺寸标注　　　图 1-38　相似构配件的尺寸标注

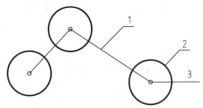

图 1-39　单株种植植物的标注
1—种植点连线；2—植物图例；3—序号、树种和数量

### 1.1.7.8　种植设计图的植物标注

初步设计和施工图设计中种植设计图的植物标注方式应符合下列规定：

① 单株种植的植物应表示出种植点，从种植点作引出线，文字应由序号、树种和数量组成，如图 1-39 所示；初步设计图可只标序号和树种。

② 群植植物可标种植点，如图 1-40（a）所示；也可不标种植点，如图 1-40（b）所示。从树冠线作引出线，文字应由序

(a) 标注种植点

(b) 不标注种植点

图 1-40　群植植物的标注
1—序号、树种、数量、株行距

号、树种、数量、株行距或每平方米株数组成，序号与苗木表中序号相对应。

③ 株行距单位应为 m，乔灌木可保留小数点后 1 位；花卉等精细种植宜保留小数点后 2 位。

此外，初步设计和施工图设计图纸的标注还应符合表 1-10 的规定。

表 1-10　初步设计和施工图设计图纸的标注

| 序号 | 名称 | 标　注 | 说　明 |
|---|---|---|---|
| 1 | 设计等高线 | — — — 6.00 — — —<br>— — — 5.00 — —<br>— — 4.00 — — | 等高线上的标注应顺着等高线的方向，字的方向指向上坡方向。标高以 m 为单位，精确到小数点后第 2 位 |
| 2 | 设计高程（详图） | 5.250　或　▽ 5.130<br>±0.000<br>（常水位） | 标高以 m 为单位，注写到小数点后第 3 位；总图中注写到小数点后第 2 位 |
|  | 设计高程（总图） | ⊕ 6.30　（设计高程点）<br>○ 6.25　（现状高程点） | 标高以 m 为单位，在总图及绿地中注写到小数点后第 2 位；设计高程点位为圆加十字，现状高程为圆 |
| 3 | 排水方向 | ⟶ | 指向下坡 |
| 4 | 坡度 | $i=6.5\%$ ⟶<br>40.00 | 两点坡度<br>两点距离 |
| 5 | 挡墙 | 5.000<br>▽<br>(4.630) | 挡墙顶标高<br>（墙底标高） |

## 1.1.8　图例

### 1.1.8.1　规划制图图例

国标规定的图例是一种图形符号，图例由图形外边框、文字与图形组成，如图 1-41 所示。

风景园林规划制图图例应根据图样大小而定，并应注意下列事项：

① 每张图纸图例的图形外边框、文字大小应保持一致。

② 图形外边框应采用矩形，矩形高度可视图纸大小确定，宽高比宜为（2:1）～（3.5:1）。

③ 图形可由色块、图案或数字代号组成，绘制在图形外边框的内部并居中。采用色块作为图形的，色块应充满图形外边框。

④ 文字应标注在图形外边框右侧，是对图形内容的注释。文字标注应采用黑体，高度不应超过图形外边框的高度。

⑤ 城市绿地系统规划图纸中用地图例的图形、文字和图形颜色应符合表 1-11 的规定。

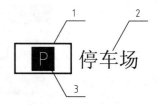

1—图形外边框；2—文字；3—图形
图 1-41　风景园林规划制图图例

表 1-11　城市绿地系统规划图纸中用地图例

| 序号 | 图形 | 文字 | 图形颜色 |
|---|---|---|---|
| 1 | ■ | 公园绿地 | C＝55　M＝6　Y＝77 |
| 2 | ■ | 生产绿地 | C＝53　M＝8　Y＝53 |
| 3 | ■ | 防护绿地 | C＝36　M＝15　Y＝54 |
| 4 | ■ | 附属绿地 | C＝15　M＝4　Y＝36 |
| 5 | ■ | 其他绿地 | C＝19　M＝2　Y＝23 |

注：图形颜色由 C（青色）、M（洋红色）、Y（黄色）、K（黑色）4 种印刷油墨的色彩浓度确定；图形颜色中字母对应的数值为色彩浓度百分值，表中缺省的油墨类型的色彩浓度百分值一律为 0。

⑥ 风景名胜区总体规划图纸中的用地分类、保护分类、保护分级图例应符合表 1-12 的规定。

**表 1-12　风景名胜区总体规划图纸用地分类及保护分类、保护分级图例**

| 序号 | 图形 | 文字 | 图形颜色 |
|---|---|---|---|
| 1 | | 用地分类 | |
| 1.1 | | 风景游赏用地 | C＝46　M＝7　Y＝57 |
| 1.2 | | 游览设施用地 | C＝31　M＝85　Y＝70 |
| 1.3 | | 居民社会用地 | C＝4　M＝28　Y＝38 |
| 1.4 | | 交通与工程用地 | K＝50 |
| 1.5 | | 林地 | C＝63　M＝20　Y＝63 |
| 1.6 | | 园地 | C＝31　M＝6　Y＝47 |
| 1.7 | | 耕地 | C＝15　M＝4　Y＝36 |
| 1.8 | | 草地 | C＝45　M＝9　Y＝75 |
| 1.9 | | 水域 | C＝52　M＝16　Y＝2 |
| 1.10 | | 滞留用地 | K＝15 |
| 2 | | 保护分类 | |
| 2.1 | | 生态保护区 | C＝52　M＝11　Y＝62 |
| 2.2 | | 自然景观保护区 | C＝33　M＝9　Y＝27 |
| 2.3 | | 史迹保护区 | C＝17　M＝42　Y＝44 |
| 2.4 | | 风景恢复区 | C＝20　M＝4　Y＝39 |
| 2.5 | | 风景游览区 | C＝42　M＝16　Y＝58 |
| 2.6 | | 发展控制区 | C＝8　M＝20 |
| 3 | | 保护分级 | |
| 3.1 | | 特级保护区 | C＝18　M＝48　Y＝36 |
| 3.2 | | 一级保护区 | C＝16　M＝33　Y＝34 |
| 3.3 | | 二级保护区 | C＝9　M＝17　Y＝33 |
| 3.4 | | 三级保护区 | C＝7　M＝7　Y＝23 |

注：1. 根据图面表达效果需要，可在保持色系不变的前提下，适当调整保护分类及保护分级图形颜色色调。

2. 图形颜色由 C（青色）、M（洋红色）、Y（黄色）、K（黑色）4 种印刷油墨的色彩浓度确定；图形颜色中字母对应的数值为色彩浓度百分值，表中缺省的油墨类型的色彩浓度百分值一律为 0。

⑦ 风景名胜区总体规划图纸景源图例应符合表 1-13 的规定。

表 1-13　风景名胜区总体规划图纸景源图例

| 序号 | 景源类别 | 图形 | 文字 | 图形大小 | 图形颜色 |
|---|---|---|---|---|---|
| 1 | 人文 | 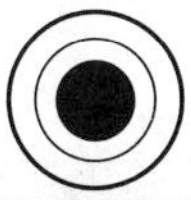 | 特级景源（人文） | 外圈直径为 $b$ | C＝5　　M＝99<br>Y＝100　K＝1 |
| 2 | | | 一级景源（人文） | 外圈直径为 $0.9b$ | |
| 3 | |  | 二级景源（人文） | 外圈直径为 $0.8b$ | |
| 4 | | 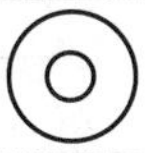 | 三级景源（人文） | 外圈直径为 $0.7b$ | |
| 5 | |  | 四级景源（人文） | 外圈直径为 $0.5b$ | |
| 6 | 自然 |  | 特级景源（自然） | 外圈直径为 $b$ | C＝87　　M＝29<br>Y＝100　K＝18 |
| 7 | | | 一级景源（自然） | 外圈直径为 $0.9b$ | |
| 8 | |  | 二级景源（自然） | 外圈直径为 $0.8b$ | |
| 9 | |  | 三级景源（自然） | 外圈直径为 $0.7b$ | |
| 10 | |  | 四级景源（自然） | 外圈直径为 $0.5b$ | |

注：1. 图形颜色由 C（青色）、M（洋红色）、Y（黄色）、K（黑色）4 种印刷油墨的色彩浓度确定；图形颜色中字母对应的数值为色彩浓度百分值。

2. $b$ 为外圈直径，视图幅以及规划区域的大小而定。

⑧ 风景名胜区总体规划图纸基本服务设施图例应符合表 1-14 的规定。

表 1-14　风景名胜区总体规划图纸基本服务设施图例

| 设施类型 | 图　　形 | 文　　字 | 图形颜色 |
|---|---|---|---|
| 服务基地 | 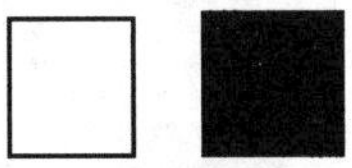 | 旅游服务基地/综合服务设施点（注：左图为现状设施，右图为规划设施） | C＝91　M＝67<br>Y＝11　K＝1 |
| 旅行 |  | 停车场 | |
| |  | 公交停靠站 | |
| |  | 码头 | |
| |  | 轨道交通 | |
| |  | 自行车租赁点 | |
| |  | 出入口 | |

| 设施类型 | 图 形 | 文 字 | 图形颜色 |
|---|---|---|---|
| 游览 |  | 导示牌 | C=71  M=26 Y=69  K=7 |
| |  | 厕所 | |
| |  | 垃圾箱 | |
| |  | 观景休息点 | |
| |  | 公安设施 | |
| |  | 医疗设施 | |
| |  | 游客中心 | |
| |  | 票务服务 | |
| |  | 儿童游戏场 | |
| 饮食 |  | 餐饮设施 | |
| 住宿 |  | 住宿设施 | C=27  M=100 Y=100  K=31 |
| 购物 |  | 购物设施 | |
| 管理 |  | 管理机构驻地 | |

注：图形颜色由 C（青色）、M（洋红色）、Y（黄色）、K（黑色）4 种印刷油墨的色彩浓度确定；图形颜色中字母对应的数值为色彩浓度百分值。

⑨ 图例宜布置在每张图纸的相同位置并排放有序。

### 1.1.8.2 设计制图图例

风景园林设计制图图例应符合下列要求：

（1）设计图纸常用图例应符合表 1-15 的规定。其他图例应符合现行国家标准《总图制图标准》GB/T 50103 和《房屋建筑制图统一标准》GB/T 50001 中的相关规定。

表 1-15　设计图纸常用图例

| 序号 | 名　称 | 图　形 | 说　明 |
|---|---|---|---|
| 1 | | | 建筑 |
| 1.1 | 温室建筑 | 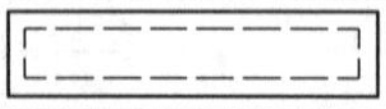 | 依据设计绘制具体形状 |
| 2 | | | 等高线 |
| 2.1 | 原有地形等高线 |  | 用细实线表达 |
| 2.2 | 设计地形等高线 |  | 施工图中等高距值与图纸比例应符合如下规定：<br>图纸比例 1∶1000，等高距值 1.00m；<br>图纸比例 1∶500，等高距值 0.5m；<br>图纸比例 1∶200，等高距值 0.2m |

| 序号 | 名　称 | 图　形 | 说　明 |
|---|---|---|---|
| 3 | 山石 | | |
| 3.1 | 山石假山 | 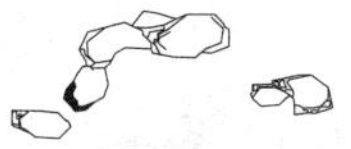 | 依据设计绘制具体形状，人工塑山需要标注文字 |
| 3.2 | 土石假山 | 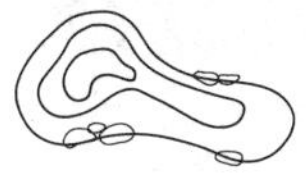 | 包括"土包石""石包土"及土假山，依据设计绘制具体形状 |
| 3.3 | 独立景石 | 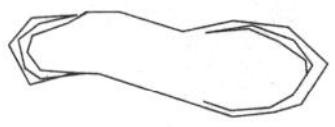 | 依据设计绘制具体形状 |
| 4 | 水体 | | |
| 4.1 | 自然水体 |  | 依据设计绘制具体形状，用于总图 |
| 4.2 | 规则水体 | 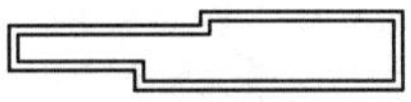 | 依据设计绘制具体形状，用于总图 |
| 4.3 | 跌水、瀑布 | 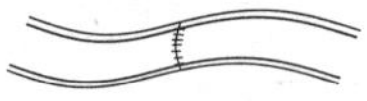 | 依据设计绘制具体形状，用于总图 |
| 4.4 | 旱涧 |  | 包括"旱溪"，依据设计绘制具体形状，用于总图 |
| 4.5 | 溪涧 | 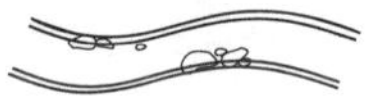 | 依据设计绘制具体形状，用于总图 |
| 5 | 绿化 | | |
| 5.1 | 绿化 | 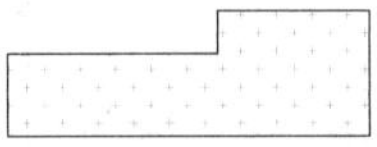 | 施工图总平面图中绿地不宜标示植物，以填充及文字进行表达 |
| 6 | 常用景观小品 | | |
| 6.1 | 花架 | 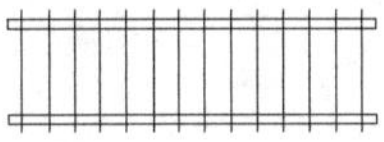 | 依据设计绘制具体形状，用于总图 |
| 6.2 | 坐凳 | 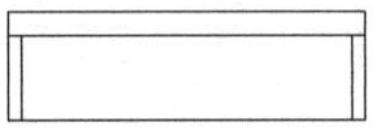 | 用于表示坐的安放位置，单独设计的依据设计形状绘制，文字说明 |
| 6.3 | 花台、花池 | 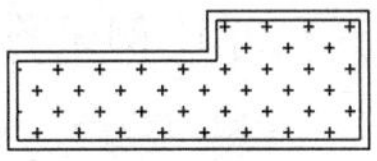 | 依据设计绘制具体形状，用于总图 |
| 6.4 | 雕塑 | 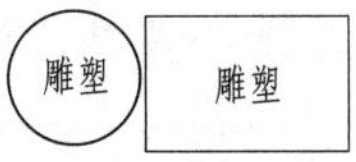 | |
| 6.5 | 饮水台 |  | 仅表示位置，不表示具体形态，依据实际绘制效果确定大小；也可依据设计形态表示 |
| 6.6 | 标识牌 | 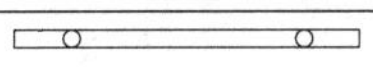 | |
| 6.7 | 垃圾桶 | 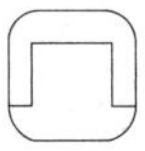 | |

　　（2）初步设计和施工图设计中种植设计图的植物图例宜简洁清晰，同时应标出种植点，并应通过标注植物名称或编号区分不同种类的植物。种植设计图中乔木与灌木重叠较多时，可分别绘制乔木种植设计图、灌木种植设计图及地被种植设计图。初步设计和施工图设计图纸的植物图例应符合表1-16的规定。

表 1-16　初步设计和施工图设计图纸的植物图例

| 序号 | 名称 | 图　形 | | | 图形大小 |
|---|---|---|---|---|---|
| | | 单株 | | 群植 | |
| | | 设计 | 现状 | | |
| 1 | 常绿针叶乔木 | 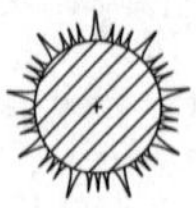 |  | 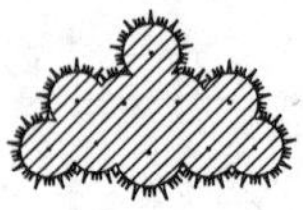 | 乔木单株冠幅宜按实际冠幅为 3～6m 绘制,灌木单株冠幅宜按实际冠幅为 1.5～3m 绘制,可根据植物合理冠幅选择大小 |
| 2 | 常绿阔叶乔木 | 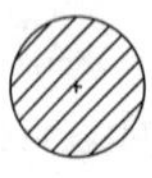 | 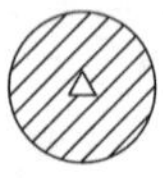 |  | |
| 3 | 落叶阔叶乔木 | 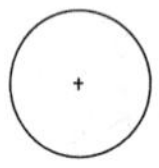 | 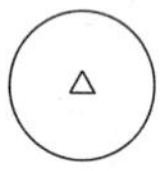 |  | |
| 4 | 常绿针叶灌木 |  |  | 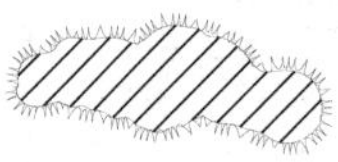 | |
| 5 | 常绿阔叶灌木 |  |  | 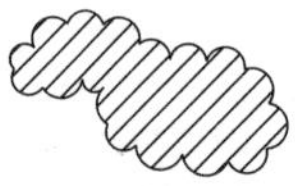 | |
| 6 | 落叶阔叶灌木 | 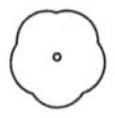 |  |  | |
| 7 | 竹类 |  | — |  | 单株为示意;群植范围按实际分布情况绘制,在其中示意单株图例 |
| 8 | 地被 | 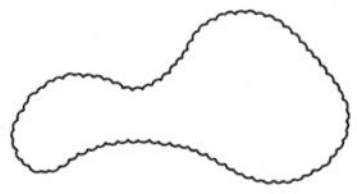 | | | 按实际范围绘制 |
| 9 | 绿篱 | 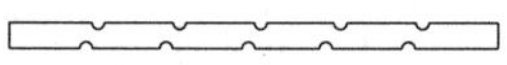 | | | |

（3）对于建筑材料图例，国标只规定了其画法，对其尺寸比例未作具体规定。使用时，应根据图样大小而定，并应注意下列事项：

① 图例线应间隔均匀，疏密适度，做到图例正确，表示清楚；

② 不同品种的同类材料使用同一图例时，应在图上附加必要的说明；

③ 两个相同的图例相接时，图例线宜错开或使倾斜方向相反，如图 1-42 所示；

（4）下列情况的建筑材料可不加图例，但应加文字说明：

① 一张图纸内的图样只用一种图例时；

② 图形较小无法画出建筑材料图例时；

③ 需画出的建筑材料图例面积过大时，可在断面轮廓线内，沿轮廓线作局部表示，如图 1-43 所示。

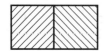
图 1-42　相同图例相接时的画法

图 1-43　局部表示图例

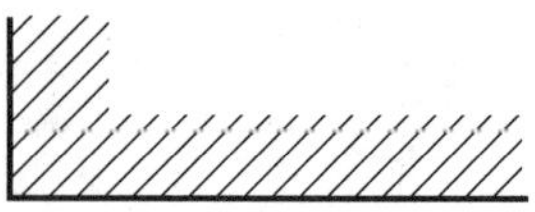

其余常用图例见附录 2～附录 4。

（5）若采用国家标准规定之外的图例时，可自编图例。但不得与国标中所列的图例重复。绘制时，应在适当位置画出该图例，并加以说明。

# 1.2 绘图工具及其使用方法

在绘制工程图中，必须正确使用绘图工具和仪器，才能保证图纸质量，提高绘图速度。

## 1.2.1 图板、丁字尺和三角板

图板、丁字尺和三角板是配合使用来绘制水平线、垂直线以及特殊角度直线的绘图工具。

图板采用表面平坦顺滑的胶合板为板面，板的四周镶有平直的硬木边，配合图纸幅面有 0 号（900mm×1200mm）、1 号（600mm×900mm）、2 号（450mm×600mm）等规格。图板要求板面光滑平整、软硬适度，四周木质边框平直以配合丁字尺绘图。

丁字尺，又称 T 形尺，为一端有横档的"丁"字形直尺，由互相垂直的尺头和尺身构成。丁字尺多用木料或有机玻璃制成，一般有 600mm、900mm、1200mm 三种规格。

三角板通常用有机玻璃制成。一副三角板有两块，一块为 45°的等腰直角三角形，另一块为 30°、60°的直角三角形。三角板的规格有很多，一般绘图以不小于 30cm 为宜。两块三角板配合使用可画出多种角度的斜线，如图 1-44 所示。

图 1-44　两块三角板配合使用画多种角度的斜线

图板、丁字尺、三角板的使用方法如表 1-17 所示。

表 1-17　图板、丁字尺、三角板的使用方法

| 使 用 方 法 | 正　　确 | 错　　误 |
| --- | --- | --- |
| 图板可与水平面倾斜，倾斜角为 20°左右 | 20° | 角度过大 |
| 用左手将丁字尺的内侧靠紧图板的左侧边缘 | | 丁字尺没贴紧图板 |
| 用左手推动丁字尺上下移动，移动到所需的位置，左手按住尺身，右手由左至右运笔画水平线 | 运笔方向　丁字尺移动方向 | 不得直接用三角板画水平线 |

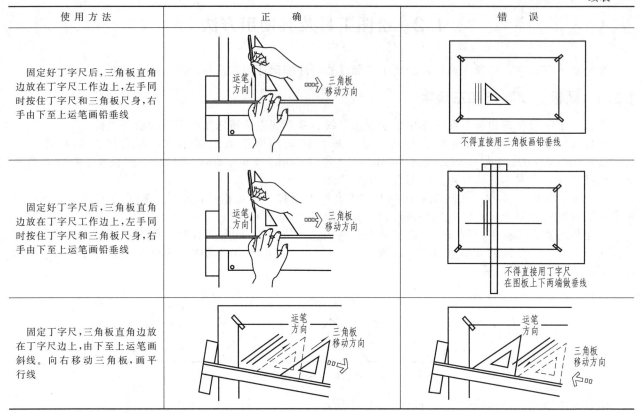

| 使 用 方 法 | 正　确 | 错　误 |
|---|---|---|
| 固定好丁字尺后,三角板直角边放在丁字尺工作边上,左手同时按住丁字尺和三角板尺身,右手由下至上运笔画铅垂线 | 运笔方向　三角板移动方向 | 不得直接用三角板画铅垂线 |
| 固定好丁字尺后,三角板直角边放在丁字尺工作边上,左手同时按住丁字尺和三角板尺身,右手由下至上运笔画铅垂线 | 运笔方向　三角板移动方向 | 不得直接用丁字尺在图板上下两端做垂线 |
| 固定丁字尺,三角板直角边放在丁字尺边上,由下至上运笔画斜线。向右移动三角板,画平行线 | 运笔方向　三角板移动方向 | 运笔方向　三角板移动方向 |

## 1.2.2　绘图用纸

制图图纸种类较多,主要有绘图纸和描图纸(即硫酸纸),它们各有自己的特点和优势,使用时可以根据实际需要加以选择。

### 1.2.2.1　绘图纸

绘图纸为白色,质地较素描纸坚实,质感较素描纸光滑。一整张图纸尺寸比 A0 (1189mm×841mm)稍大,制图时根据需要进行裁剪。绘图纸分正、反两面,正面更光滑,用橡皮擦拭不易起毛。画图时要首先检查图纸的正、反面。

### 1.2.2.2　描图纸

描图纸即硫酸纸,一般为浅蓝色,透明光滑,纸质薄而脆,不易保存,但由于硫酸纸绘制的图纸可以通过晒图机晒成蓝图进行保存,所以硫酸纸广泛应用于设计的各个阶段,尤其是需要备份图纸份数较多的施工图阶段。

## 1.2.3　绘图用笔

绘图主要使用绘图铅笔、自动铅笔、针管笔、鸭嘴笔、绘图小钢笔等,如图 1-45 所示。一般使用铅笔画底稿线,用针管笔上墨线。

### 1.2.3.1　铅笔

铅笔在绘图中是用来画稿线或写字用的。绘图铅笔的笔芯有软、硬之分,标号有 6H～H、HB、B～6B 共 13 种,按顺序由最硬到最软,HB 为中等硬度。绘制图形底稿线时应选择较硬的铅笔,如 2H、3H 等,加深稿线时可采用稍软的铅笔,如 B、2B 等。绘制底稿线时也可使用自动铅笔。

使用前应将没有标号的一端削成圆锥状,并将铅芯磨圆,大小和所画线宽对应。加深图线时,将铅笔削成扁铲型。画线时,铅笔应稍倾斜于纸面,并向走笔方面倾斜约 60°,边画边顺时针转动笔

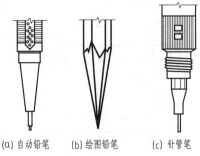

(a)自动铅笔　(b)绘图铅笔　(c)针管笔

图 1-45　绘图用笔

杆，如图 1-46 所示。

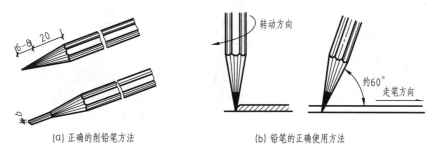

(a) 正确的削铅笔方法　　　　(b) 铅笔的正确使用方法

图 1-46　铅笔的正确使用方法

### 1.2.3.2　针管笔

针管笔又称绘图墨水笔，是专门用于绘制墨线线条图的工具，可画出精确且具有相同宽度的线条。针管笔的针管管径的大小决定所绘线条的宽窄。针管笔有不同粗细，其针管管径有从 0.1～1.2mm 各种不同规格，在绘图中根据需要选择不同规格的针管笔。

使用针管笔时应注意：

① 绘制线条时，针管笔身应尽量保持与纸面垂直，以保证画出粗细均匀的线条。

② 针管笔作图顺序应依照先上后下、先左后右、先曲后直、先细后粗的原则，运笔速度及用力应均匀、平稳。

③ 用较粗的针管笔作图时，落笔及收笔均不应有停顿。

④ 针管笔除用来画直线段外，还可以借助圆规的附件和圆规连接起来作圆周线或圆弧线。

⑤ 针管笔在不使用时应随时套上笔帽，以免针尖墨水干结。对于可灌墨水的针管笔要注意定时清洗，以保持用笔流畅。

### 1.2.3.3　鸭嘴笔

鸭嘴笔又称为直线笔或者墨线笔，笔头由两扇金属叶片构成。绘图时，在两扇叶片之间注入墨水，注意每次加墨量不超过 6mm 为宜。通过调节笔头上的螺母调节叶片的间距，从而改变墨线的粗细。执笔画线时，螺帽应该向外，小指应该放在尺身上，笔杆向画线方向倾斜 30°左右。使用完毕后应清洗干净并拧松螺丝进行保存。

### 1.2.3.4　绘图小钢笔

绘图小钢笔由笔杆、笔尖两部分组成，是用来写字、修改图线的，也可用来为鸭嘴笔注墨，使用时蘸墨要适量，笔尖要经常保持干净。

## 1.2.4　圆规、分规

圆规是画圆和圆弧的专用仪器。圆规有两条腿，一条腿上装有能转动的钢针；另一条腿上一般配有三种可换插脚：铅笔插脚（画铅笔线圆时用）、鸭嘴笔插脚（画墨线圆时用）、钢针插脚（可代替分规使用），如图 1-47 所示。

在使用圆规画圆时，要先调节好钢针和另一插脚的距离，使之等于所画圆弧的半径，然后使钢针尖扎在圆心的位置上，并使两脚与纸面垂直，最后转动圆规手柄，沿顺时针方向速度均匀地一次画完。在画半径较大的圆弧时，应折弯圆规的两脚，使两脚均与纸面垂直。画更大的圆弧时，要接上延长杆，如图 1-48 所示。

在画直径在 10mm 以下的小圆时，应使用点圆规。使用点圆规时，先调节好半径后，用右手食指按在针杆顶部，大拇指和中指夹住套管向上提起，对准圆心后，放下套管，使笔尖与纸面垂直接触，最后旋转套管，沿顺时针方向一次画完。

分规是用来量取线段或等分线段的工具，分规的两个脚都是钢针，且两腿合拢时，钢针应成为一点。

用分规量取线段时，先使分规两钢针之间的距离等于所需距离，然后用两钢针在纸上扎出记号，按扎

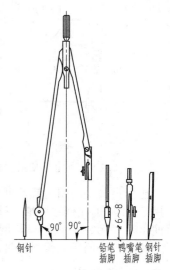

图 1-47　圆规的构成

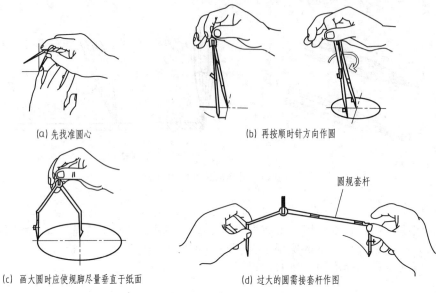

(a) 先找准圆心　　(b) 再按顺时针方向作圆

(c) 画大圆时应使规脚尽量垂直于纸面　　(d) 过大的圆需接套杆作图

圆规套杆

图 1-48　圆规的正确使用方法

出的记号，即可画出所需的线段。用分规等分线段时先凭目测估计，使两针尖张开距离接近等分段的长度，然后在线段上试分，如有差额，则将两针头距离再进行调整，直到恰好等分时为止，如图 1-49 所示。

## 1.2.5　比例尺

比例尺是刻有不同比例的直尺，常用的是三棱比例尺，如图 1-50 所示。比例尺上所注数字的单位是 m。三棱比例尺上刻有六种不同的比例刻度。较常用的百分比例刻度有 1：100、1：200、1：300、1：400、1：500 和 1：600。对于比例尺上没有的其他可用比例，如 1：25、1：50、1：150 等，可以用比例尺上相应的比例刻度去换算得出。

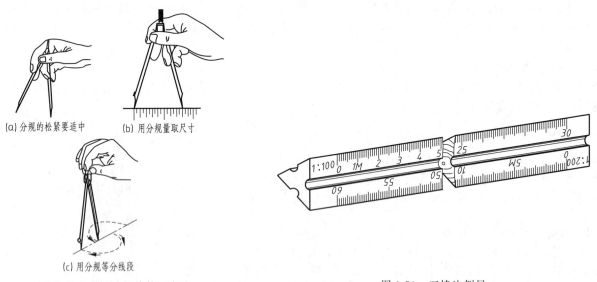

(a) 分规的松紧要适中　　(b) 用分规量取尺寸

(c) 用分规等分线段

图 1-49　分规的正确使用方法

图 1-50　三棱比例尺

比例尺最大的用途就是可以不用换算直接得到图上某段长度的实际距离。以图 1-51（b）为例，假设要用 1：100 的比例在图纸上画出 2700mm 长的线段，只要在比例尺 1：100 的尺面上，找到 2.7m，那么尺面上从 0～2.7m 的一段长度，就是在图纸上需要画的线段长，其他比例依此类推。

注意：比例尺只能用来量尺寸，不能用来画线，也不能使用比例尺进行纸张裁剪。

## 1.2.6　曲线板

曲线板是用来画不规则非圆曲线的工具，如图 1-52 所示。在园林制图中，常用来画不规则道路、水池等。

曲线板的使用方法是：在画图时，用曲线板的不同曲率部分和要画线的曲率相适应，然后依曲线板作

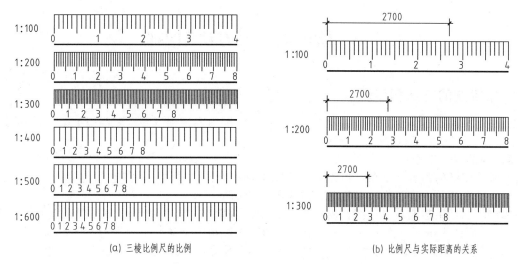

(a) 三棱比例尺的比例                          (b) 比例尺与实际距离的关系

图 1-51　三棱比例尺比例的换算

图即可。另一种情况是，在作图之前，先在曲线上绘出一定数量的控制点，用铅笔徒手轻轻地将各点光滑连接起来，然后选择曲线板上与曲线曲率相同的部分，分段描绘。一般要有 5 个点在曲线板上，画线时只连中间 3 个点之间的线，这样依次进行，直至把线画完，如图 1-53 所示。

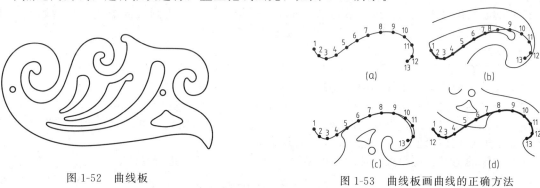

图 1-52　曲线板

图 1-53　曲线板画曲线的正确方法

## 1.2.7　建筑模板

建筑模板主要用来绘制各种建筑标准图例和常用符号。模板镂空的图例和符号符合比例。绘图时，只要用笔在孔里绘一周，图例和符号就可绘出，可以提高制图效率，如图 1-54 所示。此外，还有用于绘制不同尺度圆和椭圆的圆模板和椭圆模板，使用方法与建筑模板相同。

## 1.2.8　其他绘图工具

绘图时还需要准备量角器、削笔刀、橡皮、透明胶带、墨水、擦图片等小工具。擦图片外形如图 1-55 所示。

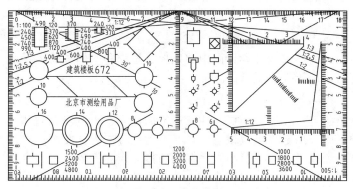

图 1-54　建筑模板

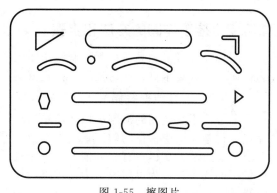

图 1-55　擦图片

# 1.3 绘图的一般方法和步骤

## 1.3.1 仪器绘图的方法和步骤

利用绘图仪器绘制图纸的过程称为仪器作图。在对绘制内容精确度要求较高时，要采用仪器作图。下面介绍仪器绘图的一般步骤和方法。

（1）绘图前的准备工作

① 根据所绘图纸的内容，准备好所需要的绘图工具和仪器，并注意保持它们的清洁。

② 根据所绘图样的内容、大小和比例，选定图纸幅面的大小。

③ 将选定的图纸用透明胶带或图钉固定在图板上。固定前，要先查看一下图纸的正反面，用橡皮擦拭，不起毛的一面即为正面。固定时，应使丁字尺的工作边与图纸的水平边平行。图纸固定的位置应是图板的左下方，并使图纸底边距图板下边留有大于一个丁字尺宽度的距离。

（2）画稿线

① 按照图纸幅面的规定绘制图框线，并在图纸上按规定位置绘出标题栏。

② 排版、构图。根据图样的内容、比例及图形的大小，在图纸上定出图形的中心线及外框线。此时应考虑到尺寸、符号标注、文字说明、图例及图与图之间的空隙等所占的位置等，应使图形分布合理，整体协调匀称。

③ 稿线的画图顺序是先画轴线、中心线，再画主要轮廓线，而后画细部图线，最后画尺寸线、尺寸界线、图例及字格线。画稿线时要轻、细，以便修改后不弄脏图纸。

（3）画墨线

上墨是用针管笔在完成的底稿上用墨线加深图线，上墨时应注意以下几个问题（表1-18）：

① 为保证图形的准确，墨线的中心线要与铅笔底稿的中心重合。

② 同一类型的图线应一次上完，并应选择先难后易、先主后次的顺序。

③ 为了保证图面的整洁，提高绘图效率，应先画细线，后画粗线，并按从上到下、从左到右的顺序完成。曲线与直线连接的地方，应先画曲线，后画直线。

④ 如有画错的地方，待墨迹干透后，可用刀片轻轻刮去，然后进行修改。

表1-18　线条的加深与加粗

| 粗线与稿线的关系 | 正　确 | 错　误 |
|---|---|---|
| 稿线为粗线的中心线 | | |
| 两稿线距离较近时，可沿稿线向外加粗 | | |

## 1.3.2 徒手作图的方法和步骤

园林设计者必须具备徒手绘制线条图的能力。因为不仅园林设计图中的地形、植物和水体等需徒手绘制，而且在收集素材、探讨构思、推敲方案时也需借助于徒手线条图。

### 1.3.2.1 直线的绘制

学习徒手线条图的绘制可以从简单的直线开始练习。在练习中应该注意运笔的速度、力量、方向和支撑点。运笔速度应保持均匀，宜慢不宜快，停顿干脆。用笔力量应该适中，基本运笔方向为从左至右、从上至下。运笔的支撑点有三种情况：一为以手掌一侧或者小指关节与纸面接触的部分作为支撑点，适合于作较短的线条；二为以肘关节为支撑点，靠小臂和手腕的转动，同时小指关节轻触纸面，可一次作出较长的线条；三为将整个手臂和肘关节腾空或辅以肘关节或小指关节轻触纸面作更长的线条。

画水平线和垂直线时，铅笔要放平些，宜以纸边为基线，先画出直线两端点，然后持笔沿直线位置悬空比画一、两次，掌握好方向，并轻轻画出底线。然后眼睛盯住笔尖，沿底稿线画出直线，并改正底稿线不平滑之处，如图1-56所示。

图1-56　画平行线

### 1.3.2.2　曲线的绘制

在徒手绘制曲线的时候，可以先确定曲线上一系列点，然后将这些点顺次连接。一定要注意曲线的光滑度，尽量一气合成，如果中间不得不中断，断点处不能出现明显的接头。如图1-57所示。

### 1.3.2.3　圆的绘制

绘制小圆时，先作十字线，定出半径位置，然后按四点划圆，如图1-58（a）所示；画大圆时除十字线外还要加45°线，定出半径位置，作短弧线，然后连各短弧线成圆，如图1-58（b）所示。

不能出现明显接头

图1-57　曲线的绘制

（a）小圆画法

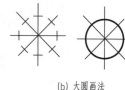

（b）大圆画法

图1-58　圆的绘制

## 1.3.3　造园要素的表现方法

在园林工程图中，因树木花草、山石、水体等造园要素的外形及质感是活泼、生动、自由变化的，所以徒手绘线条能更贴切地表达出自然要素的性质。在绘画造园要素时，主要运用线描法，通过目测比例徒手描绘出变化的线条来实现。用不同粗细和疏密的线条叠加组合，来表现园林景观的形体轮廓、空间层次、光影变化和材料质感。

### 1.3.3.1　园林植物

植物是园林中应用最多的造园要素，既可单独成景，又是园林其他景观不可缺少的衬托。在园林工程图中，植物的表现分为平面和立面两种形式。

（1）树木的绘制

① 树木的平面画法　在平面图中绘制树木的水平投影，需要标示出树木种植点的位置。最简单的就是以种植点为圆心，以树木冠幅为直径作圆。为了加强图面的艺术效果，需要对树木的图例加以处理，表现手法通常有以下三种。

a.轮廓型。确定种植点后，绘制树木平面投影的轮廓，可以是圆，也可以带有棱角或者凹缺，如图1-59所示。

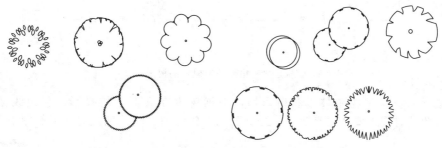

图1-59　树木的平面画法——轮廓型

b.枝干型。作出树木树干和枝条的投影，用线条表现树木的枝干，如图1-60所示。

c.枝叶型。在枝条型的基础上添加植物叶丛的投影，可以利用线条或者圆点表现枝叶的质感，如图1-61所示。

绘制树木平面图例要注意：阔叶树的外围线用弧裂形或圆形线，针叶树的外围用锯齿线或斜刺形线，

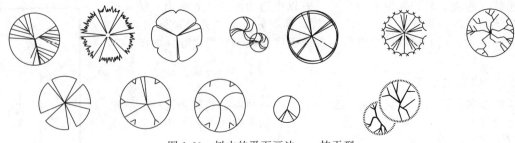

图 1-60 　树木的平面画法——枝干型

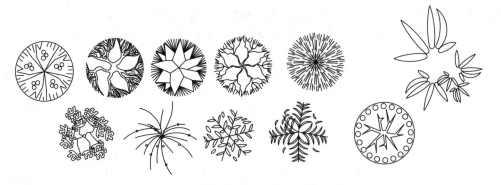

图 1-61 　树木的平面画法——枝叶型

树木的树干位置要用 "." 或 "＋" 表示出来。

　　② 树木的立面画法 　画树木的立面时应掌握树木的枝干结构、树形和树叶的概括三个方面。

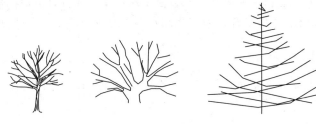

图 1-62 　树的枝干结构

　　a. 枝干结构。树木的枝干有多种形态：有些树的主干明显，树枝沿主干交替出杈；有些树的枝干逐渐分杈，越向上分杈越多；有些树的树干弯曲；有些树没有明显的主干，树枝呈放射状展开；有些树枝向上伸展；有些树枝下垂。所以，画树木的立面图时应先仔细观察枝干结构，绘制出与其立面形态特征一致的图例，如图 1-62 所示。

　　b. 树形。每种树木都有自己特有的树冠形状。可以把树冠外形概括为几种几何形体：伞形、圆锥形、半圆形、圆球形、尖塔形、圆柱形、垂枝形、椭圆形等，如图 1-63 所示。

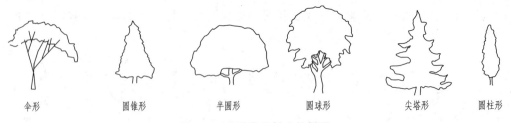

伞形　　　　　圆锥形　　　　　半圆形　　　　　圆球形　　　　　尖塔形　　　圆柱形

图 1-63 　几种常见树木的树形

　　c. 树叶的概括。在绘出树木枝干和树形后，根据树木在立面上的投影，利用线条表现树叶，如图 1-64 所示。画树叶时线条要高度概括，并且要表现出树叶的明暗差别，通常上部明下部暗，左右迎光

图 1-64 　树叶的画法

面亮，背光面暗，里层枝叶最暗。

（2）灌木丛的绘制

① 灌木丛的平面画法　灌木单株栽植的表示方法与树木相同，如果成丛栽植可以用花灌木冠幅外缘连线来表示。如图 1-65 所示。

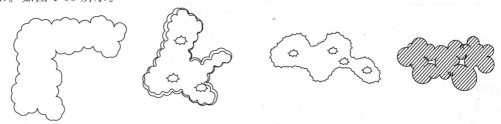

图 1-65　灌木丛的平面画法

② 灌木丛的立面画法　用线描法画出轮廓后在轮廓线内用点、圈、三角、曲线来表示花叶。如图 1-66 所示。

图 1-66　灌木丛的立面画法

（3）地被植物的画法

地被植物宜采用轮廓勾勒和质感表现的形式。作图时应以地被栽植的范围线为依据，用不规则的细线勾勒出地被的范围轮廓，如图 1-67 所示。

图 1-67　地被植物的表现方法

（4）草坪和草地的画法

草坪和草地的表示主要有打点法、画线法两种。

① 打点法　在草坪种植区域用小圆点表示，并且所打点的大小应基本一致，在草坪边缘和草坪上其他造景要素（如树干、建筑物、水体或道路）的边缘圆点应密一些，如图 1-68 所示。

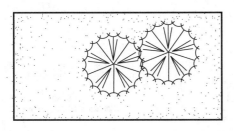

图 1-68　打点法绘制草坪

② 画线法　用线段排列表示草坪。线段排列成行，每行之间的间距相近，排列整齐可用来表示管理精细的草坪，排列不规则可用来表示草地或粗放管理的草坪，如图 1-69 所示。

### 1.3.3.2　山石

园林中的假山和置石所用的材料有湖石、黄石、青石、石笋等。绘制不同山石时应注意观察它们的形

图 1-69　画线法绘制草坪

图 1-70　山石的绘制

状特点、阴阳向背、凹凸深浅，依赖笔线的运用，表现出不同山石的纹理和体积来。平面图、立面图中的山石，轮廓线用粗实线绘制，石块面和纹理用细实线绘制；剖面图中山石的断面轮廓用粗实线绘制，断面内填充细斜线；透视图中的山石可用同样粗细的线条描绘，如图 1-70 所示。

### 1.3.3.3　水体

（1）水体的平面画法

① 线条法　用平行线条表示水面的方法称线条法，如图 1-71 所示。作图时，可用线条均匀地布满整个水面，也可局部留白或者局部画些线条。线条可采用波纹线、水纹线、直线或曲线。组织良好的曲线能表现出水面的波动感。

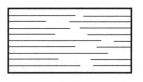

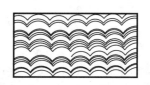
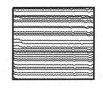

图 1-71　线条法画水面

② 等深线法　在平面上表示水池，常用的方法是用粗线画水池轮廓，池内画两至三条随水池轮廓的细线，细线间距不等，线条流畅自然，这种像等高线的闭合曲线称为等深线。通常形状不规则的水面用等深线表示。如图 1-72 所示。

（2）水体的立体画法

立面水体可用细实线或虚线勾画出水体造型，如图 1-73 所示，也可采用局部留白的方法，如图 1-74 所示，将水体的背景或配景画暗，从而衬托出水体造型。表示立面水体时应注意线条方向与水体流动的方向保持一致，水体造型要清晰，避免轮廓线过于生硬呆板。

图 1-72　等深线法画水面

图 1-73　线条勾画水体造型

### 1.3.3.4　建筑

建筑是园林造景中必不可少的元素，它有供人游览、观赏、休息等功能。对园林建筑的表达要从平面、立面、剖面和透视分别对其进行刻画，以达到良好的表现效果，具体画法详见本书第 10 章。

图 1-74　局部留白法画水体造型

━━━━ **本 章 小 结** ━━━━

　　本章重点介绍了最新发布实施的《风景园林制图标准》及最新修订的《房屋建筑制图统一标准》、常用制图工具及仪器的使用方法和技巧、尺规绘图和徒手绘图的方法和步骤。应重点掌握制图标准中图线、字体、比例、标注、常用符号、图例等的使用规定和要求以及正确的绘图方法和步骤。

━━━━ **思 考 题** ━━━━

1. 最新标准中对图线、字体、比例、标注、常用符号和图例等有哪些具体规定？
2. 常用制图工具及仪器有哪些？使用中应分别注意哪些问题？
3. 简述各种线型的用途。
4. 简述索引符号与详图符号的概念和用法。
5. 标高尺寸的标注和线段尺寸的标注有何不同？植物标注有哪些规定？

# 第2章

# 投影基本知识

我们知道，一切工程建设都离不开图纸，图纸是工程施工的重要依据。工程图纸是按照一定的投影原理及方法绘制而成的，因此，投影原理及方法是绘制和阅读各种图纸的基础，只有掌握了投影的基本原理和方法，才能熟练绘制和阅读各种工程图样，园林工程图纸也不例外。本章主要介绍投影的基本概念和分类、各种投影的投影特性以及园林工程中常用的几种图示方法。

## 2.1 投影的概念及分类

### 2.1.1 投影的概念

在日常生活中我们发现：当光线（阳光或灯光）照射在物体上时，会在墙面或地面上产生物体的影子，如图 2-1 所示。但这个影子只是物体边缘的轮廓，它不能表达物体的形状。为了适应工程需要，在制图上，只研究物体所占空间部分的形状和大小，而不涉及其材料、重量等物理性质，并把物体所占空间部分的立体图形叫做形体。这样，光线就可以穿透形体，将形体各顶点及棱线投落在承受影子的面上，即可得到反映形体形状的图形，这个图形称为形体的投影，如图 2-2 所示。

图 2-3 为投影形成过程示意图，其中光源 S 称为投影中心，光线称为投影线，承受投影的面称为投影面。从图中可以看出：空间点 A 的投影 a，就是经过点 A 的投影线 Aa 与投影面 H 的交点。

综上所述，产生投影必须具备三个条件：即投影线、投影面和空间几何形体（物体），三者缺一不可，且投影的形状、位置和大小都会随着这三者的变化而变化，因此把它们称为投影三要素。

这种利用投影将空间几何要素和形体表现在平面上的方法叫做投影法。

### 2.1.2 投影的分类

根据投影中心与投影面的相对位置，可将投影分为中心投影和平行投影两大类。

#### 2.1.2.1 中心投影

当投影中心（S）与投影面的距离为有限远时，投影线于投影中心呈放射状发出，所得投影称为中心投影，如图 2-3 所示。产生中心投影的方法称为中心投影法。

中心投影主要应用于透视投影图的绘制中，详见本书第 9 章。

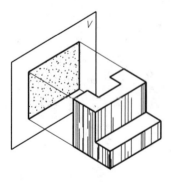

图 2-1 影子

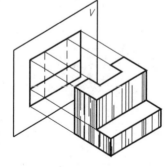

图 2-2 投影

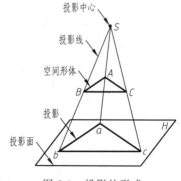

图 2-3 投影的形成

#### 2.1.2.2 平行投影

当投影中心（$S$）与投影面的距离为无限远时，投影线可看作是相互平行的，所得投影称为平行投影，如图 2-4 所示。平行投影线的方向，称为投影方向。产生平行投影的方法称为平行投影法。

平行投影主要应用于三面正投影图和轴测投影图的绘制中。

根据投影方向与投影面是否垂直，平行投影又可分为以下两类：

① 斜投影  投影方向（投影线）倾斜于投影面时所做出的平行投影，称为斜投影，如图 2-4（a）所示。

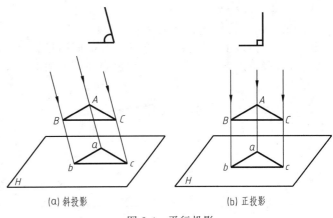

(a) 斜投影　　　　　　(b) 正投影

图 2-4　平行投影

② 正投影  投影方向（投影线）垂直于投影面时所做出的平行投影，称为正投影，如图 2-4（b）所示。

# 2.2　投影的性质

## 2.2.1　中心投影和平行投影的共性

中心投影和平行投影的共性主要表现在以下几个方面：

### 2.2.1.1　同素不变性

① 点的投影仍为点，如图 2-5（a）、图 2-6（a）所示。
② 直线的投影一般情况下仍为直线，如图 2-5（b）、图 2-6（b）所示。
③ 平面的投影一般情况下仍为平面，如图 2-5（c）、图 2-6（c）所示。

投影的这种性质称为同素不变性。

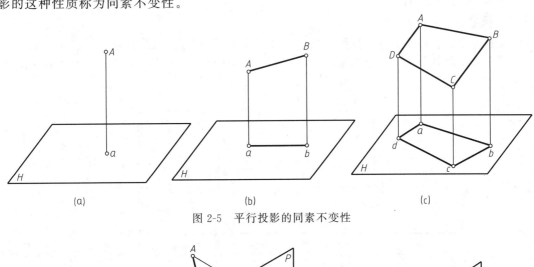

(a)　　　　　　　　(b)　　　　　　　　(c)

图 2-5　平行投影的同素不变性

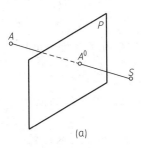 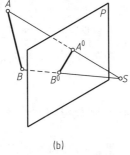

(a)　　　　　　　　(b)　　　　　　　　(c)

图 2-6　中心投影的同素不变性

### 2.2.1.2 从属性

即投影不破坏点、线、面之间的结合关系。

① 若点在直线上，其投影必在该直线的同面投影上，如图2-7（a）、图2-8（a）所示。

② 若直线或点在平面上，其投影也必在该平面的同面投影上，如图2-7（b）、图2-8（b）所示。

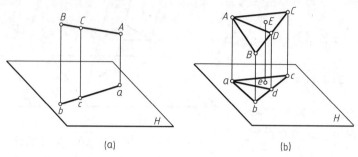

图 2-7　平行投影的从属性

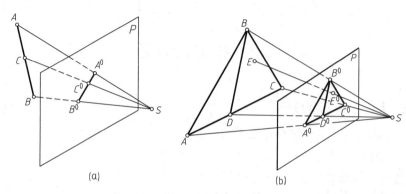

图 2-8　中心投影的从属性

投影的这种性质称为从属性。

### 2.2.1.3 积聚性

① 当直线通过投影中心或平行于投影方向时，其投影积聚于一点，如图2-9（a）、图2-10（a）所示。

② 当平面通过投影中心或平行于投影方向时，其投影积聚为一条直线，如图2-9（b）、图2-10（b）所示。

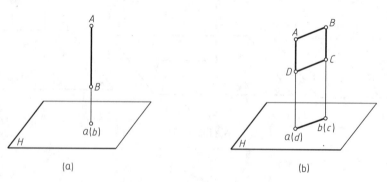

图 2-9　平行投影的积聚性

投影的这种性质称为积聚性，所得投影称为积聚投影。一些曲面在一定条件下其投影也具有积聚性。

## 2.2.2　中心投影的特性

中心投影中形体投影的大小取决于投影中心 $S$ 到投影面的距离 $D$ 和形体相对于投影面的距离，当 $D$ 一定时，形体离投影中心 $S$ 越近，投影越大。

具体表现为：原本相同的形体经中心投影法投影后得到的投影变得近大远小，近高远低，近疏远密，

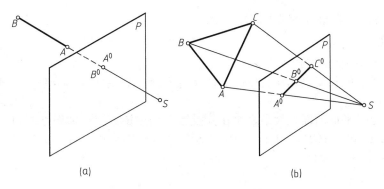

(a)                                         (b)

图 2-10   中心投影的积聚性

近长远短，原本相互平行的直线其中心投影会在无限远处交于一点，如图 2-11 所示。

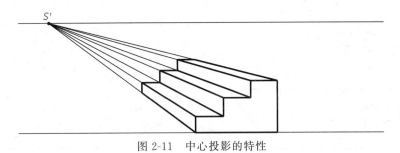

图 2-11   中心投影的特性

## 2.2.3   平行投影的特性

平行投影中投影的形状、大小与形体距投影面的远近无关，投影特性如下。

### 2.2.3.1   实形性

当平面图形或直线段平行于投影面时，其投影反映实形、实长，即平面图形的大小和直线段的长短可直接从其投影中度量出来，如图 2-12 所示，平行投影的这种特性称为实形性，也叫度量性。反映平面图形或线段的实形、实长的投影，称为实形投影。

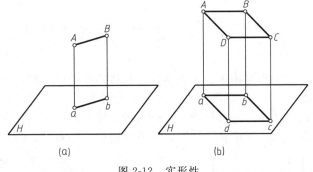

(a)                    (b)

图 2-12   实形性

### 2.2.3.2   相仿性

当平面图形或直线段不平行于投影面时，其正投影小于其实形、实长；其斜投影还可能大于或等于其实形、实长。且当平面图形的投影不等于其实形时，其投影形状是原平面图形的相仿图形（或类似图形），即平面图形的投影与其原形对应线段间保持简单比不变，在边数、平行性、凹凸性、曲直等方面均不发生变化，如图 2-13 所示。

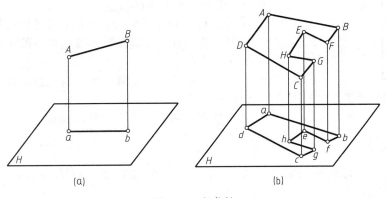

(a)                                         (b)

图 2-13   相仿性

平行投影的这种特性称为相仿性或类似性。

### 2.2.3.3 定比性

平行投影保持直线和平面的定比关系。

① 空间直线上两线段的长度之比在其投影上仍保持不变。如图 2-7（a）所示，空间点 $C$ 在直线 $AB$ 上，则 $AC:CB=ac:cb$。

② 平面上一直线分得平面的面积大小之比在其投影上仍保持不变。如图 2-7（b）所示，直线 $AD$ 将平面 $\triangle ABC$ 分为 $\triangle ABD$ 和 $\triangle ACD$，则 $S\triangle ABD:S\triangle ACD=S\triangle abd:S\triangle acd$。

平行投影的这种特性称为定比性。

### 2.2.3.4 平行性

相互平行的两直线在同一投影面上的投影仍保持平行，这种特性称为平行性。因此，平行移动的平面图形或直线段，在同一投影面上的投影其形状和大小仍保持不变，如图 2-14 所示。

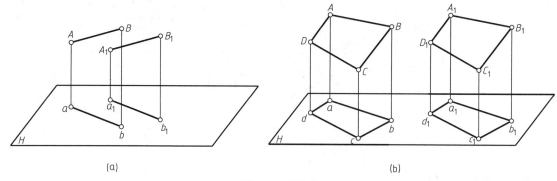

(a)                                           (b)

图 2-14　平行性

正投影为工程图样中最常用的投影，在以后各章节中，如无特殊说明，"投影"均指"正投影"。

# 2.3　园林工程上常用的几种投影图

工程上是用图样来表达各种物体的形状的，但由于所表达的对象不同（如园林、建筑、机械零件、地形地貌等）、目的不同（作为施工依据或只为了解概貌等）。因此采用的图示方法也不相同。在园林工程中常用的图示方法有四种：正投影法、轴测投影法、标高投影法和透视投影法。由上述图示法所形成的投影图分别是：多面正投影图、轴测投影图、标高投影图和透视投影图。

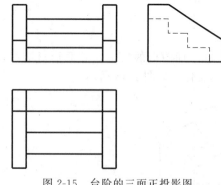

图 2-15　台阶的三面正投影图

## 2.3.1 多面正投影图

多面正投影图是利用正投影法将同一空间形体分别投影在多个两两垂直的投影面上所得到的图形，图 2-15 为一台阶的三面正投影图。

多面正投影图的特点：

① 投影原理　按照正投影原理投影所得。

② 图样优点　能准确地反映形体的实形，作图方便，度量性好。

③ 图样缺点　立体感差，直观性不强，不易看懂，且需要绘制多面投影。

④ 图样用途　作为主要图样被广泛应用于工程实践中。

## 2.3.2 轴测投影图

轴测投影图是利用平行投影法将空间形体投影到一个投影面上得到的投影图形，简称轴测图，图 2-16 为台阶的轴测投影图。

轴测投影图的特点：

① 投影原理　按照平行投影原理投影所得。

② 图样优点　属单面投影，且直观性较强，形体形象表达较清楚，在一定条件下也能直接度量。

③ 图样缺点　绘制比较费时，并且对于复杂形体也难以表达清楚，表面形状在轴测图中往往失真。

④ 图样用途　一般只用作正投影图的辅助图样。

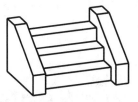

图 2-16　台阶的轴测投影图

### 2.3.3　标高投影图

标高投影图是利用正投影法将空间形体投影到一个水平投影面上，在图中画出一系列用于表示形体高度且标有数字的等高线，如图 2-17 所示。

标高投影图的特点：

① 投影原理　按照正投影原理投影所得。

② 图样优点　属带有数字标注的单面正投影图，可反映形体长、宽、高三个方向的尺寸。

③ 图样缺点　立体感差，度量性也不强。

④ 图样用途　常用来绘制地形图。

### 2.3.4　透视投影图

透视投影图是利用中心投影法绘制的单面投影图，即由人眼引向形体的视线与投影面的交点集合所形成的图样，简称透视图。它与物体在人眼视网膜上成像的原理是一致的，因此透视图最符合人的视觉感受，图 2-18 为台阶的透视投影图。

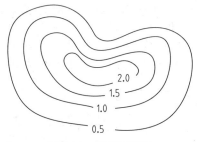

图 2-17　标高投影图

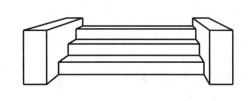

图 2-18　台阶的透视投影图

透视投影图的特点：

① 投影原理　按照中心投影原理投影所得。

② 图样优点　直观、悦目、立体感强。

③ 图样缺点　作图烦琐、不能度量。

④ 图样用途　工程上常用于绘制建筑设计、园林规划设计的效果图。

═════ 本 章 小 结 ═════

本章在介绍投影基本概念和类型的基础上，分析了中心投影和平行投影的特性，介绍了园林工程中常用的几种投影图及其特点。应重点掌握各种投影的投影特性。

═════ 思 考 题 ═════

1. 简述投影形成的基本条件。

2. 中心投影和平行投影各有哪些特性？

3. 简述园林工程上常用投影图的特点及用途。

# 第 3 章
# 空间几何要素的三面正投影

点、线、面是构成空间物体最基本的几何要素，要准确地画出物体的投影，必须首先研究点、线、面的投影规律和作图方法。

## 3.1 点 的 投 影

### 3.1.1 三投影面体系

根据投影的概念，点 $A$ 在投影面 $P$ 上的正投影是唯一的，如图 3-1（a）所示。但根据点在一个投影面上的投影，却不能确定 $A$ 点的空间位置，如图 3-1（b）所示。为了确定形体上一点的空间位置，一般需要由点在不同投影面上的两个或三个投影来确定。

如图 3-2 所示，用三个相互垂直的平面组成三个投影面，构成三投影面体系。其中正对观察者的投影面称为正立投影面，用字母 $V$ 表示，也可称 $V$ 面；水平位置的投影面称为水平投影面，用字母 $H$ 表示，也可称 $H$ 面；右面侧立的投影面称为侧立投影面，用字母 $W$ 表示，也可称 $W$ 面。各投影面间的交线称为投影轴，其中 $V$ 面与 $H$ 面间的交线称为 $X$ 轴；$W$ 面与 $H$ 面间的交线称为 $Y$ 轴；$V$ 面与 $W$ 面间的交线称为 $Z$ 轴。三个投影轴的交点 $O$，称为原点。

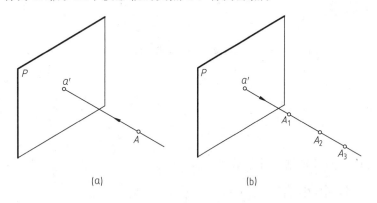

(a)　(b)

图 3-1　点的单面投影

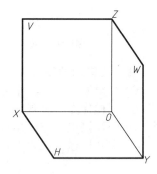

图 3-2　三投影面体系的建立

### 3.1.2 点在三投影面体系中的投影

如图 3-3（a）所示为处于三投影面体系中的任意空间点 $A$，由 $A$ 点分别向三个投影面 $H$、$V$、$W$ 面作垂线，三个垂足即为 $A$ 点在三个投影面上的投影，其中在 $H$ 面上的投影称为 $A$ 点的水平投影（又称 $H$ 面投影）；在 $V$ 面上的投影称为 $A$ 点的正面投影（又称 $V$ 面投影）；在 $W$ 面上的投影称为 $A$ 点的侧面投影（又称 $W$ 面投影）。

规定：空间点用大写字母 $A$、$B$、$C$…表示，点的水平投影用相应的小写字母 $a$、$b$、$c$…表示，点的正面投影用相应的小写字母并在右上角加一撇 $a'$、$b'$、$c'$…表示，点的侧面投影用相应的小写字母并在右上角加两撇 $a''$、$b''$、$c''$…表示，如图 3-3（a）所示。

为了方便绘制和阅读图样，实际作图时需要将三个投影表现在同一平面上，这就需要将三个互相垂直的投影面展开在一个平面上，并保持它们之间的投影对应关系，即三面投影图的展开。

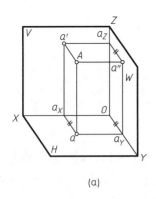
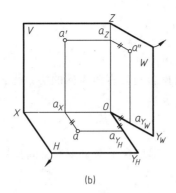
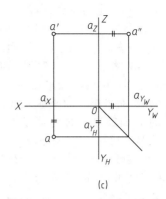

(a)　　　　　　　　　　　(b)　　　　　　　　　　　(c)

图 3-3　三投影面体系中点的投影

为了实现从空间到平面的转化，通常保持 $V$ 面不动，将 $H$ 面绕 $OX$ 轴向下旋转 $90°$，将 $W$ 面绕 $OZ$ 轴向右旋转 $90°$，这样 $H$ 面、$W$ 面和 $V$ 面展平到一个平面内，如图 3-3（b）所示。三个投影面展开后，三条投影轴成为两条垂直相交的直线，原 $OX$ 轴、$OZ$ 轴位置不变，原 $OY$ 轴则被一分为二，一条随 $H$ 面转到与 $OZ$ 轴在同一条铅垂线上，用 $OY_H$ 表示，另一条随 $W$ 面转到与 $OX$ 轴在同一条水平线上，用 $OY_W$ 表示，以示区别，如图 3-3（c）所示。

按照正投影法，将形体向投影面投影所得到的正投影图又称为视图。因此，由正面投影、水平投影和侧面投影所组成的三面投影图又称为三视图，即正面投影称为主视图，水平投影称为俯视图，侧面投影称为左视图。如图 3-3（c）所示即为空间点 $A$ 的三面投影图（三视图）。

注意：因投影面可无限延展无边界，且投影面的大小并不影响形体在这个投影面上的投影，所以在实际绘图时投影面边外框线不必画出，如图 3-3（c）所示。

## 3.1.3　点的投影规律

通过上述点的三面投影图形成过程，可总结出点的投影规律如下：

（1）点的两面投影的连线，必垂直于该两投影面所夹的投影轴。

如图 3-3（c）中，$aa' \perp OX$；$a'a'' \perp OZ$；$aa_{Y_H} \perp OY_H$；$a''a_{Y_W} \perp OY_W$。

（2）点的投影到投影轴的距离，分别等于该空间点到相应的另一个投影面的距离。

如图 3-3 中，$a'a_X = a''a_{Y_W} = Aa = A$ 点到 $H$ 面的距离。

$aa_X = a''a_Z = Aa' = A$ 点到 $V$ 面的距离。

$aa_{Y_H} = a'a_Z = Aa'' = A$ 点到 $W$ 面的距离。

## 3.1.4　点的直角坐标和三面投影的关系

在三投影面体系中，空间点的位置可由它到三个投影面的距离来确定，也可用直角坐标来表示，即把投影面 $V$、$H$、$W$ 面当作坐标面，投影轴 $OX$、$OY$、$OZ$ 当作坐标轴，$O$ 作为坐标原点，如图 3-4（a）所示。

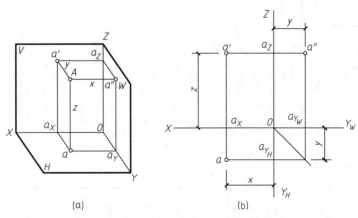

(a)　　　　　　　　(b)

图 3-4　点的直角坐标与三面投影的关系

点 $A$ 的坐标规定书写为 $A$ $(x$，$y$，$z)$；

$A$ 点的 $x$ 坐标 $x_A = A$ 点到 $W$ 面的距离 $Aa''$；

$A$ 点的 $y$ 坐标 $y_A = A$ 点到 $V$ 面的距离 $Aa'$；

$A$ 点的 $z$ 坐标 $z_A = A$ 点到 $H$ 面的距离 $Aa$。

从图 3-4（b）中可以看出点的三面投影与其直角坐标的关系为：

点 $A$ 的 $H$ 面投影 $a$ 的坐标为 $(x$，$y)$；

点 $A$ 的 $V$ 面投影 $a'$ 的坐标为 $(x$，$z)$；

点 $A$ 的 $W$ 面投影 $a''$ 的坐标为 $(y$，$z)$。

由于一点的任意两个投影的坐标值，都包含了确定该点空间位置的三个坐标，因此，根据一个点的任意两个投影，即可作出它的第三个投影。

### 3.1.5 各种位置点的投影特性

点在三投影面体系中的位置不同，它们的投影特性及投影图的识读方法也不相同，详见表 3-1。

表 3-1　各种位置点的投影特性及识读方法

| 点的位置 | 直观图 | 投影图 | 投影特性 | 投影图识读 |
|---|---|---|---|---|
| 一般位置 | 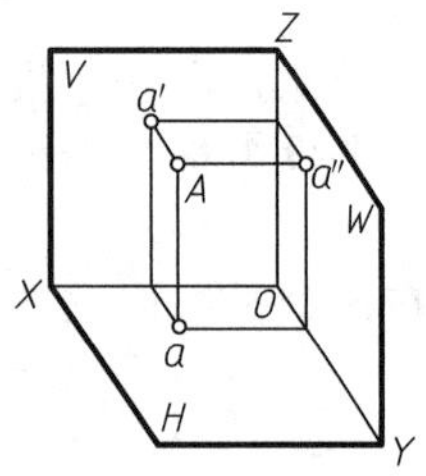 | 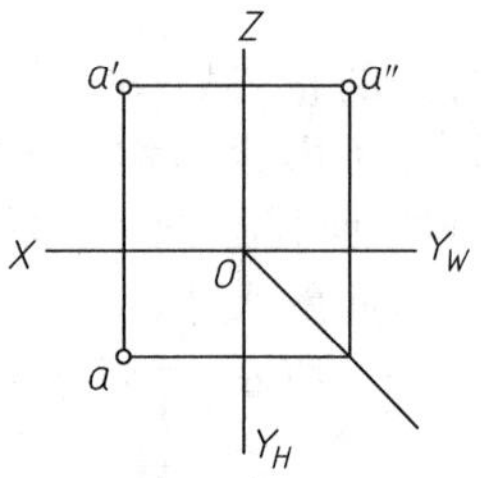 | 三面投影均在投影面上 | 一点只要有两个投影落在投影面上，该点必是一般位置点，且第三投影落在另一投影面上 |
| 投影面上 | 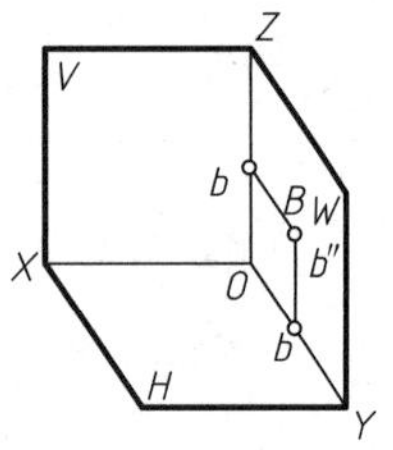 | 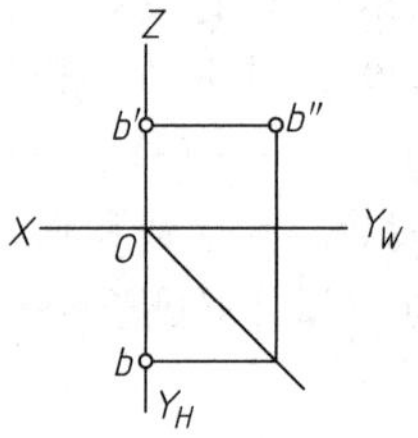 | ①点在它所在的投影面上的投影与该点重合 ②另两个投影分别在相应的投影轴上 | 一点只要有一个投影落在投影轴上，该点必是投影面上的点，且还有一个投影落在另一投影轴上 |
| 投影轴上 | 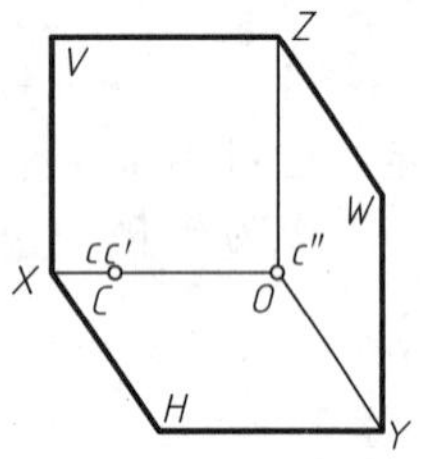 | 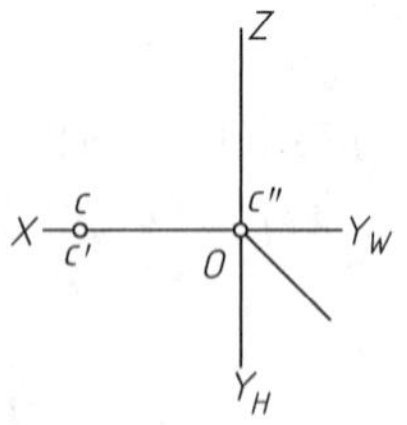 | ①点在包含它所在轴的两个投影面上的投影都与该点重合 ②第三投影落在原点 | 一点只要有一个投影落在原点，一个投影落在投影轴上，该点必是投影轴上的点，且第三投影与投影轴上的投影重合 |
| 与原点重合 | 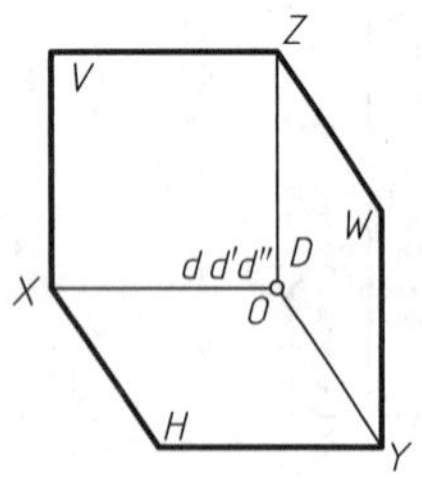 | 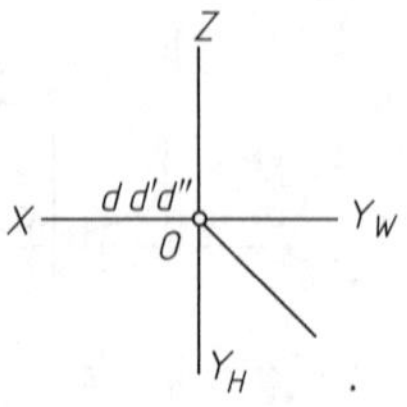 | 三面投影都落在原点 | 一点只要有两个投影落在原点，该点必与原点重合，且第三投影也落在原点 |

注意：$H$ 面上的点与 $Y$ 轴上的点，它们的 $W$ 面投影在 $OY$ 轴上，在投影图中应画在 $OY_W$ 轴上，同理，$W$ 面上的点与 $Y$ 轴上的点，其 $H$ 面投影应画在 $OY_H$ 轴上。

### 3.1.6 两点的相对位置和重影点

#### 3.1.6.1 两点的相对位置

如图 3-5 所示，两个点的投影沿左右、前后、上下三个方向所反映的坐标差即为这两个点分别对投影面 $W$、$V$、$H$ 的距离差，据此能确定两点的相对位置；反之，若已知两点的相对位置，以及其中一个点的投影，也能作出另一点的投影。

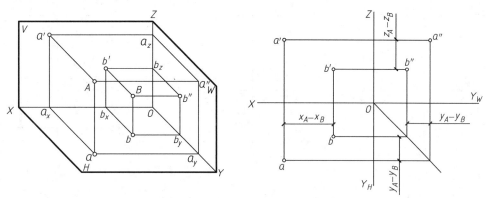

图 3-5　两点的相对位置

图 3-5 中，$A$ 点的 $x$ 坐标大于 $B$ 点的 $x$ 坐标，说明点 $A$ 在点 $B$ 的左侧；$A$ 点的 $y$ 坐标大于 $B$ 点的 $y$ 坐标，说明点 $A$ 在点 $B$ 的前方；$A$ 点的 $z$ 坐标大于 $B$ 点的 $z$ 坐标，说明点 $A$ 在点 $B$ 的上方，即 $A$ 点在 $B$ 点的左、前、上方。

综上所述，由空间点的坐标值 $(x, y, z)$ 即可判断两点的相对位置关系，具体方法如下：

① 判断左右关系　$x$ 坐标大者为左，反之为右。

② 判断前后关系　$y$ 坐标大者为前，反之为后。

③ 判断上下关系　$z$ 坐标大者为上，反之为下。

#### 3.1.6.2 重影点

由图 3-6 可知，点 $B$ 在点 $A$ 的正后方 $y_A - y_B$ 处，两点在 $x$ 方向和 $z$ 方向的坐标值均相等，故 $A$、$B$ 两点的 $V$ 面投影重合。这种两投影重合的空间点称为对该投影面的重影点。

同理，若一点在另一点的正下方或正上方，则此两点是对 $H$ 投影面的重影点；若一点在另一点的正左侧或正右侧，则该两点是对 $W$ 投影面的重影点。

对 $V$ 面、$H$ 面、$W$ 面的重影点的可见性，判别方法是前遮后、上遮下、左遮右。

例如，在图 3-6 中，较前点 $A$ 的 $V$ 面投影 $a'$ 可见，而较后点 $B$ 的 $V$ 面投影 $b'$ 被遮住不可见。在重影点的投影重合处，应在不可见投影的符号上加括号，如图 3-6 中的 $(b')$。

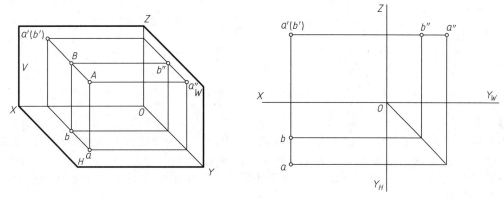

图 3-6　重影点

### 3.1.7 点的投影作图

【例 3-1】 已知点 $A$ 的坐标 $A$ $(15, 10, 20)$，求作其三面投影图。

【作图】

（1）画投影轴，如图 3-7（a）所示。

（2）求作 $a$ 和 $a'$。自 $O$ 点沿 $OX$ 轴向左截取 $x=15$ 个长度单位，得 $a_x$ 点，过 $a_x$ 作 $OX$ 轴的垂线。自 $a_x$ 向下截取 $y=10$ 个长度单位，得点 $A$ 的水平投影 $a$；自 $a_x$ 向上截取 $z=20$ 个长度单位，得点 $A$ 的正面投影 $a'$。

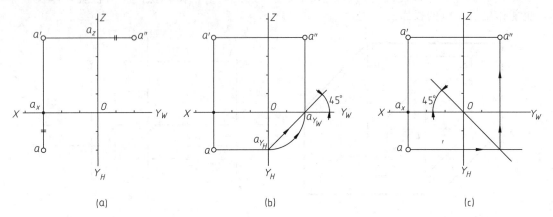

图 3-7　根据点的坐标作其三面投影

（3）求作 $a''$。自 $a'$ 作水平线，则 $a''$ 必在此水平线上；根据点的投影规律，$aa_x=a''a_z$，用几何作图的方法把这段距离移量过去，即可得到 $a''$。移量的方法主要有以下四种：

① 用分规自 $a_z$ 起向右截量 $a_za''=aa_x$ 以确定 $a''$，如图 3-7（a）所示。

② 自 $a$ 作水平线交 $OY_H$ 于 $a_Y$，然后以 $O$ 为圆心，$Oa_Y$ 为半径作弧，将 $OY_H$ 上的 $a_Y$ 转移到 $OY_W$ 轴上。再过 $a_{Y_W}$ 作铅垂线，与过 $a'$ 的水平线相交得 $a''$，如图 3-7（b）所示。

③ 过 $a_{Y_H}$ 作 $45°$ 线交 $OY_W$ 于 $a_{Y_W}$，亦可得到 $a''$，如图 3-7（b）所示。

④ 自 $a$ 作水平线，与 $\angle Y_HOY_W$ 的平分线相交得一交点，过此交点作铅垂线，与经过 $a'$ 所做的水平线相交，得 $a''$，如图 3-7（c）所示。

【例 3-2】　如图 3-8（a）所示，已知空间点 $B$ 的两面投影 $b'$ 和 $b''$，求其第三投影。

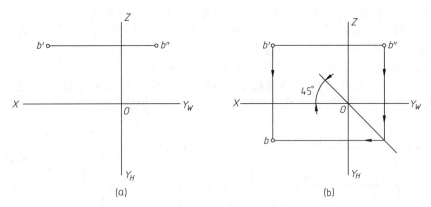

图 3-8　根据点的两面投影作其第三面投影

【作图】

如图 3-8（b）所示，过点 $b''$ 作铅垂线，过 $O$ 点作 $\angle Y_HOY_W$ 的平分线与铅垂线相交，过此交点作水平线，与经过点 $b'$ 所做的铅垂线相交，交点即为 $B$ 点的水平投影 $b$。

【例 3-3】　如图 3-9（a）所示，已知点 $A$ 的三面投影，点 $B$ 在点 $A$ 的右方 10mm、前方 8mm、下方 15mm 处，求作点 $B$ 的三面投影。

【作图】

如图 3-9（b）所示，将 $a'a''$ 的连线沿 $OZ$ 轴向下平移 15mm，$aa'$ 连线沿 $OX$ 轴向右平移 10mm，两直线的交点即为点 $B$ 的 $V$ 面投影 $b'$；把 $aa_{Y_H}$ 连线沿 $OY_H$ 轴向下平移 8mm，与过 $b'$ 点所作铅垂线的交点即为点 $B$ 的 $H$ 面投影 $b$，由 $b'$ 和 $b$ 可求得点 $B$ 的 $W$ 面投影 $b''$。

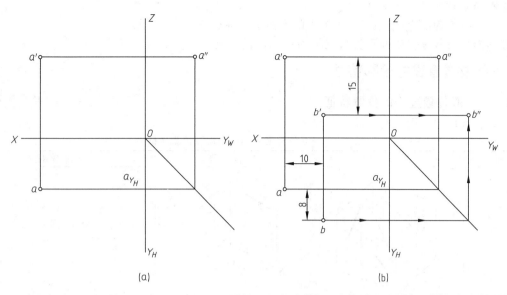

(a)          (b)

图 3-9    根据点的相互位置关系作点的三面投影

## 3.2   直线的投影

直线在某一投影面上的投影，是通过该直线的投射平面与该投影面的交线。由于两平面的交线必为一直线，所以直线的投影一般情况下仍为直线。画它的三面投影图时，只要画出直线上任意两点的三面投影，然后分别连接这两点的同面投影，即为该直线的三面投影，如图 3-10 所示。

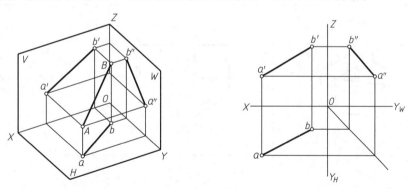

图 3-10   直线的投影

### 3.2.1   直线在三投影面体系中的位置

如图 3-11 所示，歇山屋顶形体上有很多直线，例如 AB、BC、CD、DE、EF……相对于三个投影面而言，它们处于相同或不同的空间位置。

在三投影面体系中，根据直线与三个投影面的相对位置关系，可将直线分为以下三种类型：

（1）一般位置直线

与三个投影面都倾斜的直线。如图 3-11 中的直线 BE 同时倾斜于 H、W、V 面。

（2）投影面平行线

平行于一个投影面而倾斜于另外两个投影面的直线。如图 3-11 中的直线 AB 与 W 面平行但倾斜于 H、V 面。

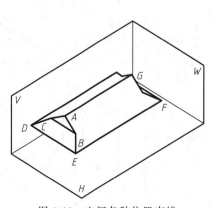

图 3-11   空间各种位置直线

（3）投影面垂直线

垂直于一个投影面的直线。如图 3-11 中的直线 $BC$ 垂直于 $V$ 面。

其中投影面平行线和投影面垂直线统称为特殊位置直线。

### 3.2.2 各种位置直线的投影特性

#### 3.2.2.1 一般位置直线的投影特征

一般位置直线的投影图及投影特征详见表 3-2。

表 3-2 一般位置直线的投影图及投影特征

| 直线名称 | 直 观 图 | 投 影 图 | 投 影 特 征 |
|---|---|---|---|
| 一般位置直线 | 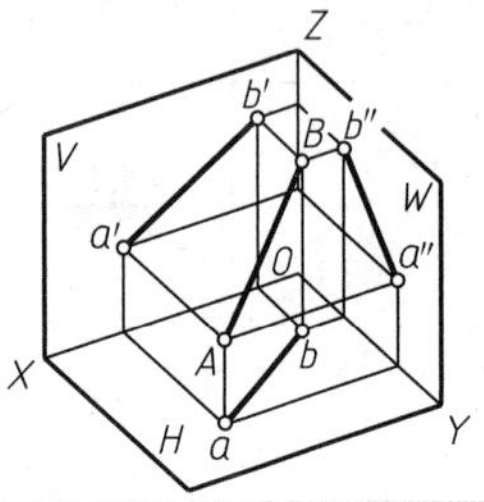 | 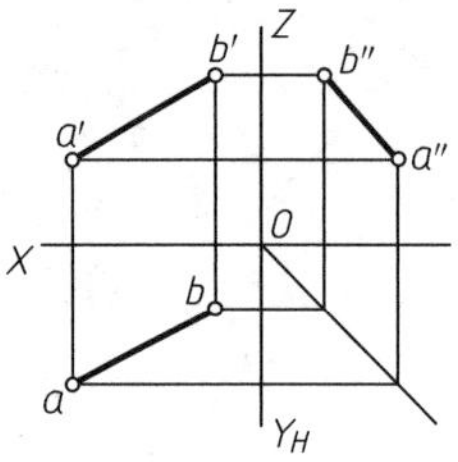 | ① $ab$、$a'b'$ 和 $a''b''$ 都倾斜于投影轴<br>② $ab<AB$，$a'b'<AB$，$a''b''<AB$ |

#### 3.2.2.2 投影面平行线的投影特征

根据空间直线平行于不同的投影面，投影面平行线可分为以下三种：

① 水平线——平行于 $H$ 面的直线；

② 正平线——平行于 $V$ 面的直线；

③ 侧平线——平行于 $W$ 面的直线。

投影面平行线的投影图及投影特征详见表 3-3。

表 3-3 投影面平行线的投影图及投影特征

| 直线名称 | 直 观 图 | 投 影 图 | 投 影 特 征 |
|---|---|---|---|
| 水平线 | 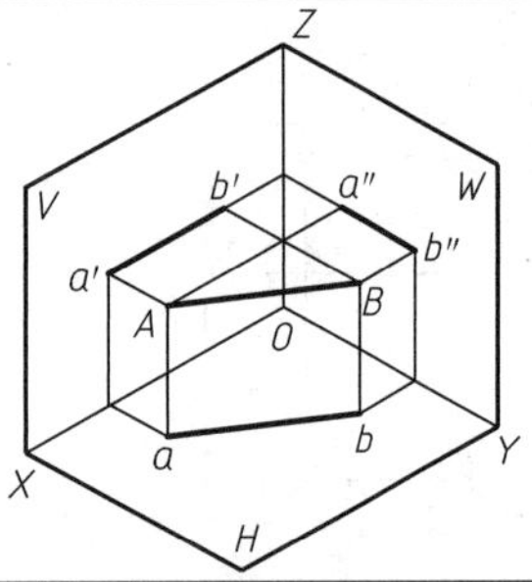 | 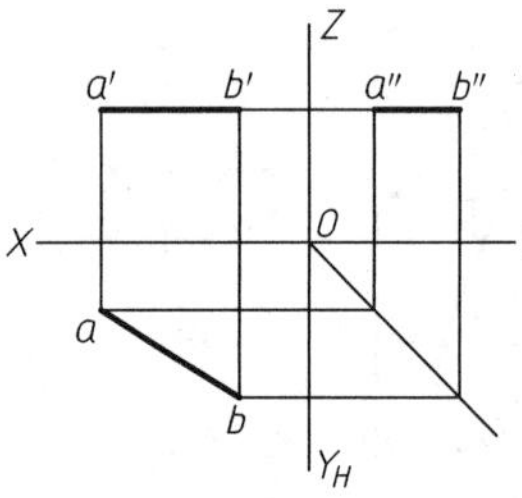 | ① $ab=AB$<br>② $a'b'<AB$，$a''b''<AB$<br>且 $a'b'//OX$，$a''b''//OY_W$ |
| 正平线 | 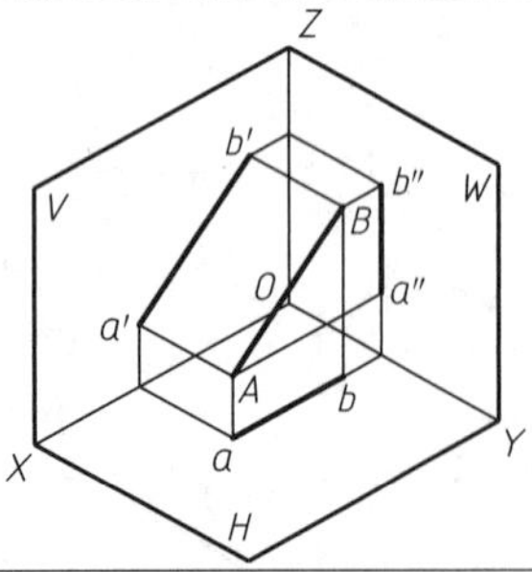 | 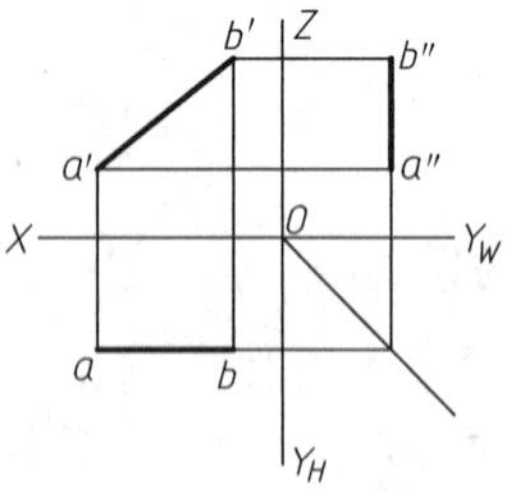 | ① $a'b'=AB$<br>② $ab<AB$，$a''b''<AB$<br>且 $ab//OX$，$a''b''//OZ$ |
| 侧平线 | 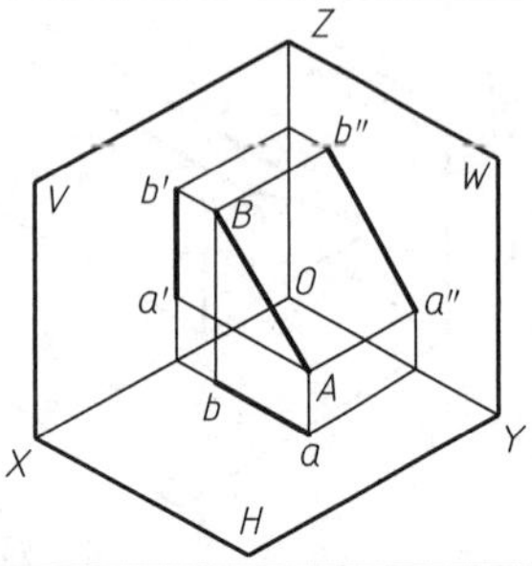 | 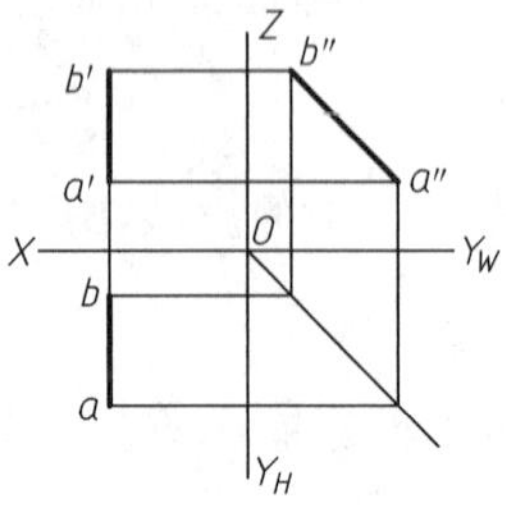 | ① $a''b''=AB$<br>② $ab<AB$，$a'b'<AB$<br>且 $ab//OY_H$，$a'b'//OZ$ |

### 3.2.2.3　投影面垂直线的投影特征

根据空间直线垂直于不同的投影面，投影面垂直线可分为以下三种：

① 铅垂线——垂直于 $H$ 面的直线；

② 正垂线——垂直于 $V$ 面的直线；

③ 侧垂线——垂直于 $W$ 面的直线。

投影面垂直线的投影图及投影特征详见表 3-4。

从表 3-2～表 3-4 可概括出不同位置直线的投影特性及识读方法，如表 3-5 所示。

【例 3-4】　如图 3-12（a）所示，分析三棱锥的棱线 $SA$、$AB$ 和 $AC$ 与投影面的相对位置。

【分析】

由图 3-12（b）中三棱锥的三面投影图可以看出：$SA$ 的三面投影 $sa$、$s'a'$、$s''a''$ 均倾斜于投影轴，所以 $SA$ 为一般位置直线。

表 3-4　投影面垂直线的投影图及投影特征

| 直线名称 | 直 观 图 | 投 影 图 | 投 影 特 征 |
|---|---|---|---|
| 铅垂线 | 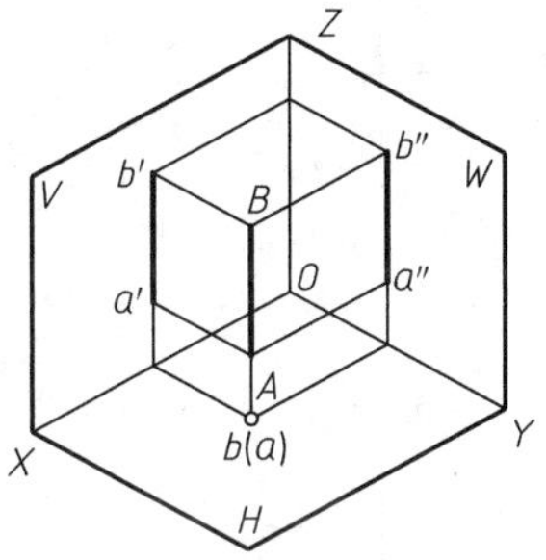 | 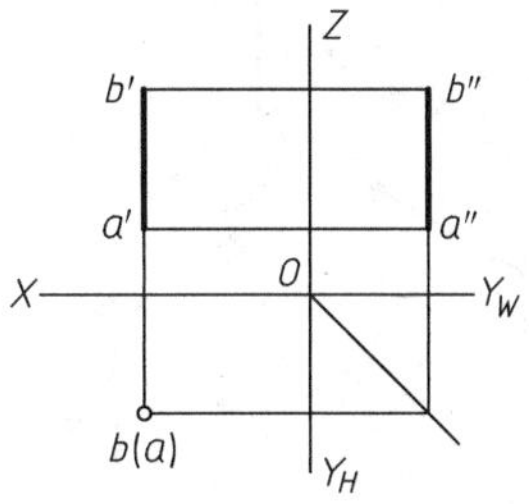 | ① $ab$ 积聚成一点<br>② $a'b' \perp OX$，$a''b'' \perp OY_W$<br>③ $a'b' = a''b'' = AB$ |
| 正垂线 | 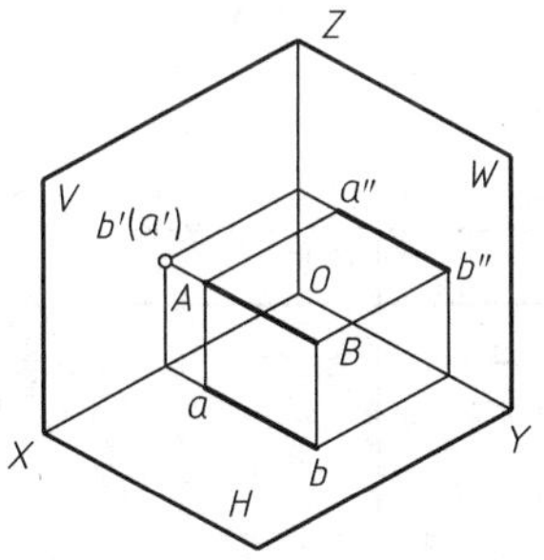 | 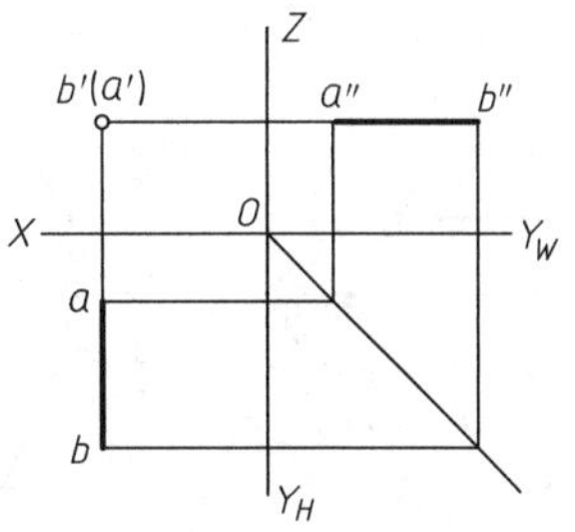 | ① $a'b'$ 积聚成一点<br>② $ab \perp OX$，$a''b'' \perp OZ$<br>③ $ab = a''b'' = AB$ |
| 侧垂线 | 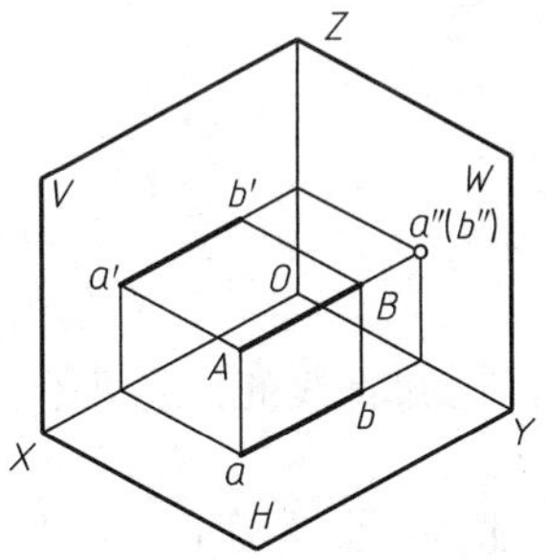 | 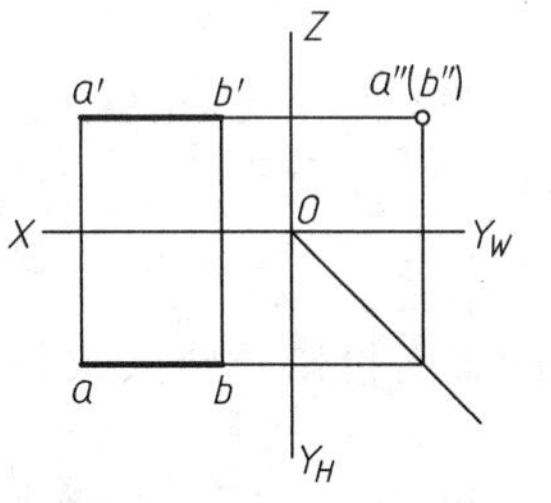 | ① $a''b''$ 积聚成一点<br>② $ab \perp OY_H$，$a'b' \perp OZ$<br>③ $ab = a'b' = AB$ |

表 3-5　不同位置直线的投影特性及识读方法

| 直线类型 | 空 间 位 置 | 投 影 特 性 | 投 影 图 识 读 |
|---|---|---|---|
| 一般位置直线 | 对三个投影面都倾斜 | ① 三个投影都小于实际长度<br>② 三个投影都倾斜于投影轴 | 只要已知一直线的两个投影倾斜于投影轴，它必然是一条一般位置直线 |
| 投影面平行线 | 平行于一个投影面，同时倾斜于另两个投影面 | ① 在它所平行的投影面上的投影反映实际长度但倾斜于投影轴<br>② 其余两个投影均小于实际长度且平行于相应的投影轴 | 只要已知一直线的一个投影平行于投影轴而另有一个投影倾斜于投影轴，它必然是一条平行于倾斜投影所在投影面的直线 |
| 投影面垂直线 | 垂直于一个投影面，平行于另两个投影面 | ① 在它所垂直的投影面上的投影积聚为一点<br>② 其余两个投影反映实际长度且垂直于相应的投影轴 | 只要已知一直线有一个投影积聚为一点，它必然是一条垂直于此积聚投影所在投影面的直线 |

由图 3-12（c）可以看出，$AB$ 的 $V$ 面投影 $a'b'//OX$ 轴，$W$ 面投影 $a''b''//OY_W$ 轴，$H$ 面投影 $ab$ 倾斜于 $OX$ 轴和 $OY_H$ 轴，所以 $AB$ 为水平线，$ab$ 反映实长。

由图 3-12（d）可以看出，$AC$ 的 $W$ 面投影积聚为一点 $a''(c'')$，所以 $AC$ 为侧垂线，$a'c'=ac$，并反映实长。

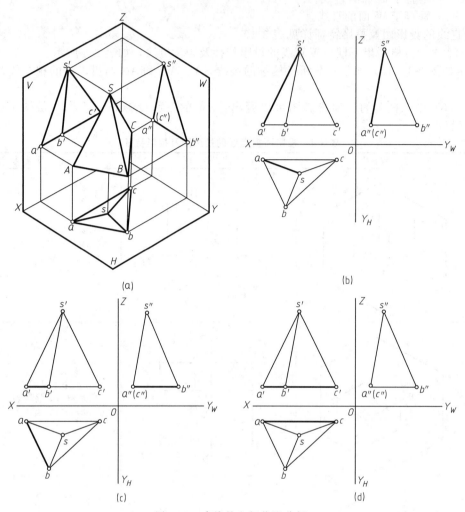

图 3-12　直线的空间位置分析

## 3.2.3　直线的投影作图

由于直线的投影可由其两个端点的同面投影连线来求得，所以，已知直线的任意两个投影，一定可以作出它的第三投影。

【例 3-5】　如图 3-13（a）所示，已知直线 $AB$ 的 $V$ 面投影 $a'b'$ 和 $H$ 面投影 $ab$，求作其 $W$ 面投影。

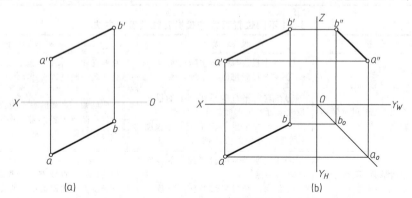

图 3-13　根据直线两面投影求作其第三投影

**【作图】** 如图 3-13（b）所示。

① 补全投影轴及 45°斜线辅助线。

② 过 $a$、$b$ 两点作水平线交 45°斜线于 $a_o$、$b_o$ 两点。

③ 过 $a_o$、$b_o$ 两点作铅垂线与过 $a'$、$b'$ 所作的水平线分别相交于两点，此两点即为 $a''$、$b''$。

④ 连接 $a''$、$b''$ 即为直线 $AB$ 的 W 面投影 $a''b''$。

# 3.3　平面的投影

我们所研究的平面，多指平面的有限部分（即平面图形）。

平面图形的边和顶点是由一些线段（直线段或曲线段）及其交点组成的。因此，这些线段和交点投影的集合，就表示了该平面图形的投影。作图时，先求出平面图形各顶点的投影，然后将各点同面投影依次连接，即为平面图形的投影，如图 3-14 所示。

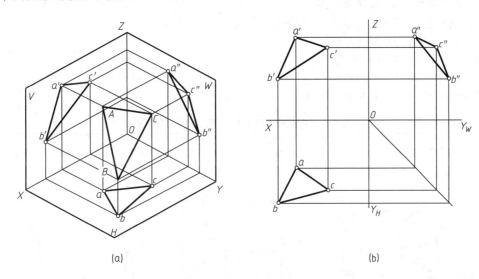

图 3-14　平面的投影

## 3.3.1　平面在三投影面体系中的位置

如图 3-15 所示，平面形体上有很多平面，例如平面 $ABCDF$、平面 $AFEMN$、平面 $DLME$、平面 $DEF$……相对于三个投影面而言，它们处于相同或不同的空间位置。

在三投影面体系中，根据平面与三个投影面的相对位置关系，可将平面分为以下三种类型：

（1）一般位置平面

与三个投影面都倾斜的平面。如图 3-15 中平面 $DEF$。

（2）投影面平行面

与某一个投影面平行的平面。如图 3-15 中平面 $ABCDF$ // W 面。

（3）投影面垂直面

与某一个投影面垂直，与其他两个投影面倾斜的平面。如图 3-15 中平面 $DLME \perp W$ 面。

其中投影面平行面和投影面垂直面统称为特殊位置平面。

## 3.3.2　各种位置平面的投影特性

### 3.3.2.1　一般位置平面的投影特征

一般位置平面的投影图及投影特征详见表 3-6。

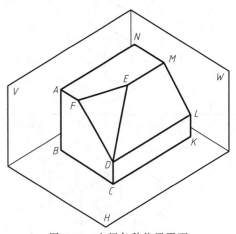

图 3-15　空间各种位置平面

表 3-6　一般位置平面的投影图及投影特征

| 平面名称 | 直　观　图 | 投　影　图 | 投　影　特　征 |
|---|---|---|---|
| 一般位置平面 | 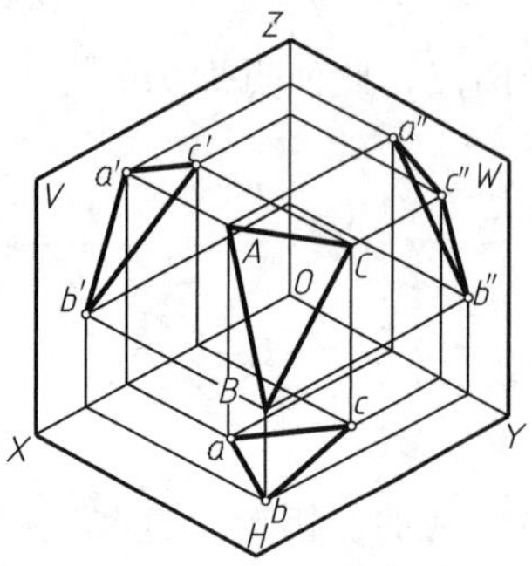 | 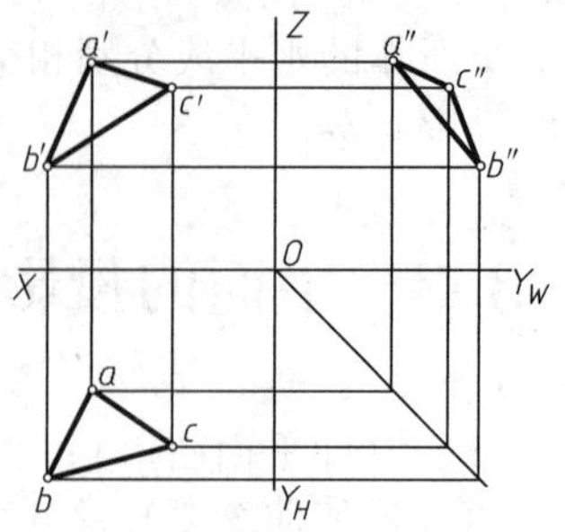 | ① △abc、△a′b′c′ 和 △a″b″c″ 均与 △ABC 相仿<br>② $S\triangle abc < S\triangle ABC$、$S\triangle a'b'c' < S\triangle ABC$、$S\triangle a''b''c'' < S\triangle ABC$ |

### 3.3.2.2　投影面平行面的投影特征

根据空间平面平行于不同的投影面，投影面平行面可分为三种：

① 水平面——平行于 $H$ 面的平面；

② 正平面——平行于 $V$ 面的平面；

③ 侧平面——平行于 $W$ 面的平面。

投影面平行面的投影图及投影特征详见表 3-7。

表 3-7　投影面平行面的投影图及投影特征

| 平面名称 | 直　观　图 | 投　影　图 | 投　影　特　征 |
|---|---|---|---|
| 水平面 | 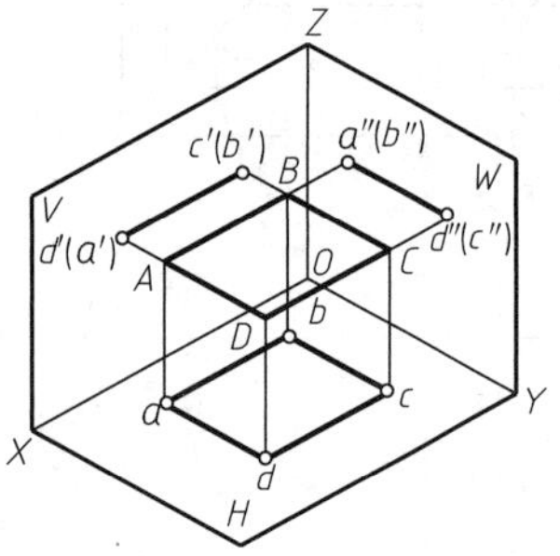 | 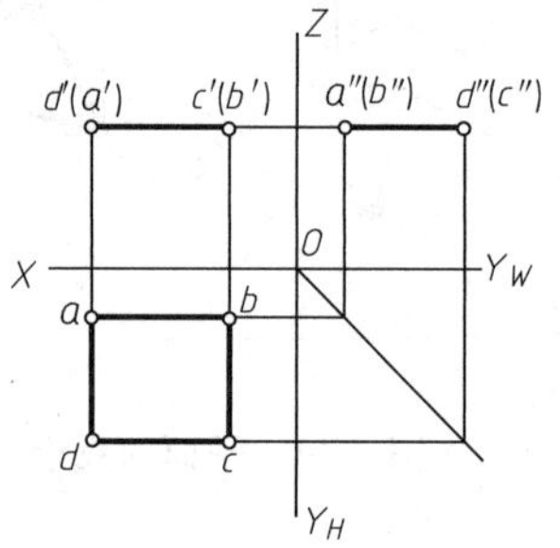 | ① □abcd = □ABCD<br>② $d'(a')(b')c' \mathbin{/\!/} OX$ 轴，$a''(b'')(c'')d'' \mathbin{/\!/} OY_W$ 轴 |
| 正平面 | 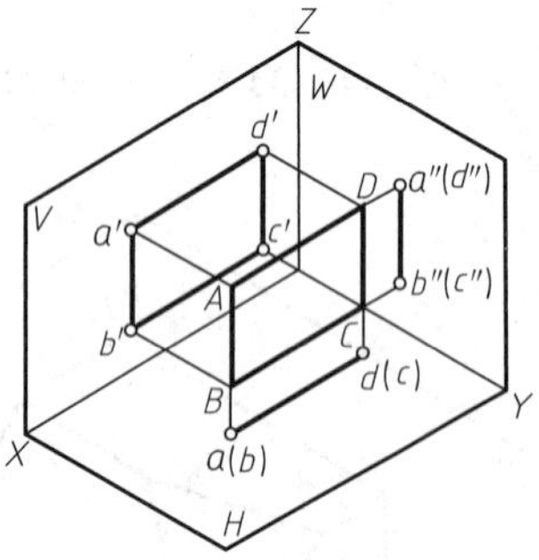 | 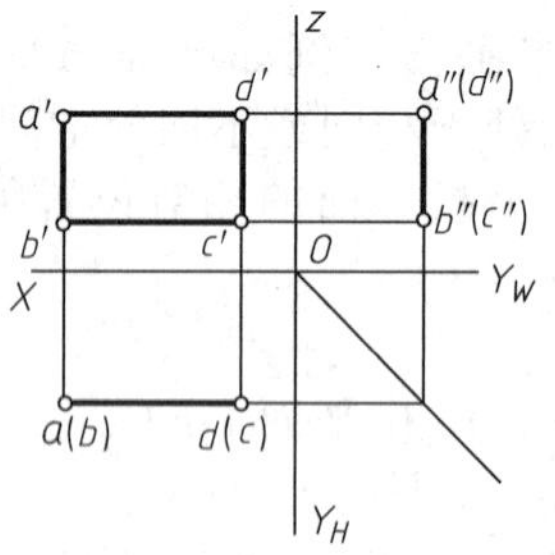 | ① □a′b′c′d′ = □ABCD<br>② $a(b)(c)d \mathbin{/\!/} OX$ 轴，$a''(d'')(c'')b'' \mathbin{/\!/} OZ$ 轴 |
| 侧平面 | 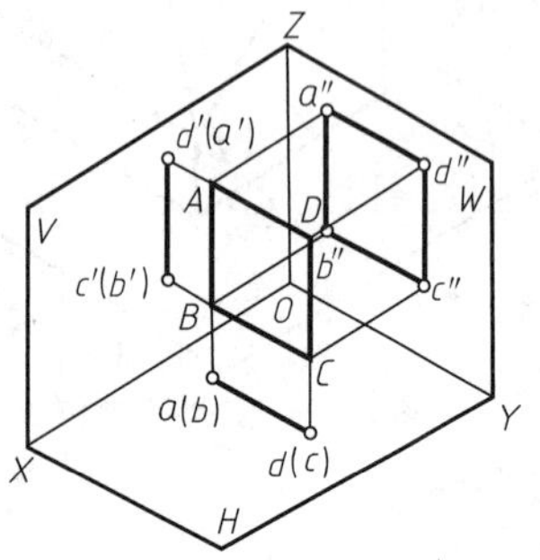 | 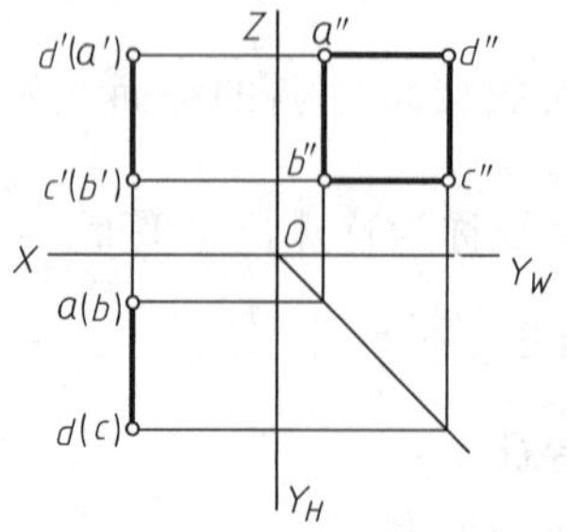 | ① □a″b″c″d″ = □ABCD<br>② $d'(a')(b')c' \mathbin{/\!/} OZ$ 轴，$a(b)(c)d \mathbin{/\!/} OY_H$ 轴 |

### 3.3.2.3 投影面垂直面的投影特征

根据空间平面垂直于不同的投影面，投影面垂直面可分为三种：

① 铅垂面——垂直于 $H$ 面的平面；

② 正垂面——垂直于 $V$ 面的平面；

③ 侧垂面——垂直于 $W$ 面的平面。

投影面垂直面的投影图及投影特征详见表 3-8。

表 3-8  投影面垂直面的投影图及投影特征

| 平面名称 | 直 观 图 | 投 影 图 | 投 影 特 征 |
|---|---|---|---|
| 铅垂面 | | | ① $a(b)(c)d$ 积聚成一倾斜直线<br>② $\square a'b'c'd'$ 和 $\square a''b''c''d''$ 均与 $\square ABCD$ 相仿，但比实形小 |
| 正垂面 | | | ① $(a')(b')c'd'$ 积聚成一倾斜直线<br>② $\square abcd$ 和 $\square a''b''c''d''$ 均与 $\square ABCD$ 相仿，但比实形小 |
| 侧垂面 | | | ① $a''b''(c'')(d'')$ 积聚成一倾斜直线<br>② $\square a'b'c'd'$ 和 $\square abcd$ 均与 $\square ABCD$ 相仿，但比实形小 |

从表 3-6～表 3-8 可概括出不同位置平面的投影特性及识读方法，如表 3-9 所示。

表 3-9  不同位置平面的投影特性及识读方法

| 直线类型 | 空 间 位 置 | 投 影 特 性 | 投影图识读 |
|---|---|---|---|
| 一般位置平面 | 对三个投影面都倾斜 | ① 三个投影均为原平面图形的相仿图形<br>② 三个投影均小于原平面图形 | 只有平面的三个投影均为平面图形时，此平面才是一般位置平面 |
| 投影面平行面 | 平行于一个投影面，垂直于其余两个投影面 | ① 在它所平行的投影面上的投影为反映实形的平面图形<br>② 其余两个投影均积聚为平行于相应投影轴的直线 | 只要平面的一个投影积聚为平行于投影轴的直线，则该平面必平行于非积聚投影所在的投影面，且该非积聚投影反映该平面的实形 |
| 投影面垂直面 | 垂直于一个投影面，倾斜于其余两个投影面 | ① 在它所垂直的投影面上的投影积聚成一条倾斜直线<br>② 其余两个投影均小于原平面图形的相仿图形 | 平面只要有一个投影积聚为一条倾斜直线，该平面必垂直于此积聚投影所在的投影面 |

### 3.3.3 平面的投影作图

同直线的投影一样，已知平面的任意两个投影，一定可以作出它的第三投影。

【例 3-6】 如图 3-16（a）所示，已知平面△ABC 的 V 面投影 a'b'c' 和 H 面投影 abc，求作其 W 面投影。

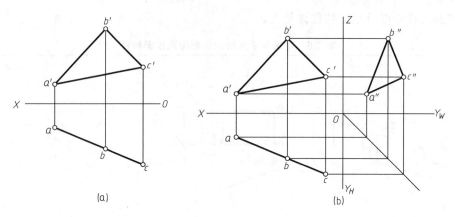

(a)　　　　(b)

图 3-16　根据平面的两面投影作其第三面投影

【作图】 如图 3-16（b）所示。

① 补全投影轴及 45°斜线辅助线。

② 过 a、b、c 三点作水平线与 45°斜线辅助线交于三点。

③ 经过上述三个交点作 OZ 轴的平行线与过 a'、b'、c' 所作的水平线分别又相交于三点，即为 a"、b"、c"。

④ 连接 a"、b"、c" 即得到平面△ABC 的 W 面投影△a"b"c"。

━━━━━━ **本 章 小 结** ━━━━━━

本章通过建立三投影面体系，介绍了点、线和平面的投影原理和作图方法。应重点掌握各种位置点、直线和平面的投影特性、识读方法，掌握点、线、面投影的作图方法。

━━━━━━ **思 考 题** ━━━━━━

1. 三投影面体系是如何形成及展开的？

2. 点有哪些投影规律？如何根据点的两面投影求出其第三面投影？

3. 如何根据两点的相对坐标判断它们的相对位置？什么叫重影点？如何判断重影点的可见性？

4. 一般位置直线、投影面平行线和投影面垂直线各有哪些投影特性？如何判别其空间位置？

5. 一般位置直面、投影面平行面和投影面垂直面各有哪些投影特性？如何判别其空间位置？

# 第4章
# 基本形体的投影

在园林工程中，经常会遇到各种形状的物体，如果对它们的形体进行分析，不难看出，不论它们的形状如何复杂，都可以看作是由一些简单几何体经过叠加、切割或相交而组成（图4-1）。在制图上，我们把这些简单几何体称为基本形体。本章主要研究几种常见的基本形体的投影及其表面上点和线的投影作图问题，以便为组合体投影图的绘制和阅读打下基础。

图4-1 园亭

## 4.1 体的三面投影图及其对应关系

体是由点、线、面等几何元素组成的，所以体的投影实际上就是点、线、面投影的综合。

### 4.1.1 体的三面投影图的形成

将形体置于三投影面体系中，并使形体的主要表面或对称平面平行于投影面，采用正投影法将形体分别向 $V$、$H$、$W$ 面进行投影，即得到形体的三面正投影图，如图4-2所示。

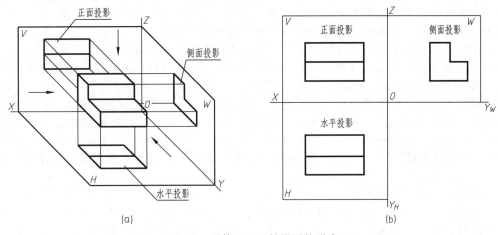

图4-2 形体三面正投影图的形成

## 4.1.2  体的三面投影图之间的对应关系

空间形体都有长、宽、高三个方向的尺度。在三投影面体系中，一般将投影轴的 $OX$、$OY$、$OZ$ 方向分别定义为形体的长、宽、高方向。从图 4-3 中可看出，形体的三面投影图之间以及三面投影图与形体的方位之间存在一定的对应关系。

（1）三面投影图之间的位置关系

以正面投影为准，水平投影位于其正下方，侧面投影位于其正右方，如图 4-3（a）所示。

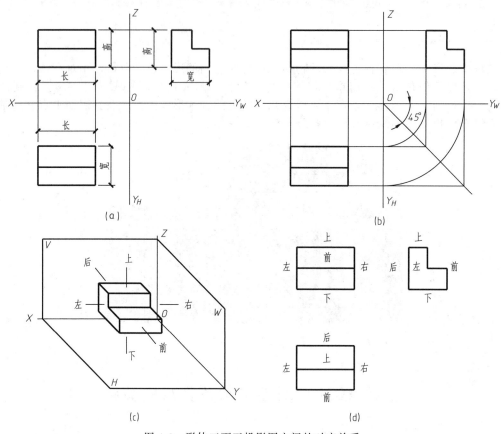

图 4-3  形体三面正投影图之间的对应关系

（2）三面投影图之间的"三等"关系

从图 4-3（a）中可看出，正面投影反映形体的长度和高度；水平投影反映形体的长度和宽度；侧面投影反映形体的高度和宽度。由此可以归纳出：

正面投影与水平投影"长对正"；正面投影与侧面投影"高平齐"；水平投影与侧面投影"宽相等"。

三面投影图之间的这种关系称为"三等"关系。因为三个投影表示的是同一形体，所以无论是整个形体，还是形体的任一局部，三面投影都必须符合上述"三等"关系。

作图时，正面投影与水平投影的"长对正"以及正面投影与侧面投影"高平齐"可以利用丁字尺和三角板直接作出，而水平投影与侧面投影的"宽相等"则可以利用以原点 $O$ 为圆心的圆弧作出，也可以借助于从原点 $O$ 引出的 45°线作出，如图 4-3（b）所示。

在实际的工程图纸中，只要符合点的投影规律，即形体上任一点的正面投影和水平投影在同一竖直连线上；正面投影和侧面投影在同一水平连线上；以及任意两点的水平投影和侧面投影保持前后方向的 $Y$ 坐标差不变并按前后对应的原则来绘制，投影轴就不必画出。不画投影轴的投影图称为无轴投影，如图 4-3（d）所示。在无轴投影图中，可用分规直接量取宽度，应该注意：水平投影的宽度在铅垂方向，而侧面投影的宽度在水平方向。

（3）三面投影图与形体之间的方位关系

形体与投影面的相对位置一经确定，形体的前后、左右和上下的方位关系就反映在三面投影图上。一般把形体上靠近观察者的一面称为前面，靠近正立投影面的一面称为后面，如图 4-3（c）、（d）所示。

在投影图上识别形体的方位，就可以确定形体各个部分的相对位置关系，有助于识图。但应注意形体的前后位置在投影图中的反映，如图 4-3（d）中，在水平投影和侧面投影中，远离正面投影的一面都反映形体的前面；靠近正面投影的一面都反映形体的后面。

# 4.2 基本形体的投影

基本形体按其表面形状不同又可分为平面体和曲面体两类。平面体是指表面由若干平面多边形所围成的几何体，常见的有棱柱、棱锥和棱台等。曲面体是指表面由曲面围成或由曲面和平面围成的几何体，工程上应用最多的曲面体是回转体，如圆柱、圆锥、圆球和圆环等。

## 4.2.1 基本形体投影图的绘制步骤

（1）研究形体的性质

在画图之前先了解基本形体本身的性质，包括形状是否对称、各侧面的形状如何、各侧面之间和各侧棱之间的关系等。

（2）确定形体在三投影面体系中的安放位置

安放位置包括两个方面：一是形体本身如何安放，即竖放、平放还是侧放？哪个面在前、哪个面在后？二是形体与投影面的相对位置，如使形体上哪一个面平行于 V 面？

安放形体时，一般先考虑它的工作位置。如作为两坡顶屋面的三棱柱，则应该平放，并使侧棱平行于 V 面，如表 4-1 中所示。其次应考虑使 V 面投影反映出形体的特征。此外还要使各面投影尽量多地反映形体各侧面的实形且避免投影中出现虚线。值得注意的是，形体的安放位置一经确定，在整个投影作图过程中，就不得任意变动。

（3）绘制形体的投影图

基于以上两个步骤即可进行投影图的绘制工作。

## 4.2.2 平面体的投影

作平面体的投影，实际上就是画出围成平面体的所有平面多边形的投影，即画出平面体的点（顶点）、直线（棱线）和平面（棱面和底面）的投影。平面体的几何性质已经在立体几何中学习过，现将常见平面体的投影图及投影特点汇总，如表 4-1 所示。

## 4.2.3 曲面体的投影

画回转体的投影时，一般应画出曲面各方向转向轮廓线（在某一投影方向上观察曲面立体时可见与不可见部分的分界线）的投影和回转轴线的三个投影。现将常见曲面体的投影图及投影特点汇总，如表 4-2 所示。

表 4-1 常见平面体的投影及投影特点

| 名称 | 直 观 图 | 投 影 图 | 投 影 特 点 |
|---|---|---|---|
| 三棱柱 | 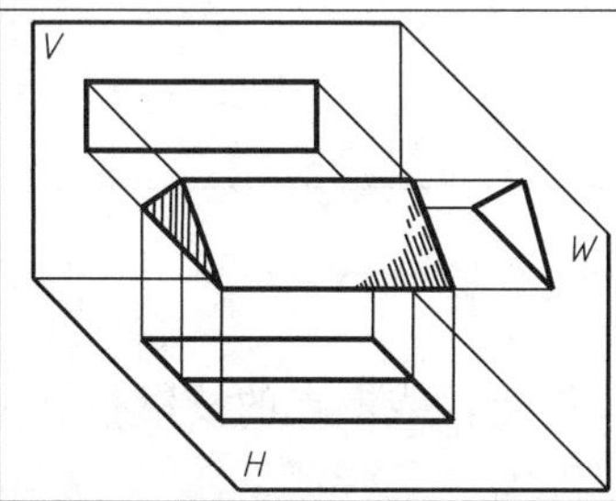 | 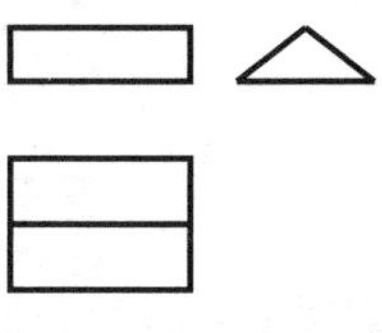 | 1. V 面投影是一个矩形线框，上边是棱柱上侧棱的投影，反映实长；下边和左、右边分别是棱柱底面和左右端面的积聚投影。线框本身是棱柱前后侧面的投影（相仿图形）<br>2. H 面投影是两个相邻且相等的矩形线框，它们是棱柱前后侧面的投影（相仿图形）。大矩形外框是棱柱底面的实形投影。左、右边是棱柱左、右端面的积聚投影。上、下边和中线分别是棱柱前、后和中间侧棱的实形投影<br>3. W 面投影是一个等腰三角形线框，它是棱柱左右端面重合的实形投影。底边和两腰分别是棱柱底面和前后侧面的积聚投影 |
| 六棱锥 | 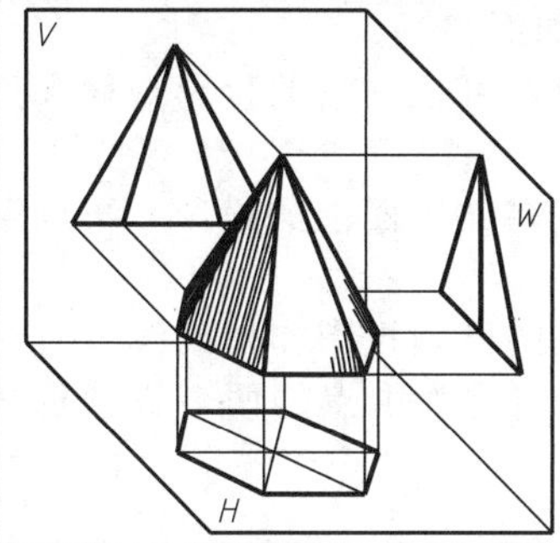 | 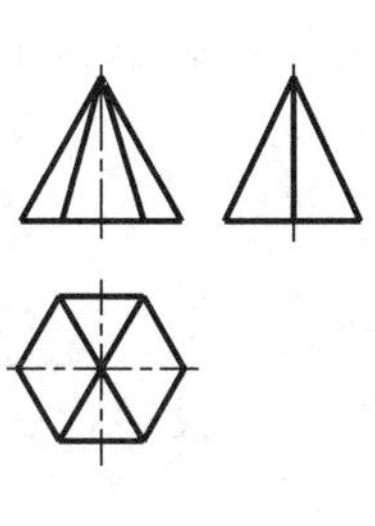 | 1. V 面投影是三个连续的三角形线框，组成一个等腰三角形。其高度反映锥高。左右两腰反映侧棱实长。中间等腰三角形是棱锥前后侧面的投影（相仿图形）。左右三角形是棱锥左右侧面的投影（相仿图形）<br>2. H 面投影的轮廓是一个正六边形，反映棱锥底面的实形。六边形的对角线是各侧棱的投影（相仿图形）<br>3. W 面投影是由两个小三角形线框组成的一个等腰三角形。两腰是棱锥前后两侧面的积聚投影，中线是左右侧棱的投影<br>4. 各投影均不反映侧面实形 |

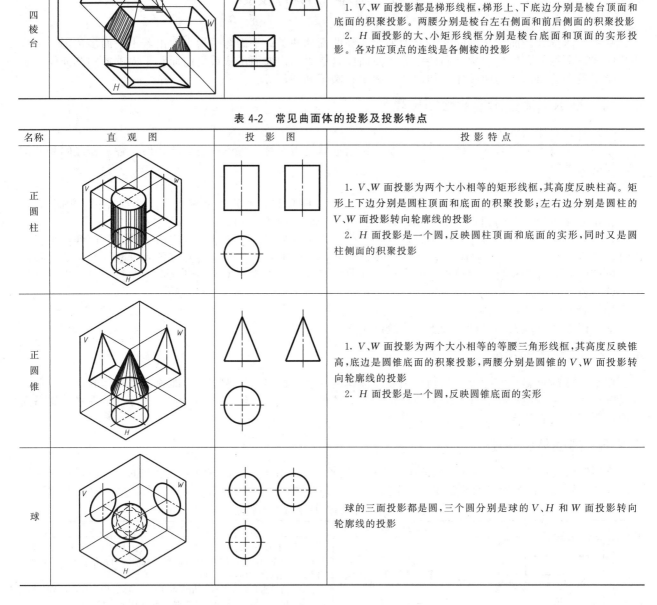

| 名称 | 直 观 图 | 投 影 图 | 投 影 特 点 |
|---|---|---|---|
| 四棱台 | | | 1. V、W 面投影都是梯形线框,梯形上、下底边分别是棱台顶面和底面的积聚投影。两腰分别是棱台左右侧面和前后侧面的积聚投影<br>2. H 面投影的大、小矩形线框分别是棱台底面和顶面的实形投影。各对应顶点的连线是各侧棱的投影 |

表 4-2 常见曲面体的投影及投影特点

| 名称 | 直 观 图 | 投 影 图 | 投 影 特 点 |
|---|---|---|---|
| 正圆柱 | | | 1. V、W 面投影为两个大小相等的矩形线框,其高度反映柱高。矩形上下边分别是圆柱顶面和底面的积聚投影;左右边分别是圆柱的 V、W 面投影转向轮廓线的投影<br>2. H 面投影是一个圆,反映圆柱顶面和底面的实形,同时又是圆柱侧面的积聚投影 |
| 正圆锥 | | | 1. V、W 面投影为两个大小相等的等腰三角形框,其高度反映锥高,底边是圆锥底面的积聚投影,两腰分别是圆锥的 V、W 面投影转向轮廓线的投影<br>2. H 面投影是一个圆,反映圆锥底面的实形 |
| 球 | | | 球的三面投影都是圆,三个圆分别是球的 V、H 和 W 面投影转向轮廓线的投影 |

## 4.2.4 基本形体表面上点和线的投影

根据投影的从属性,体表面上点和线的投影,一定在该表面的同面投影上,线上点的投影一定在该线的同面投影上。

根据体表面上已知点和线的一个投影确定其余两个投影的主要方法如下:

① 线上定点法 当点位于平面体的棱线或曲面体的转向轮廓线上时,可根据点的投影规律和点对直线的从属性直接求点的投影。

② 积聚投影法 当点位于投影具有积聚性的立体表面上时,先求点在此表面上的投影,再求第三个投影。

③ 辅助线法 当点位于投影不具有积聚性的立体表面上时,先过点的已知投影作辅助线(直线或纬圆)并求出辅助线的第二投影,再根据从属性求得点的第二投影,由此转化为由点的两个投影求第三个投影。

根据体表面上已知点和线的一个投影确定其余两个投影的步骤如下:

① 分析该点或线在体的哪个表面上，并找出该表面的另两个投影；

② 如果该表面的某个投影有积聚性，则先确定该点或线在该积聚投影上的位置；如果该表面的投影没有积聚性，则利用过已知点或线并在该面内的辅助线来求其第二投影；

③ 由点或线的已知投影和求得的第二投影画出第三投影；

④ 分析所求点或线的投影的可见性，点或线所在表面的投影可见，则其上的点或线的同面投影也可见，反之则不可见。

### 4.2.4.1 平面体表面上点和线的投影

【例 4-1】 如图 4-4（a）所示，已知正六棱柱的三面投影及其表面上点 $A$、$B$ 的 $V$ 面投影（$a'$）和 $b'$，求作其另两面投影。

【分析】 由图 4-4（a）可知，（$a'$）不可见，故 $A$ 点必在六棱柱的后侧面上，且 $A$ 点位于侧棱上，可用线上定点法直接求出 $a''$。由图中 $b'$ 可见，$B$ 点必在六棱柱的右前侧面上，由于六棱柱表面上的点在 $H$ 面的投影具有积聚性，因此可直接求出 $b$，再通过投影规律求得 $b''$，由于 $B$ 点在体的右侧表面上，故（$b''$）为不可见。

【作图】

① $A$ 点投影用线上定点求出。过点（$a'$）作水平线，交六棱柱 $W$ 面投影图中四边形的边线于 $a''$，同理求得在 $H$ 面投影图中的 $a$，如图 4-4（b）所示。

② $B$ 点投影用积聚投影法求出。过点 $b'$ 作铅垂线，交六棱柱 $H$ 面投影的边线于 $b$，再借助于 45°线并依据"宽相等"的规律可求得 $b''$，即为点 $B$ 在 $W$ 面上的投影。

③ 判别可见性。因点 $B$ 所在表面的 $W$ 面投影不可见，故（$b''$）不可见，其余投影均可见，结果如图 4-4（b）所示。

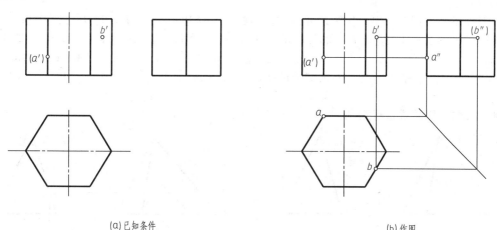

(a)已知条件　　　　　　　　　　　　　　　(b)作图

图 4-4 正六棱柱表面上点的投影

【例 4-2】 如图 4-5（a）所示，已知三棱柱表面上一折线 $RMN$ 的 $V$ 面投影 $r'm'n'$，求其另两面投影。

【分析】 点 $R$ 在侧面 $CAA_1C_1$ 上，点 $M$ 在侧棱 $AA_1$ 上，点 $N$ 在侧面 $ABB_1A_1$ 上，故线段 $RM$ 在 $CAA_1C_1$ 上，由于该侧面的 $W$ 面投影不可见，因此 $RM$ 的 $W$ 面投影也不可见，线段 $MN$ 在侧面 $ABB_1A_1$ 上，该侧面的 $W$ 面投影可见，故 $MN$ 的 $W$ 面投影也可见。

【作图】

① 分别过 $r'$、$m'$ 和 $n'$ 作铅垂线，交棱柱 $H$ 面投影三角形的边线于 $r$、$m$、$n$ 点，如图 4-5（b）所示。

② 分别过 $m'$、$n'$、$r'$ 和 $m$、$n$、$r$ 作水平线，并借助于 45°线且依据"宽相等"求得 $m''$、$n''$、$r''$。

③ 连线并判别可见性。折线 $RMN$ 的 $H$ 面投影 $rmn$ 重合在棱面有积聚性的 $H$ 面投影上；线段 $RM$ 的 $W$ 面投影（$r''$）$m''$ 不可见，画成虚线；线段 $MN$ 的 $W$ 面投影 $m''n''$ 可见，画成实线，结果如图 4-5（b）所示。

【例 4-3】 如图 4-6（a）所示，已知三棱锥的三面投影及其表面上点 $A$ 的 $H$ 面投影 $a$ 和线段 $BC$ 的 $V$ 面投影 $b'c'$，求作它们的另两面投影。

【分析】 根据已知条件可知，$A$ 点所在的平面为侧垂面，其 $W$ 面投影积聚为一条斜线，$a''$ 必在其上，可按"宽相等"求得。$BC$ 所在的平面为一般位置平面，其投影没有积聚性，必须包含 $BC$ 作一条辅助

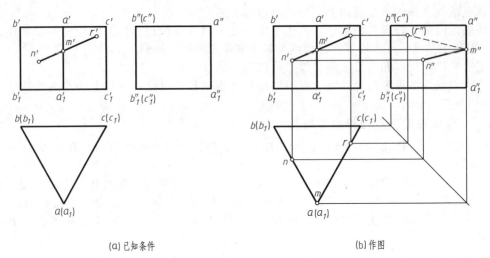

(a) 已知条件                              (b) 作图

图 4-5　三棱柱表面上线的投影

线，只要求出辅助线的投影，则 $BC$ 的投影必在其上。

**【作图】**

①　根据 $H$ 面投影上 $a$ 点的位置，在 $H$ 面和 $W$ 面上，量取相等的宽度 $h_1$，即可在 $A$ 点所在平面的 $W$ 面投影上求得 $a''$。过 $a$ 和 $a''$ 分别作垂直和水平投影线交于（$a'$）点（不可见点），（$a'$）和 $a''$ 即为所求，如图 4-6（b）所示。

②　在 $V$ 面投影中，过 $b'c'$ 作延长线，分别交棱锥的两个棱边于 $1'$ 和 $2'$，过 $1'$、$2'$ 作垂直投影线，交棱边 $H$ 面投影于 $1$ 和 $2$，量取宽度 $h_2$ 和 $h_3$。在 $W$ 投影面上，量取相等的宽度 $h_2$ 和 $h_3$，即可作出 $1$、$2$ 的 $W$ 面投影 $1''$ 和 $2''$。也可过 $2'$ 作水平投影线，交侧棱的 $W$ 面投影于 $2''$，如图 4-6（c）所示。

③　过 $b'c'$ 作垂直和水平投影线，分别交辅助线的 $H$ 面投影和 $W$ 面投影于 $bc$ 和 $b''c''$，即为所求，如图 4-6（d）所示。

④　判别可见性。请读者自行判别。

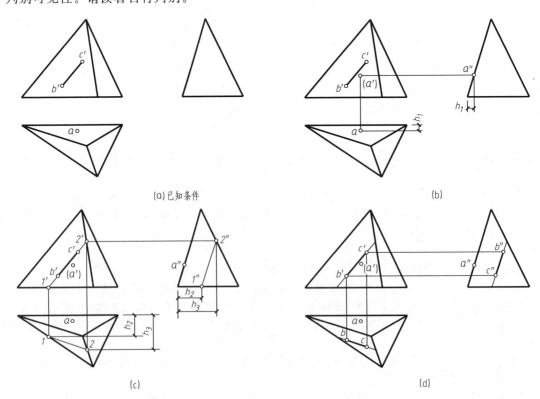

(a) 已知条件                              (b)

(c)                                        (d)

图 4-6　三棱锥表面上点和线的投影

#### 4.2.4.2　曲面体表面上点和线的投影

曲面体表面上点和线的投影求法与平面体类似，只是在曲面体表面上的线，除了直素线方向的线为直线外，其余均为曲线。因此求曲面体表面上曲线的投影，除求出曲线上特殊位置点如曲线最前、最后、最左、最右、最上、最下的点和转向轮廓线上的点的投影外，还要求出足够数量的一般位置点的投影，最后判别可见性并连线，才能确定该线的各面投影。

**【例 4-4】**　如图 4-7（a）所示，已知圆柱体的三面投影及其表面上 A、B、C 点的 V 面投影 $a'$、$(b')$ 和 $c'$，求作三点的另外两面投影。

**【分析】**　在圆柱面上作点、线的投影，主要利用柱面有积聚性的投影进行作图。图中由于圆柱的轴线垂直于 H 面，圆柱柱面的 H 面投影积聚为一圆周，A、B、C 三点的 H 面投影必积聚在圆周上。A 点和 C 点的 V 面投影 $a'$、$c'$ 可见，所以它们的 H 面投影 a、c 应在前半圆周上，且 c 在中心线上。B 点的 V 面投影 $(b')$ 不可见，所以其 H 面投影 b 应在后半圆周上。

**【作图】**

① 求 A、B、C 的投影。圆柱上 A、B、C 点的水平投影 a、b、c 积聚在圆周上，可作投影连线直接求出。借助于 45°线，并依据"三等"关系求得 $a''$ 和 $b''$，$c'$ 在 V 面投影的中心对称线上，c 积聚在 H 面投影圆周的最下方，而 $c''$ 落在 W 面投影的边线上，如图 4-7（b）所示。

② 判别可见性。B 点的 V 面投影 $(b')$ 不可见，说明 B 点位于圆柱体右后侧，故其 W 面投影 $(b'')$ 不可见，结果如图 4-7（b）所示。

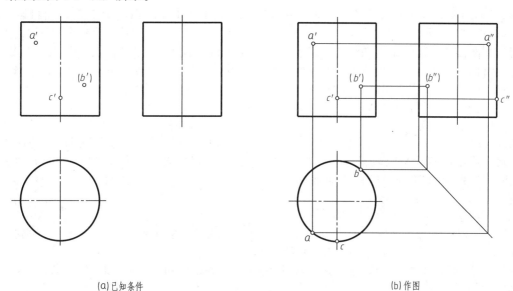

(a)已知条件　　　　　　　　　　(b)作图

图 4-7　圆柱表面上点的投影

**【例 4-5】**　如图 4-8（a）所示，已知圆柱的三面投影及其柱面上曲线 RMN 的 V 面投影 $r'm'n'$，求作其另两面投影。

**【分析】**　图中 $r'$、$m'$、$n'$ 均可见，故曲线 RM 部分在右前半圆柱面上，其 W 面投影不可见，MN 部分在左前半圆柱面上，其 W 面投影可见。由于圆柱的 H 面投影积聚为圆，故曲线 RMN 的 H 面投影积聚在圆周上。

**【作图】**

① 求 R、M、N 点的投影。R、M、N 的 H 面投影 r、m、n 积聚在圆周上，可通过作投影连线直接求出。再借助于 45°线，并依据"三等"关系即可求得 $r''$、$n''$，且 $(r')$ 不可见。点 M 属于特殊位置点，$m'$ 在 V 面投影的中心对称线上，m 在 H 面投影圆周的最下方，而 $m''$ 落在 W 面投影的转向轮廓线上，如图 4-8（b）所示。

② 求适当数量一般点的投影。分别在 RM、MN 的 V 面投影中取点 $1'$、$2'$，然后求其 H 面投影 1、2 和 W 面投影 $1''$、$2''$，作图方法与求 R、N 的投影相同。

③ 判别可见性并光滑连线。曲线 RMN 的 H 面投影 rmn 积聚在圆周上，W 面投影以 M 为分界点，曲线 RM 的 W 面投影 $(r'')m''$ 不可见，画成粗虚线，MN 的 W 面投影 $m''n''$ 为可见，画成粗实线，结果如图 4-8（b）所示。

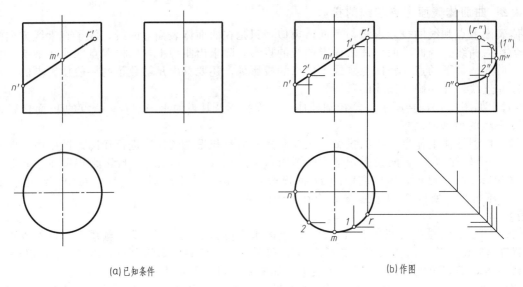

(a)已知条件                                        (b)作图

图 4-8    圆柱表面上线的投影

【例 4-6】    如图 4-9（a）所示，已知圆锥的三面投影及其锥面上水平曲线 *BC* 的 *V* 面投影 *b'c'*，求作其另两面投影。

【分析】    在曲面体表面上求点和线的投影主要有素线法和纬圆法两种作图方法。素线法是指在曲面体表面上过已知点作一素线，先求出该素线的投影，然后在其上求出点的投影。纬圆法是指过已知点作一垂直于轴线的圆（即纬圆），先求出该纬圆的投影，然后在其上求出点的投影。

确定曲面体表面上曲线的投影，需先利用素线法或纬圆法求出曲线上特殊位置点的投影，然后再求足够数量的一般位置点的投影，最后判别可见性并连线，即得该线的各投影。由于本题中圆锥的 *H* 面投影和 *W* 面投影均没有积聚性，不能直接确定 *bc* 和 *b"c"* 的位置，可过 *b'c'* 作一个水平辅助圆。辅助圆的 *V* 面投影积聚成水平线，*H* 面投影反映辅助圆的大小，*W* 面投影也积聚成一水平线。*BC* 线的 *H* 面投影和 *W* 面投影分别落在辅助圆的 *H* 面投影和 *W* 面投影上。

【作图】

方法一：素线法

① 连 *s'b'*、*s'c'* 并延长，交锥底于 *1'* 和 *2'*，*s'1'* 和 *s'2'* 为所作辅助线的 *V* 面投影，根据投影规律求出 *s1*、*s2* 和 *s"1"*、*s"(2")*，如图 4-9（b）所示。

② 过 *b'*、*c'* 作垂直和水平投影线，并按投影规律分别在 *s1* 和 *s2* 上求出 *b* 点和 *c* 点，在 *s"1"* 和 *s"(2")* 上求出 *b"* 和 *(c")*。

③ 在 *H* 面投影中，以 *s* 为圆心，以 *sb*（或 *sc*）为半径画弧，*bc* 即为所求 *H* 面投影。在 *W* 面投影中，由 *b"* 绕过最右轮廓线连至 *(c")*，*b"(c")* 即为所求 *W* 面投影，如图 4-9（b）所示。

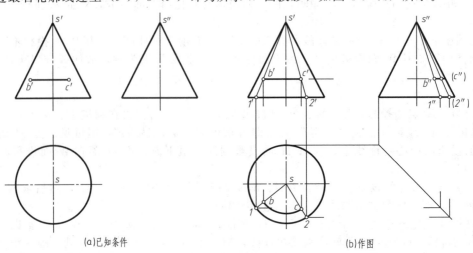

(a)已知条件                                        (b)作图

图 4-9    圆锥表面上线的投影（方法一）

方法二：纬圆法

① 过 $b'c'$ 作水平辅助圆的 $V$ 面投影（即延长 $b'c'$ 交两腰于 $1'$ 和 $2'$），再过 $1'$、$2'$ 作垂直和水平投影线，求出辅助圆的 $H$ 面投影和 $W$ 面投影，如图 4-10（a）所示。

② 过 $b'$、$c'$ 作垂直投影线交辅助圆 $H$ 面投影前半圆于 $b$、$c$，再根据"宽相等"求出 $BC$ 的 $W$ 面投影 $b''c''$，因 $C$ 点在右半圆周上，故 $W$ 面投影（$c''$）应绕过最右轮廓线，且为不可见点，$bc$ 和 $b''(c'')$ 即为所求，如图 4-10（b）所示。

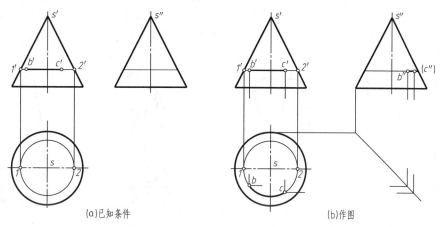

图 4-10　圆锥表面上线的投影（方法二）

【例 4-7】　如图 4-11（a）所示，已知圆球表面上点 $M$、$N$ 的投影（$m'$）、$n''$，求其另两面投影。

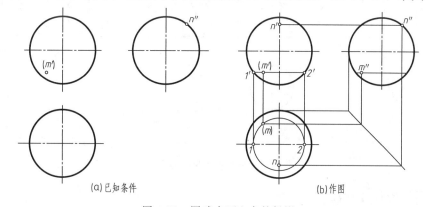

图 4-11　圆球表面上点的投影

【分析】　在圆球表面上取点，可采用辅助圆法，即过该点作与某投影面平行的圆作为辅助圆。只要求出该点所在辅助圆的投影，即可确定该点的投影。图中（$m'$）不可见，说明点 $M$ 位于后、左、下半球面上，采用辅助圆法，可过已知点 $M$ 在球面上作一个平行于 $H$ 面的辅助圆。$n''$ 在球 $W$ 面投影的圆周上，说明点 $N$ 位于球面上平行于 $W$ 投影面的最大圆周上，利用投影关系可直接求得其另两个投影。

【作图】

① 求点 $M$ 的投影。过（$m'$）作水平线，与圆周分别交于 $1'$、$2'$，$1'2'$ 即为水平辅助圆的 $V$ 面投影；过 $1'$、$2'$ 作铅垂投影线，作出辅助圆的 $H$ 面投影。过（$m'$）作铅垂投影线，交辅助圆的 $H$ 面投影后半圆周于（$m$），根据（$m'$）和（$m$），并借助于 45°线，即可求得 $m''$。由于点 $M$ 在后、左、下半球面，故（$m$）不可见，$m''$ 可见，如图 4-11（b）所示。

② 求点 $N$ 的投影。点 $N$ 属于特殊位置点，$n''$ 在 $W$ 面投影的转向轮廓线上，$n'$、$n$ 分别在圆球 $V$ 面投影和 $H$ 面投影的垂直对称线上，如图 4-11（b）所示。

## 4.2.5　基本形体的尺寸标注

工程图样中，投影图反映基本形体的形状，基本形体的大小则由标注的尺寸决定。任何形体都有长、宽、高三个方向的大小尺寸，标注时必须将这三个方向的尺寸标注齐全，所注尺寸的数量以能完全确定该形体的形状和大小为度。尺寸一般标注在形体的实形投影上，且尽量集中标注在一两个投影图的下方和右方。必要时才标注在上方和左方。与两个投影有关的尺寸，尽量标注在两投影图之间。一个尺寸只需标注一次，避免重复和漏标。尺寸一般标注在图形之外，尽可能不要标注在虚线上。图 4-12 为常见基本形体的尺寸注法示例。

### 4.2.5.1　平面体的尺寸标注

棱柱和棱锥类平面体［图 4-12（a）～（c）］，应标注出其底面尺寸和高度。棱台类平面体［图 4-12（d）］需标注出其上、下底面尺寸和棱台高度。平面立体的底面尺寸应标注在其 $H$ 面投影图上，底边如果是正多边形（正五边形、正六边形等），可标注正多边形的外接圆直径，对于偶数边的正多边形也可标注其平行对边之间的距离［图 4-12（c）］。正方形的尺寸可采用在边长尺寸数字前加注"□"符号，加"（）"符号的尺寸称为参考尺寸。

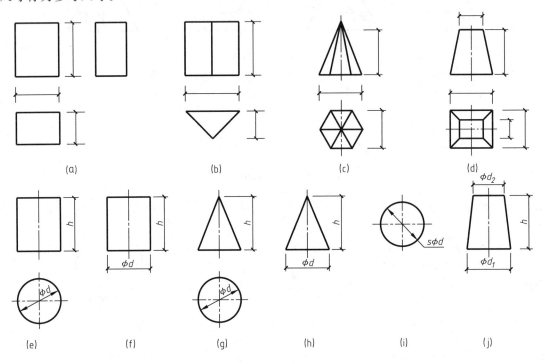

图 4-12　基本形体的尺寸标注

### 4.2.5.2　曲面体的尺寸标注

圆柱和圆锥类曲面体应标注其底面直径 $\phi$ 和高度尺寸 $h$ ［图 4-12（e）、（g）］。圆锥台除标注高度 $h$ 外，还应分别标注上、下底圆的直径 $\phi d_1$ 和 $\phi d_2$ ［图 4-12（j）］。直径 $\phi$ 也可标注在非圆投影中，从而可省去表示底圆实形的投影，用一个投影就能确定其形状和大小［图 4-12（f）、（h）、（j）］。标注圆球的直径和半径时，应分别在"$\phi$""$R$"前加注符号"$s$"，只需一个投影即可表达［图 4-12（i）］。圆环的尺寸，只需标注母线圆的直径 $\phi_1$ 和旋转直径 $\phi_2$。

## 4.2.6　基本形体投影图的识读

每画完一个形体的投影图，都应仔细阅读一遍，检查一下根据投影图想象出来的空间形体和原来的形体是否完全一致。这不仅可以检查作图是否正确，而且经过由物到图再由图到物的反复训练，对读图能力的提高会有很大帮助。

读投影图时，一般先找出反映形体主要特征的投影，再以此投影为主，对照其他投影来识读。现举例如下。

① 图 4-12（a）中，形体的 $V$、$H$、$W$ 面投影都是单一矩形线框，说明形体前后侧面、顶面、底面和左右侧面都是矩形，由此可以判断，此形体是一个四棱柱。

② 图 4-12（b）中，形体的 $H$ 面投影是一等腰三角形，它反映形体顶面和底面的形状，$V$ 面投影是两个相等矩形，由此可以判断，此形体是一个正三棱柱。

③ 图 4-12（c）中，形体的 $V$ 面投影上的四条斜线交于一点，且左右对称，说明形体是一个正棱锥。$H$ 面投影是正六边形，反映出棱锥底面的轮廓和六个棱面，由此可以判断，此形体是一个正六棱锥。

④ 图 4-12（d）中，形体的 $V$ 面投影是一梯形线框，说明形体可能是一个上小下大的棱台或圆台，也可能是侧棱垂直于 $V$ 面的四棱柱。从 $H$ 面投影的两个矩形线框与 $V$ 面投影的对应关系可以看出，此形体的顶面和底面均为矩形，如果矩形的两条对角线相交于矩形的中心，则可以判断，此形体只能是一个四棱台。

⑤ 图 4-12（e）中，形体的 $H$ 面投影是一圆形线框，说明形体可能是圆柱、圆锥和圆球，而 $V$ 面投影是矩形线框，由此可以判断，此形体是一个正圆柱。

⑥ 图 4-12（g）中，形体的 $V$ 面投影是一等腰三角形，说明形体可能是一个正棱锥或正圆锥，还可能是一个三棱柱，从 $H$ 面投影是圆线框可以判断，此形体是一个正圆锥。

⑦ 图 4-12（i）中，形体的一个投影是圆形线框，且标注的尺寸为圆球直径，此形体肯定是一个圆球。

==== **本 章 小 结** ====

本章在对体的三面投影图之间对应关系进行分析的基础上，重点介绍了常见平面体和曲面体的投影特点、绘制方法和阅读方法。通过实例介绍了基本形体表面上点、线的投影作图方法和步骤。应重点掌握形体三面投影图之间的"三等"关系、常见基本形体投影图的绘制方法，为组合体投影图的绘制和阅读打下基础。

==== **思 考 题** ====

1. 简述体的三面投影图之间的对应关系。
2. 简述常见平面体和曲面体的投影特点。
3. 如何根据体表面上已知点和线的一个投影来确定其余的两个投影？
4. 常见平面体一般标注哪些尺寸？曲面体一般标注哪些尺寸？

# 第5章
# 组合体的投影

由若干基本形体按一定方式组合而成的复杂形体称为组合体。本章主要研究如何应用投影理论，运用形体分析法和线面分析法，解决组合体的绘图和读图问题。

## 5.1 组合体的组成分析

### 5.1.1 组合体的构造形式

组成组合体的方式主要有叠加和切割两种，因此组合体有以下三种构造形式：

#### 5.1.1.1 叠加式

组合体由若干基本形体按一定的相对位置堆砌或拼合而形成，如图5-1（a）所示。

#### 5.1.1.2 切割式

组合体由一个基本形体被切割了某些部分后而形成，如图5-1（b）所示。

#### 5.1.1.3 综合式

组合体由叠加和切割两种组合方式形成，如图5-1（c）所示。

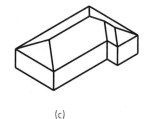

(a)　　　　　　　　　(b)　　　　　　　　　(c)

图5-1　组合体的构造形式

在实际中，一个组合体的构造形式并不是唯一的一种。有些组合体既可以按叠加式分析，也可以按切割式分析，或者两者同时采用。具体按哪种构造形式分析，应以便于组合体的作图和分析理解而定。

### 5.1.2 组合体形体间相邻表面的连接关系

组成组合体的各基本形体在叠加或切割过程中，表面之间不同的连接关系决定了是否在表面产生交线以及产生何种类型的交线。在绘制组合体投影图时，应掌握这些交线的基本画法。常见的表面连接关系有平齐与不平齐、相切和相交等几种。

#### 5.1.2.1 平齐与不平齐

当两个基本形体叠加且表面平齐时，这两个表面间不应有分界线；表面不平齐时，这两个表面间就应有分界线，如图5-2所示。

#### 5.1.2.2 相切

当两形体的表面相切时，在相切处两表面光滑过渡为同一个表面，该处不应有分界线，但应注意平面或直线的投影必须画到切点的位置，如图5-3（a）所示。

相切只发生在平面与曲面以及两曲面之间。画图时，只有当参与相切的两表面的公切面垂直于投影面时，才能在该投影面上画出相切处的转向线的投影，除此之外均不应画出，如图 5-3（b）所示。

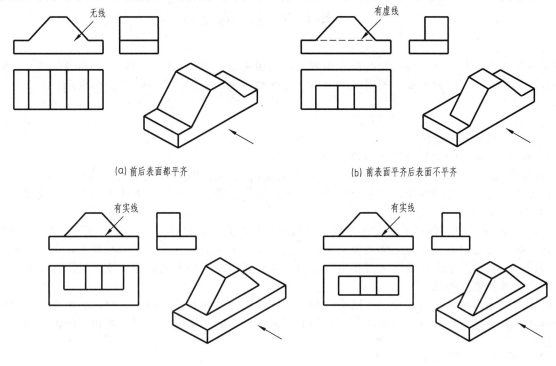

(a) 前后表面都平齐

(b) 前表面平齐后表面不平齐

(c) 前表面不平齐后表面平齐

(d) 前后表面都不平齐

图 5-2　表面平齐与不平齐

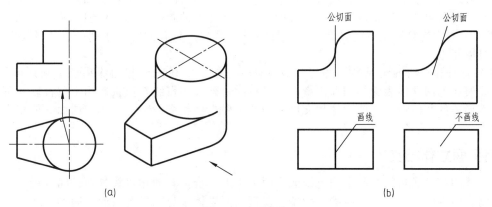

(a)

(b)

图 5-3　表面相切

### 5.1.2.3　相交

当两基本形体的表面相交（或称相贯）时，表面产生交线，图上必须画出，如图 5-4 所示。

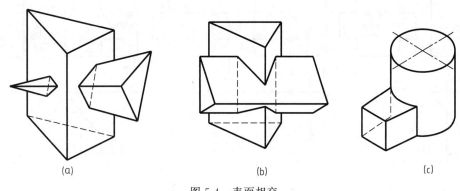

(a)

(b)

(c)

图 5-4　表面相交

# 5.2 组合体表面的交线

两基本形体表面相交所产生的交线称为相贯线，两相交的基本形体称为相贯体。相贯线既是两形体表面的共有线，又是它们的分界线。相贯线上的点就是两形体表面上的共有点，称为相贯点。

当一个形体全部贯穿另一形体时，产生两组封闭的相贯线，称为全贯，如图5-4（a）所示。当两个形体互相贯穿时，则产生一组封闭的相贯线，称为互贯，如图5-4（b）所示。当两个形体有一公共表面时，所产生的一组相贯线是不封闭的，如图5-4（c）所示。

求相贯线的作图方法主要有以下两种：

① 积聚投影法 利用相交两立体之一在某投影面上的投影有积聚性，相贯线在该投影面上的投影与有积聚性表面的投影重合的特性，将求相贯线的其余投影作图转化为在另一立体表面上取点或线的作图问题，这种方法称为积聚投影法。

② 辅助平面法 假想用一平面在适当的部位切割两相贯立体，分别求出辅助平面与两立体的截交线，这两条截交线的交点，不仅是两立体表面上的点，也是辅助平面上的点，为三面共有点，也就是相贯线上的点。若作一系列辅助平面，便可求得相贯线上的一系列点，经判别可见性后，依次光滑连接各点的同面投影，即为所求相贯线的投影。

选择辅助平面的原则：所选择的辅助平面与两立体表面的交线的投影简单易画，如至少有一个投影为直线或圆，且通常选用特殊位置的平面作为辅助面。另外，辅助平面应位于两立体相交的范围内，否则得不到共有点。

求相贯线的作图步骤如下：

① 分析相贯两立体的表面性质和特点，判断相贯线的基本形状，选择作图方法。

② 求相交表面间的交线或每一立体上参与相交的棱线（或底边）对另一立体表面的交点。如相贯线为曲线，则应先求出其上面一些特殊点（包括上下、左右、前后的极限位置点和两立体各转向线或棱线上的点）的投影，再求出适当数量的一般点的投影，以控制曲线的趋向，提高作图准确度。

③ 按照一定顺序连接所求点的投影。连接贯穿点的原则：只有同时位于两个立体的同一表面上的两个贯穿点才可以相连。

④ 判断各部分相贯线的可见性，并与其他应补齐、接上的线段一起加深描黑。判别可见性的原则：只有当相贯线所属的两立体表面的同面投影同时可见时，该段相贯线在该投影面上的投影才可见。

根据基本形体的几何性质，两形体相交可分为两平面立体相交、平面立体与曲面立体相交、两曲面立体相交三种。

## 5.2.1 两平面立体相交

两平面立体的相贯线是闭合的空间折线或平面多边形。全贯时的相贯线是两条闭合折线，互贯时的相贯线是一条闭合的空间折线。相贯线的每一条线段都是两立体参与相贯的表面之间的交线，相贯线上的各转折点，是一个立体参与相交的棱线与另一个立体参与相交的表面的交点。

【例5-1】 如图5-5（a）所示，求两正交三棱柱的相贯线。

【分析】 从V面投影和W面投影都可看出，水平三棱柱全部贯穿于直立三棱柱，因此它们为全贯，

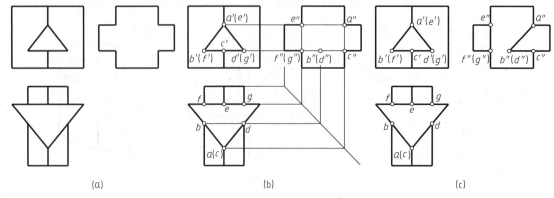

（a）　　　　　　　　　　　（b）　　　　　　　　　　　（c）

图5-5　两正交三棱柱相贯

此时有两组相贯线，即位于直立三棱柱前面两个棱面的封闭空间折线 *ABCDA* 和位于后面棱面的平面三角形 *EFG*。直立三棱柱的棱面⊥*H* 面，其 *H* 面投影积聚成一个三角形。水平三棱柱的棱面⊥*V* 面，其 *V* 面投影也积聚成一个三角形。相贯线的 *V* 面投影与水平三棱柱的 *V* 面投影重合，相贯线的 *H* 面投影与直立三棱柱的 *H* 面投影重合，只需利用积聚投影法求出相贯线的 *W* 面投影即可。

【作图】

① 求相贯线的转折点即相贯点　根据前述分析，可直接在 *V* 面投影和 *H* 面投影中定出两三棱柱相贯线的转折点 *A*、*B*、*C*、*D*、*E*、*F*、*G* 的投影 *a*′(*e*′)、*b*′(*f*′)、*c*′、*d*′(*g*′) 和 *a*(*c*)、*d*、*g*、*e*、*f*、*b* 的位置，据此求出各点的 *W* 面投影，如图 5-5（b）所示。

② 连接相贯点成为相贯线　将位于直立三棱柱的同一棱面同时又位于水平三棱柱同一棱面的两个相贯点的 *W* 面投影用直线段依次相连，即得两相贯线的 *W* 面投影 *a*″*b*″*c*″*d*″*a*″ 和 *e*″*f*″*g*″*e*″，如图 5-5（c）所示。

③ 判别可见性　由于两三棱柱均左右对称，所以相贯线的 *W* 面投影中，*c*″*d*″*a*″ 与 *a*″*b*″*c*″ 重合，并被遮挡为不可见，*g*″*e*″ 与 *e*″*f*″ 重合，并被遮挡为不可见。

【例 5-2】　如图 5-6（a）所示，求四棱柱与三棱锥的相贯线。

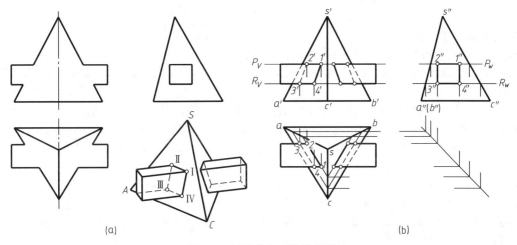

图 5-6　四棱柱与三棱锥相贯

【分析】　图中所示为四棱柱的四个棱面与三棱锥的两个棱面全贯，因此产生左右两组平面四边形相贯线。四棱柱四个棱面的 *W* 面投影有积聚性，与两组相贯线的 *W* 面投影重合，因此相贯线的 *W* 面投影为已知，只需求出其 *V* 面和 *H* 面投影即可。两相贯体的相贯线左右对称。

【作图】

① 求相贯线的 *W* 面投影　利用四棱柱 *W* 面投影的积聚性，作出相贯线的 *W* 面投影 *1*″*2*″*3*″*4*″。

② 求四棱柱两水平棱面与三棱锥交线的 *H* 面和 *V* 面投影　过四棱柱两水平棱面各作一辅助水平面 *P* 和 *R*，它们与三棱锥的截交线为两个与棱锥底面相似的三角形，三角形交线的 *H* 面投影在四棱柱两水平棱面 *H* 面投影范围内的线段 *12* 和 *34*，即为四棱柱两水平棱面与三棱锥 *SAC* 棱面交线的 *H* 面投影。分别过 *1*、*2*、*3*、*4* 点向上作投影连线，求得 *1*′*2*′ 和 *3*′*4*′。

③ 求四棱柱两正平棱面与三棱锥交线的 *H* 面和 *V* 面投影　四棱柱两正平棱面与三棱锥棱面交线的 *H* 面投影和四棱柱的两正平棱面在 *H* 面上的积聚投影重合，如 *14* 和 *23* 分别为四棱柱前后正平棱面与三棱锥 *SAC* 棱面交线的 *H* 面投影，而 *1*′*4*′ 和 *2*′*3*′ 为此交线的 *V* 面投影。

由此可得四棱柱各棱面与三棱锥 *SAC* 棱面交线的 *H* 面投影 *1234* 和 *V* 面投影 *1*′*2*′*3*′*4*′。同理可求得四棱柱各棱面与三棱锥 *SBC* 棱面交线的 *H* 面投影和 *V* 面投影。

④ 判别可见性　在 *H* 面投影中，三棱锥两前侧棱面与四棱柱上棱面均可见，故其交线可见，投影画实线；四棱柱下棱面不可见，故其交线不可见，投影画虚线。*V* 面投影中，三棱锥两前侧棱面与四棱柱前棱面均可见，交线亦可见，投影画实线；四棱柱后棱面不可见，交线亦不可见，投影画虚线，如图 5-6（b）所示。

## 5.2.2　同坡屋面

在房屋建筑中，坡屋面是一种常见的屋顶形式，如果屋顶各檐口的高度处在同一水平面上，且各屋面对地面的倾角相等，则称为同坡屋面。

一个简单的同坡屋面,可看作是一个水平放置的三棱柱;两个同坡屋面相交,则可看作两个三棱柱相贯,其相贯线即为同坡屋面的交线。由于造型特殊,求同坡屋面交线时的作图方法与一般立体相贯线的求法不同,且坡屋面的屋面交线具有特定名称,如图5-7所示。

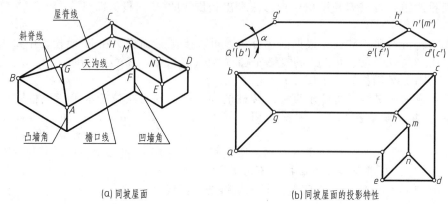

(a)同坡屋面　　　　　　　　(b)同坡屋面的投影特性

图 5-7　同坡屋面

同坡屋面有如下投影规律。

① 如前后檐口线平行且等高,则屋脊线(屋顶交线)的 H 面投影是一条平行于檐口线,且与两檐口线距离相等的直线。如图5-7(b)中 gh 平行于 af 和 bc,且与 af 和 bc 等距;mn 平行于 fe 和 cd,且与 fe 和 cd 等距。

② 过相邻檐口线的两屋面必相交于倾斜的屋脊线或天沟线,其中通过凸墙角的是斜脊线 [图5-7(a)],通过凹墙角的是天沟线。斜脊线或天沟线的 H 面投影为两檐口线 H 面投影夹角的平分线,对于正交的檐口线来说即为正负45°方向的斜线,如图5-7(b)中 ga 和 gb 分别为斜脊线GA 和 GB 的 H 面投影,mf 为天沟线MF 的 H 面投影。

③ 如果两斜脊线、两天沟线或一斜脊线和一天沟线相交于一点,则必定还存在另一条屋脊线交于此点,这个点即为三个相邻屋面的共有点,如图5-7(a)中 G、H、M、N 点。

【例 5-3】　如图5-8(a)所示,已知 L 形四坡顶房屋的平面图,各坡面水平倾角 $\alpha$ 和檐口高度 H 都相等,求作屋面交线的投影。

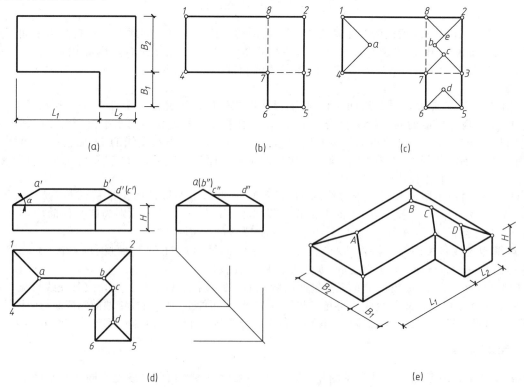

(a)　　　　　　　　(b)　　　　　　　　(c)

(d)　　　　　　　　(e)

图 5-8　两垂直相交同坡屋面投影作法

【作图】

① 延长檐口线的 $H$ 面投影47 和67，使成两个重叠的矩形（把屋面分成1234 和5682 两部分），如图 5-8（b）所示。

② 作两矩形凸墙脚的45°分角线，得各斜脊的 $H$ 面投影$a4$、$a1$、$b2$、$b3$、$d5$、$d6$、$e8$、$e2$，斜脊线交点为 $a$、$b$、$d$、$e$。作凹墙脚的45°分角线，得天沟线的 $H$ 面投影$c7$，如图 5-8（c）所示。

③ 连屋脊线的 $H$ 面投影$ab$。根据同坡屋面交线的投影特点，有一斜脊$b3$ 和一天沟$c7$ 的交点$c$，则必有第三条屋脊线$cd$ 通过点$c$。擦除无墙角处的两斜脊$c3$、$e8$，完成屋面交线的 $H$ 面投影，如图 5-8（d）所示。

④ 根据檐口高度 $H$、屋面倾角$\alpha$，依据投影规律作出 $V$、$W$ 面投影，如图 5-8（d）所示。图 5-8（e）为立体图。

## 5.2.3 平面立体与曲面立体相交

平面立体与曲面立体相交，其相贯线是由若干段平面曲线段或若干段平面曲线段和直线段组合而成的空间闭合线。每段平面曲线或直线段都是平面体上某一侧面与曲面体表面的交线。每段平面曲线或直线段的转折点，就是平面体的侧棱与曲面体表面的交点。因此，求平面立体与曲面立体的相贯线，可归结为求平面与曲面的截交线和棱线与曲面的贯穿点问题。

【例 5-4】 求矩形梁与圆柱的相贯线。

【分析】 由图 5-9（a）可以看出，矩形梁和柱子顶面同高，同处于一个水平面上，它们在顶面上没有交线，而梁的前后侧面、底面与圆柱的柱面相交，整条相贯线是由水平圆弧$\overset{\frown}{BCD}$ 和铅垂线$AB$、$DE$ 组成的一条不闭合空间线，即$AB—\overset{\frown}{BCD}—DE$。相贯线的 $H$ 面投影积聚在圆柱面的 $H$ 面投影上，其 $W$ 面投影积聚在梁的前后侧面及底面的 $W$ 面积聚投影上，圆弧$\overset{\frown}{BCD}$ 的 $V$ 面投影积聚在梁底面的 $V$ 面积聚投影上。

【作图】

① 圆柱的 $H$ 面投影有积聚性，与梁的前后侧面的 $H$ 面投影的交点，即为交线$AB$、$DE$ 的 $H$ 面投影$a(b)$、$e(d)$。过$a(b)$ 向上引铅垂线，求得交线$AB$ 的 $V$ 面投影$a'b'$（$d'e'$ 与其重合）。$AB$ 在梁和柱的前侧面，故$a'b'$可见，根据投影关系求出 $W$ 面投影$a''b''$和$d''e''$，二者均可见。

② 交线圆弧$\overset{\frown}{BCD}$ 的 $H$ 面投影积聚在圆柱的 $H$ 面投影上，即圆弧$bcd$ 为不可见；$V$ 面投影积聚为由$b'$点至圆柱最左轮廓线的一小段水平线$b'c'$（$c'd'$ 与其重合）；$W$ 面投影为水平线$b''d''$，如图 5-9（b）所示。

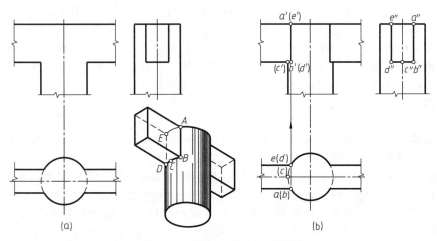

图 5-9 矩形梁与圆柱的相贯线

【例 5-5】 如图 5-10（a）所示，求四棱锥与圆柱的相贯线。

【分析】 圆柱的 $H$ 面投影积聚为圆，相贯线的 $H$ 面投影重合在该圆周上。四棱锥的锥顶在柱轴上，四个棱面与柱面相交得四条椭圆弧，相邻两段椭圆弧的交点为四棱锥的棱线与柱面的贯穿点。左右两个棱面为正垂面，它们与柱面间交线的 $V$ 面投影与这两个棱面的 $V$ 面投影重合；前后两个棱面为侧垂面，它们与柱面间交线的 $W$ 面投影与这两个棱面的 $W$ 面投影重合。

【作图】

①求特殊点的投影　求相贯线四个结合点Ⅰ、Ⅱ、Ⅲ、Ⅳ的投影。H面投影1、2、3、4可在四条棱线的H面投影 sa、sb、sc、sd 与柱面的H面投影（圆周）的交点处直接标出，并由此可作出对应的V面投影1′、2′、3′、4′和W面投影1″、2″、3″、4″，如图5-10（b）所示。

求相贯线位于圆柱转向轮廓线上四个点Ⅴ、Ⅵ、Ⅶ、Ⅷ的投影。圆柱最左、最右轮廓素线的V面投影与棱锥左右棱面的V面投影相交得5′、6′，据此求得W面投影5″、6″。同理可求得圆柱最前、最后轮廓素线上7″、8″和7′、8′。

②求一般点的投影　用辅助平面法求出相贯线上一定数量的一般点的投影。如在H面投影中取两个对称的一般点m、n，根据投影关系求出m′、n′和m″、n″。

③连线并判别投影的可见性　依次连接相贯线上各点的同面投影，其中Ⅲ、Ⅳ、Ⅷ点的V面投影不可见，Ⅱ、Ⅲ、Ⅵ点的W面投影不可见，如图5-10（b）所示。

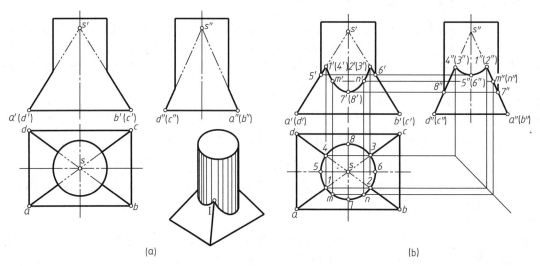

图5-10　四棱锥与圆柱的相贯线

## 5.2.4　两曲面立体相交

两曲面立体相贯，相贯线一般情况下是封闭的空间曲线，相贯线上的点是两曲面立体表面的共有点。特殊情况下相贯线是平面曲线或直线。相贯线的形状决定于曲面的形状、大小及两曲面之间的相对位置。

从相贯线的性质可以看出，求两曲面立体的相贯线，实质上就是求两立体表面的一系列共有点的投影。先求出相贯线上的特殊点，即能够确定相贯线的形状和范围的点，如立体的转向轮廓线上的点、对称的相贯线在其对称平面上的点，以及最高、最低、最左、最右、最前、最后点等，然后按需要再求出相贯线上一些一般位置点，从而较准确地画出相贯线的投影，并判别可见性。

下面介绍求相贯线的常用方法。

（1）利用积聚性求相贯线

当参与相交的两曲面体表面之一的投影有积聚性，则相贯线在该投影面上的投影必位于曲面积聚投影上而成为已知，其余投影就可借助于另一曲面上的辅助线来作出。

【例5-6】　如图5-11（a）所示，已知两圆拱屋面建筑的三面投影图，求作屋面的相贯线。

【分析】　两相交圆拱屋面为两个直径不同的半圆柱，小圆柱柱轴垂直于V面，大圆柱柱轴垂直于W面，两屋面的相贯线是一段空间曲线，其V面投影积聚在小圆柱面的V面投影上，投影成一个半圆；W面投影积聚在大圆柱面的W面投影上，投影成一段圆弧；H面投影是一段曲线，可根据相贯线上一系列点的V面投影和W面投影来求出。

【作图】

①求特殊点的投影　先求最高点A。小圆柱最高素线与大圆柱柱面的交点即为相贯线上的最高点A。可根据其W面投影a″求得a、a′，如图5-11（b）所示。

求最低、最前点B、C（同时也是最左、最右点）。小圆柱最左、最右素线与大圆柱最前素线的交点，即为相贯线上的B、C点，它们的三个投影均可直接求出。

②求一般点E、F的投影　在相贯线V面投影的半圆周上任取点e′和f′，它们的W面投影e″和f″

必在大圆柱的 $W$ 面积聚投影上。再根据投影关系求得 $e$ 和 $f$。

③ 连点并判别投影可见性　在 $H$ 面投影上，依次光滑连接 $b—e—a—f—c$，即为所求相贯线的投影。由于两半圆柱的 $H$ 面投影均可见，所以相贯线的 $H$ 面投影也可见，如图 5-11（b）所示。

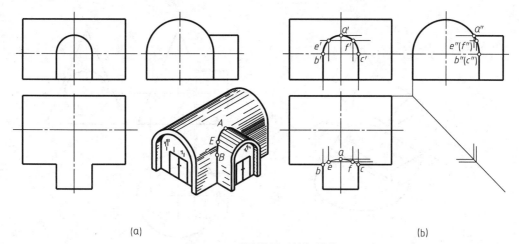

图 5-11　两圆拱屋面的相贯线

两圆柱正交时，若相对位置不变，改变两圆柱直径的大小，则相贯线的形状会随之改变，其变化规律如图 5-12 所示。

从图中可以看出，当水平圆柱的直径小于直立圆柱的直径时，相贯线呈左、右两端 [图 5-12（a）]；当两圆柱直径尺寸逐渐接近时，两端的相贯线也逐渐接近 [图 5-12（b）]；当两圆柱直径相等时，相贯线为平面曲线（椭圆），其 $V$ 面投影积聚为两相交直线 [图 5-12（c）]；当水平圆柱的直径大于直立圆柱的直径时，相贯线呈上、下两端 [图 5-12（d）]；随着水平圆柱直径的继续增大，两端的相贯线逐渐远离 [图 5-12（e）]。

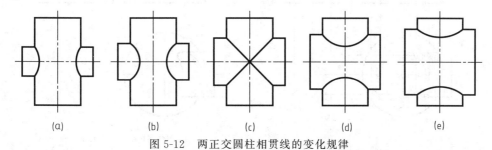

图 5-12　两正交圆柱相贯线的变化规律

两轴线垂直相交的圆柱，除了外表面与外表面相贯之外，还有外表面与内表面相贯和两内表面相贯两种形式，如图 5-13 所示。这三种情况的相贯线形状和作图方法相同。

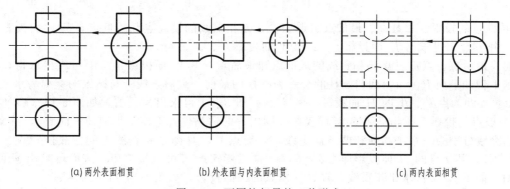

(a) 两外表面相贯　　　　(b) 外表面与内表面相贯　　　　(c) 两内表面相贯

图 5-13　两圆柱相贯的三种形式

（2）利用辅助平面求相贯线

【例 5-7】　如图 5-14（a）所示，求作轴线垂直相交的圆柱与圆锥的相贯线。

【分析】 由投影图可知，圆柱与圆锥轴线垂直相交，相贯线为一条封闭的空间曲线，且前后对称。圆柱的 W 面投影为圆，所以相贯线的 W 面投影也重合于该圆周上，只需用辅助平面法求出它的 V 面投影和 H 面投影即可。

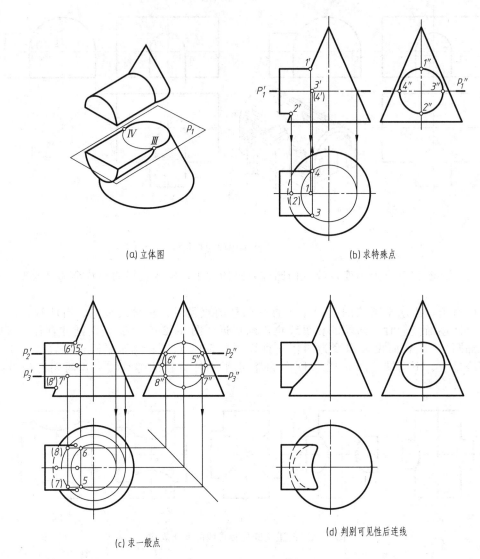

(a) 立体图　　　　　　　　　　　(b) 求特殊点

(c) 求一般点　　　　　　　　　　(d) 判别可见性后连线

图 5-14　圆柱与圆锥的相贯线

【作图】

① 求特殊点的投影　求最高、最低点。点 I、II 是相贯线的最高点和最低点，其 V 面投影 1′、2′ 可直接求得，由 1′、2′ 可求得 H 面投影 1、2 和 W 面投影 1″、2″。

求最前、最后点。点 III、IV 是相贯线的最前点和最后点，其 W 面投影 3″、4″ 可直接求得，过圆柱水平轴线作水平辅助平面 $P_1$，$P_1$ 面与圆柱的交线为圆柱的最前、最后素线；与圆锥的交线为水平圆，两交线的交点 3、4 即为点 III、IV 的 H 面投影，由 3″、4″ 和 3、4 可求出 3′、4′，如图 5-14（b）所示。

② 求一般点的投影　在相贯线的 W 面投影（圆周）的适当位置上作水平辅助平面 $P_2$，平面 $P_2$ 与圆锥、圆柱的交线分别为一水平圆周和两条侧垂线，其交点 V、VI 即是相贯线上的一般位置点，求出两交线的 H 面投影，其交点的 H 面投影即为 5、6，W 面投影 5″、6″ 可直接求出，进而可求出 V 面投影 5′、6′。作辅助平面 $P_3$，又可求出相贯线上 VII、VIII 两点的三面投影，如图 5-14（c）所示。

③ 连点并判别投影可见性　将各点依次用平滑曲线连接起来，并判别投影可见性。在 H 面投影中，3、4 两点是相贯线可见与不可见的分界点，3、5、1、6、4 为可见点应连成实线，（4）、（8）、（2）、（7）、（3）为不可见点应连成虚线。V 面投影的 1′、5′、3′、7′、2′ 为可见点应连成实线，（1′）、（6′）、（4′）、（8′）、（2′）与 1′、5′、3′、7′、2′ 重合且不可见，不需画出，如图 5-14（d）所示。

（3）相贯线的特殊形式

两曲面体相贯，其相贯线一般情况下为空间曲线，但在特殊情况下，也可能是平面曲线（圆或椭圆）或直线。

① 相贯线为平面曲线　当具有公共内切（或外切）球的两回转体相贯时，其相贯线为平面曲线——椭圆，在与两回转体轴线平行的投影面上，该椭圆的投影积聚成直线。图5-15只画出了相贯两立体的$V$面投影。

| (a) 圆柱与圆柱 | (b) 圆柱与圆锥 | (c) 圆锥与圆锥 |

图5-15　相贯线为平面曲线的两回转体相贯

② 相贯线为圆　当具有公共回转轴的两回转体相贯时，相贯线为垂直于公共回转轴线的圆，在与两回转体轴线平行的投影面上，该圆的投影积聚成直线，如图5-16所示。

③ 相贯线为直线　当轴线平行的两圆柱或共锥顶的两圆锥相贯时，其相贯线为两条直线，如图5-17所示。

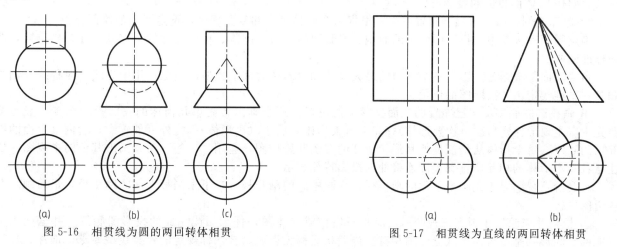

| (a) | (b) | (c) |

图5-16　相贯线为圆的两回转体相贯

| (a) | (b) |

图5-17　相贯线为直线的两回转体相贯

## 5.3　组合体投影图的绘制

本章5.1节中介绍了组成组合体的方式主要有叠加和切割两种。无论怎样的组合方式，组合体投影图的绘制方法基本相同，即首先利用形体分析法对组合体进行形体分析，然后选择主视图，再布置图面并绘制底稿，最后经检查定稿并加深图线。

形体分析法是一种假想的将组合体分解为若干个基本形体，并分析各基本体之间的组合方式、相对位置以及相邻表面的连接关系和投影特点的方法。这种方法是绘制和阅读组合体投影图的基本方法。

### 5.3.1　叠加式组合体投影图的绘制

【例5-8】　根据图5-18所示台阶的立体图画其三视图。

【作图】

① 形体分析　图5-18（a）为台阶立体图，可分解为两块栏板和三块踏步板五个基本形体，栏板是由四棱柱切去一个带斜面的小四棱柱后形成的；三块四棱柱踏步板上、下叠加，且后表面平齐；两块栏板左右各一块与三块踏步板叠加，且后表面平齐。栏板的底面与最下面踏步板的底面平齐，如图5-18（b）所示。

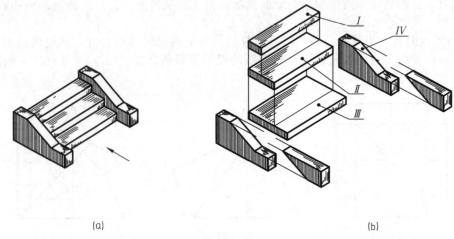

(a)　　　　　　　　　　　　　　　　　　(b)

图 5-18　叠加式组合体的投影（一）

② 选择主视图　选择主视图包括确定组合体的放置位置和投射方向。一般应选择物体的自然安放位置或工作状态放置，以方便看图；投射方向一般尽量选择能反映形体各组成部分的形状特征及其相互位置关系的方向，并使三面投影图尽量多地反映出组合体表面的实形，避免出现过多的虚线。

考虑以上原则，对于图 5-18 中的台阶，将其底面水平放置，并使其他主要平面平行于投影面，箭头所指方向作为 V 面投影的投影方向。

③ 选择比例、确定图幅、布置图面　根据组合体的大小和复杂程度，选定适当的绘图比例。

确定图幅时，要根据投影图所占的面积、投影图间的适当间隔、标注尺寸的空隙以及标题栏位置，选择标准图幅。

布置图面是根据各投影图各个方向的最大尺寸和投影图之间应预留的空隙，用中心线、对称线、轴线和其它基准线定出各投影图的位置。

④ 画投影图底稿　按已布置的三面投影图的位置，逐个画出各简单几何体的三面投影图。一般是按照先主（主要形体）后次（次要形体）；先大（大形体）后小（小形体）；先外（外轮廓）后内（里面的细部）的顺序，每个形体从最能反映其形状特征的视图开始作图，运用"三等"关系画出其他两个视图。要注意各基本形体的相互位置和表面连接处的投影特征表示。

画台阶三视图时应先画最下面的踏步板，再画中间的踏步板，接下来画最上面的踏步板，最后画左右两边的栏板。

⑤ 校核并描深　在画完三视图后，应移开模型或立体图，仔细阅读完成的投影图底稿，并据此想象形体的空间形状是否与模型或立体图相符。当确认底稿无误后，按国标规定的各类线型要求，加深、加粗各类图线，完成组合体的三面投影。

台阶三视图的画图步骤如图 5-19 所示。

## 5.3.2　切割式组合体投影图的绘制

画切割式组合体三视图，一般按照先整体、后切割的原则，首先画出完整基本形体的三视图，再依次画出被切割部分的三视图，并从有积聚性或最能反映形体形状特征的视图画起。

【例 5-9】　根据图 5-20（a）所示组合体的立体图画其三视图（尺寸由立体图直接量取）。

【分析】　由图 5-20（a）可以看出该形体为一切割型组合体，可看成是由一个四棱柱经过两次切割而成。即先在四棱柱前半部分的中间位置切去一个三棱柱，再在后半部分的上部切去一个三棱柱，如图 5-20（a）～（d）所示。放置时可将较宽的一面平行于 V 面，并将倾斜表面作为前面。然后按切割顺序逐步绘出三视图。

【作图】
① 画出四棱柱的三视图，如图 5-20（e）所示。
② 画出四棱柱前半部分被切去的三棱柱的三视图，如图 5-20（f）所示。
③ 画出四棱柱后半部分被切去的三棱柱的三视图，如图 5-20（g）所示。
④ 擦除多余图线，整理后完成作图，如图 5-20（h）所示。

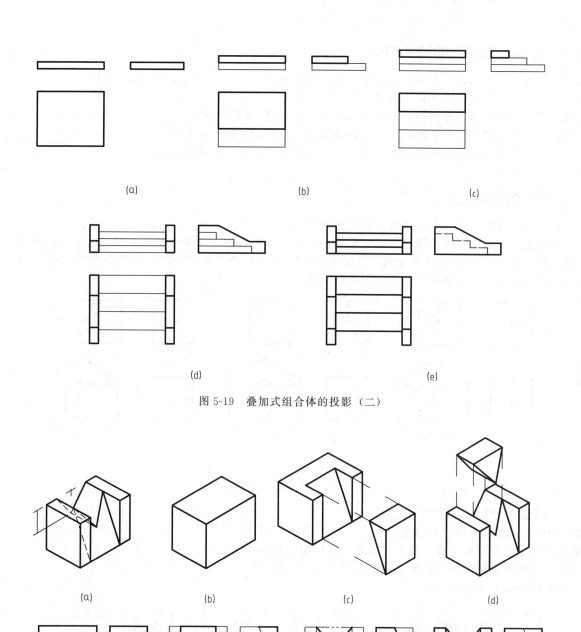

图 5-19　叠加式组合体的投影（二）

图 5-20　切割式组合体的投影

## 5.4　组合体投影图的识读

　　组合体投影图的绘制（简称画图）和识读（简称读图）是本章的两个重要环节，画图是运用正投影法将空间形体表达在图纸上，是一种从空间到平面图形的过程，而读图是根据平面图形想象出形体的空间形状的过程。绘图是读图的基础，读图是绘图的逆过程，组合体投影图的识读是提高空间想象能力和投影分析能力的重要手段，也是今后阅读园林施工图的重要基础。

### 5.4.1 读图前应掌握的基本知识

（1）掌握"长对正，高平齐，宽相等"的三等投影关系，了解形体的长、宽、高三个向度和上、下、前、后、左、右六个方向在形体投影图上的对应关系。

（2）掌握基本形体的投影特点及其读图方法，并能进行形体分析。

（3）掌握各种位置的线、面以及交线的投影特点，并能进行线面分析。

（4）能结合形体的组合形式和表面连接关系的投影特点，正确确定组成形体的相对位置关系，想象出组合体的整体形状。

### 5.4.2 读图的基本要领

（1）从特征视图入手，将几个视图联系起来分析

一般情况下，仅由一个视图不能确定形体的形状，只有将两个或两个以上的视图联系起来分析，才能弄清组合体的形状。如图 5-21 所示的三组视图中，$V$ 面和 $H$ 面投影都相同，$W$ 面投影为特征投影，再结合另两个投影图分析，可确定三个不同形状的形体。

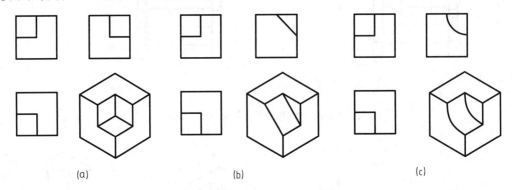

图 5-21 读图的基本要领（一）

（2）明确视图中图线和线框的含义

视图中的图线有以下三种含义：

① 形体上相邻两面交线的投影，即形体上棱边的投影，如图 5-22（a）所示；

② 投影面垂直面的积聚投影，如图 5-22（b）所示；

③ 曲面的投影轮廓线，如图 5-22（c）所示。

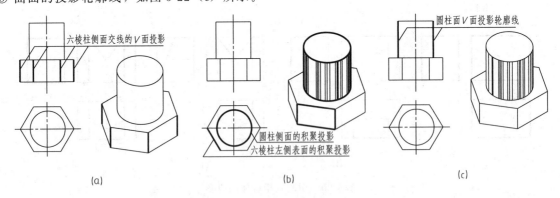

图 5-22 读图的基本要领（二）

视图中封闭线框的含义如下：

① 投影图中的线框可能是形体上某一表面（平面、曲面、空洞或平曲组合面）的投影，如图 5-23（a）、（b）所示；

② 投影图中的线框在其他投影面上的投影，不是相仿图形（倾斜于该投影面时）就是积聚投影（垂直于该投影面时），不会是其他图形，如图 5-23（c）中 $V$ 面投影的矩形线框（矩形线框 $1'$），其 $W$ 面投影为相仿图形（矩形线框 $1''$），$H$ 面投影为积聚投影（倾斜直线 $1$）；

③ 相邻两线框表示形体上两个相交或前后不平齐表面的投影，如图 5-23（c）中 $V$ 面投影的两个相邻

矩形线框 1′ 和 2′，为六棱柱上两个相交表面 I 和 II 的投影。

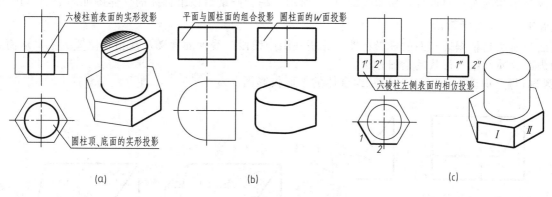

图 5-23  读图的基本要领（三）

## 5.4.3  读图的基本方法

### 5.4.3.1  形体分析法

形体分析法读图，就是根据形体视图的特点，把组合体的特征视图划分为若干封闭线框，再用投影方法联系其他视图，想象出各部分的空间形状，然后再根据它们之间的组合方式、相对位置和表面连接关系，综合起来想象出组合体的整体结构形状。

**【例 5-10】**  识读图 5-24（a）所示组合体的三面投影图。

**【读图】**

① 分线框，对投影  如图 5-24（a）中，先把最能反映形体特征的 V 面投影分成三个封闭线框 1′、2′、3′，然后根据"长对正，高平齐，宽相等"的投影规律，分别找出这些线框的另两个投影，如图 5-24（b）、（c）、（d）所示。

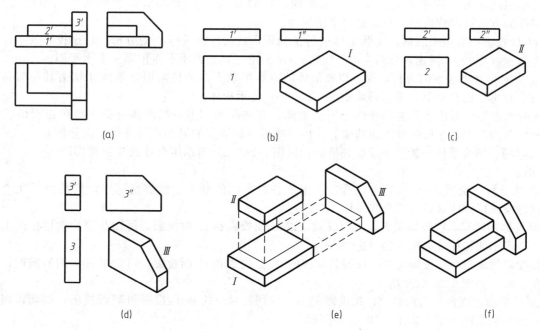

图 5-24  形体分析法读图

② 对投影，明形体  根据各种基本体的投影特性，确定各线框所表示的基本形体的形状。如线框 1′ 和线框 2′ 的三个投影都是矩形，所以它们都是四棱柱，如图 5-24（b）、（c）所示；线框 3′ 的 W 面投影是五边形，V 面投影和 H 面投影都是矩形，所以它是一个前上方被切成斜面的棱柱，如图 5-24（d）所示。

③ 定位置，综合归纳想整体  在分析了各个基本形体的形状结构的基础上，根据投影图表示的组合形式和两表面过渡处的投影分析，弄清楚各组成形体的相互位置关系，综合归纳想象出组合体的整体形

状。形体Ⅱ在形体Ⅰ之上，并且它们的后表面和右表面都平齐；形体Ⅲ在形体Ⅰ和形体Ⅱ之右，其左表面与另两个形体的右表面重合，如图5-24（e）所示。综合归纳后该组合体的立体图如图5-24（f）所示。

### 5.4.3.2 线面分析法

线面分析法是根据线、面的投影特性，分析视图中线段、线框的含义及其相互位置关系，从而想象出形体的表面性质和细部形状的读图方法。

【例5-11】 识读图5-25（a）所示组合体的三面投影图。

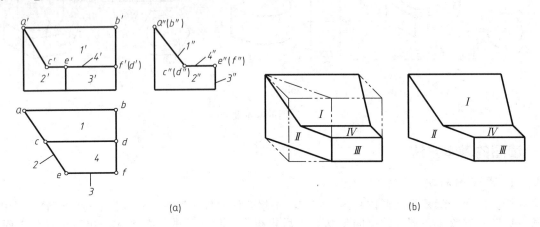

图5-25 线面分析法读图

【读图】

① V面投影中有三个线框，其中线框 $1'$ 是一个梯形 $a'b'(d')$ $c'$，根据面的投影特性，梯形的另外两个投影要么是梯形（相仿性），要么是线段（积聚性）。按照投影关系，线框 $1'$ 对应的 W 面投影只有一条倾斜线段 $a''c''(b''d'')$，说明平面Ⅰ是一个侧垂面，其 H 面投影应该是梯形 $abdc$；线框 $2'$ 对应的 H 面投影是一条倾斜线段 $ae$，说明平面Ⅱ是一个铅垂面，它的 W 面投影是与线框 $2'$ 同边数的图形（五边形） $2''$。用同样的方法可以分析出平面Ⅲ是一个正平面。

② H 面投影中有两个线框，线框 1 已进行了分析，只需进行线框 4 的分析。根据投影关系，与线框 4 对应的 V 面投影和 W 面投影分别为水平线段 $c'(d')$ 和 $c''e''$，说明平面Ⅳ是一个水平面。

③ 根据对形体各表面的分析，可以想象形体的原始形状为四棱柱，用铅垂面Ⅱ切去其左前角后，再用侧垂面Ⅰ和水平面Ⅳ切割，最后形成如图5-25（b）所示形体。

读图时要以形体分析法为主，线面分析法为辅。有些简单图形，用形体分析法就可以看懂物体的形状。对于复杂的图形，在形体分析的基础上，将一些不易搞清楚的局部，再进行线面分析。

【例5-12】 结合形体分析法和线面分析法识读图5-26（a）所示组合体的三面投影图。

【读图】

① 形体分析 由图5-26（a）可以看出，由于各投影图的基本轮廓都是矩形，只是少了几个角和缺口，可以想象该形体的原始形状为四棱柱。

W 面投影的缺口，按投影关系，找到其对应的 V 面投影和 H 面投影，可知在原始四棱柱的上部从左到右切去一个小四棱柱，如图5-26（b）所示。

V 面投影的缺角，按投影关系，找到其对应的 W 面投影和 H 面投影，可知带有切槽的四棱柱被一平面切去左上角，如图5-26（c）所示。

H 面投影的左端前、后两缺角，按投影关系，找到其对应的 W 面投影和 V 面投影，可知该四棱柱的左端被平面切去了两个角，如图5-26（d）所示。

② 线面分析 在形体分析的基础上进行线、面分析，以验证形体分析的正确性。图5-26（e）中 H 面投影中的多边形线框1，在 V 面投影中没有与之对应的相仿图形，只有一条倾斜线段 $1'$ 与之对应，而在 W 面投影中有一个同边数的多边形 $1''$ 与之对应。根据平面的投影特性，可知面Ⅰ是一个正垂面，四棱柱的左上角就是被这样一个正垂面切掉的。

图5-26（f）中 V 面投影中的梯形线框 $2'$，对应的 W 面投影是梯形线框 $2''$，H 面投影中只有倾斜直线 2 与之对应，可见面Ⅱ是一个铅垂面，四棱柱左端的前后两个角就是被这样两个前后对称的铅垂面切掉的。

综上所述，可以想象出组合体的形状与5-26（d）中的立体图一致。

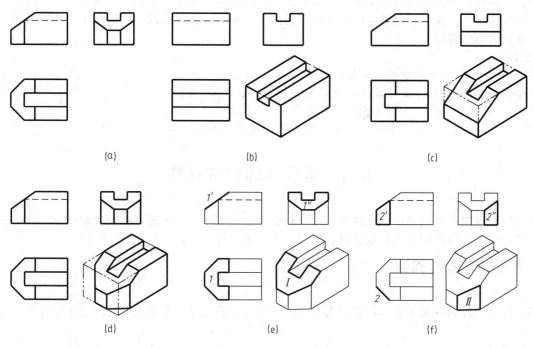

图 5-26 综合分析法读图

## 5.4.4 由两面投影图补画第三投影图

根据已知形体的两面投影图，补画第三投影，实际上就是画图与读图的综合练习。其步骤如下：
(1) 分析形体的两面投影图，看懂并想象出形体的形状；
(2) 按照投影规律，由已知的两面投影并结合想象的形体形状，画出第三面投影；
(3) 联系三个投影图检查投影关系是否正确，与想象形体的投影是否一致，最后按要求加深图线。

【例 5-13】 如图 5-27（a）所示，已知组合体的 $H$ 面投影和 $W$ 面投影，补画 $V$ 面投影。

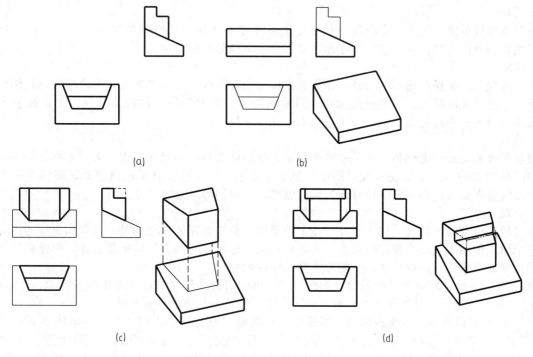

图 5-27 补画组合体投影图

【分析】 从已知两投影的投影关系，可以看出该形体由上下两部分形体组合而成，下面的形体是上表面为斜面的四棱柱，上面的形体是一底面为梯形斜面的四棱柱，且其上部切成一个小四棱柱缺口。上面的形体立于下面形体的斜面上。

【作图】
① 补画下面四棱柱的 V 面投影，如图 5-27（b）所示。
② 补画上面四棱柱未切缺口前的 V 面投影，如图 5-27（c）所示。
③ 补画上面四棱柱缺口的 V 面投影，如图 5-27（d）所示。
④ 补画的 V 面投影与另两个投影符合投影关系，说明与想象形体的投影一致。

# 5.5　组合体的尺寸标注

组合体的三面投影图只表达了形体的形状，其各部分的实际大小则需要由投影图中所标注的尺寸来确定。尺寸应按照国家标准的有关规定准确、完整、清晰地进行标注。

## 5.5.1　组合体的尺寸类型

（1）定形尺寸
确定组成组合体的各基本形体形状和大小的尺寸称为定形尺寸。常见基本形体的定形尺寸标注方法见本书第 4 章。

（2）定位尺寸
反映组合体中各基本形体之间相对位置关系或截平面位置的尺寸称为定位尺寸。

标注定位尺寸时，必须在长、宽、高三个方向各选择一个或几个标注尺寸的起点，即尺寸基准。一般根据组合体特征和工作位置来选择尺寸基准，如底面、回转体轴线和重要的端面，对称形体可选择对称轴线或中心线为尺寸基准。尺寸基准确定后，再标注各基本形体相对于尺寸基准的定位尺寸。

（3）总体尺寸
确定组合体总长、总宽和总高的尺寸。

## 5.5.2　组合体的尺寸配置

尺寸标注除了要符合制图标准的规定外，还要注意以下几点。

（1）明显
同一基本形体的定形尺寸和定位尺寸尽量集中标注在反映该形体特征的视图上。与两视图有关的尺寸，应标注在两视图之间。各形体的尺寸标注要符合集中与分散的原则。

（2）清晰
尺寸一般应标注在视图轮廓线之外，并靠近被标注的轮廓线，某些细部尺寸允许标注在视图内。应尽量不要把尺寸标注在虚线上，不要重复标注。同轴回转体的尺寸尽量标注在非圆视图上。对于房屋建筑图，各视图有时画在不同的图纸上，为便于施工，允许重复标注尺寸。

（3）整齐
尽量将形体的定形、定位和总体尺寸组合起来，排列成几行，小尺寸在内，大尺寸在外，平行的尺寸线之间的距离为 7～10mm。在房屋建筑图中，为便于施工，尺寸标注宜采用封闭式，即将被标注部位的各细部尺寸编排在一起，但应注意使每一方向的细部尺寸总和等于总体尺寸。

（4）合理
标注尺寸要符合物体的成型加工、设计施工的要求。初学者需要注意的是，具有相贯线的组合体，只能标注相交两立体的大小尺寸和定位尺寸，不能对相贯线标尺寸。具有切口的组合体，只能标注截切前完整立体的尺寸和截平面的定位尺寸，不能标注截交线的尺寸。

下面以图 5-28 所示园林景墙的三面投影图为例，说明组合体尺寸的标注方法和步骤。

① 标注定形尺寸　在形体分析的基础上分别标注出各基本形体的定形尺寸。

从图 5-28 中可以看出，景墙由墙体（四棱柱）和花池（四棱柱）组成，其中，墙体上开有漏窗（六棱柱）、门洞（六棱柱）。墙体的定形尺寸为长 5600、宽 400、高 2400；墙上漏窗的定形尺寸为长 1100（200＋700＋200）、宽 400、高 600（300＋300）；花池的定形尺寸为长 2000、宽 800、高 420、壁厚 120；门洞的定形尺寸为高 2000（1800＋200）、宽 1200（200＋800＋200）、厚 400。景墙的长度和高度尺寸集

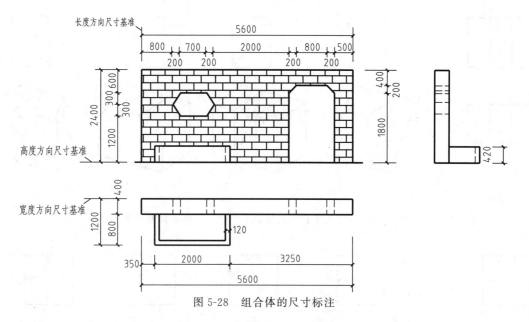

图 5-28　组合体的尺寸标注

中标注在立面图上，宽度尺寸标注在平面图上；花池的长度和宽度尺寸集中标注在平面图上，高度尺寸标注在左侧立面图上。

② 标注定位尺寸　如图 5-28 所示，首先确定长、宽、高三个方向的尺寸基准，分别为景墙左端面、背面和底面，再标注各基本形体相对各尺寸基准的定位尺寸。如图 5-28 中，漏窗长度方向的定位尺寸为 800，高度方向的定位尺寸为 1200，宽度方向不须标注定位尺寸。花池的长度和宽度方向的定位尺寸分别为 350 和 400。

③ 标注总体尺寸　图中景墙的总长尺寸为 5600，总宽尺寸为 1200，总高尺寸为 2400。

## 5.6　形体的构形设计

园林设计过程一般要经过初步设计、技术设计和施工图设计三个阶段。构形设计是技术设计的重要组成部分，而组合体的构形设计又是建筑形体构形设计的基础，通过构形设计练习，可以锻炼设计人员的空间想象能力和创新设计能力。本节主要讨论组合体的构形设计。

### 5.6.1　形体的构形方式

（1）已知形体的一个视图，通过改变相邻封闭线框的位置关系及改变封闭线框所表示的基本形体的形状（应与投影相符），可构思出不同的形体，如图 5-29 所示。

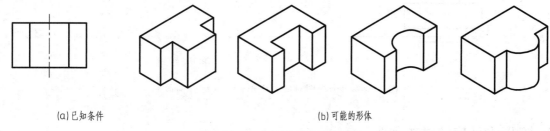

(a) 已知条件　　　　　　　　　　　　　　　　　　(b) 可能的形体

图 5-29　一个视图对应若干形体

（2）已知形体的两个视图，根据视图的对应关系，可以构思出不同的形体，如图 5-30～图 5-32 所示。图 5-30 中的组合体可看作是由数个基本形体经过不同的叠加组合而成；图 5-31 中的组合体可看作是由四棱柱经过不同的切割而形成；图 5-32 中的组合体可看作是由四棱柱和圆柱经过综合（既有叠加又有切割）的构形方式而形成。

（3）互补形体构形。即根据已知的形体，构想出与之吻合的四棱柱或圆柱等基本形体的另一形体，如图 5-33 所示。

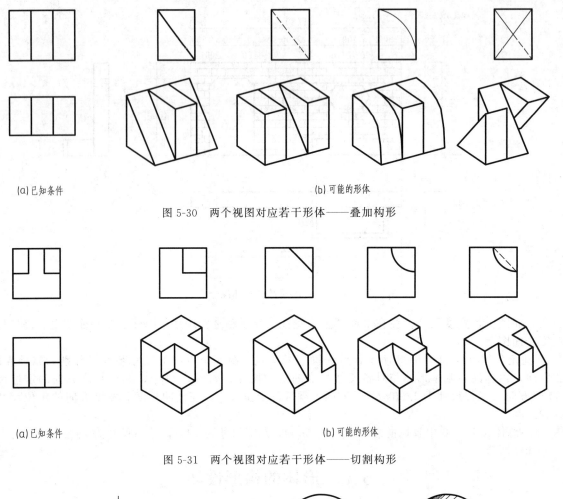

(a)已知条件        (b)可能的形体

图 5-30　两个视图对应若干形体——叠加构形

(a)已知条件        (b)可能的形体

图 5-31　两个视图对应若干形体——切割构形

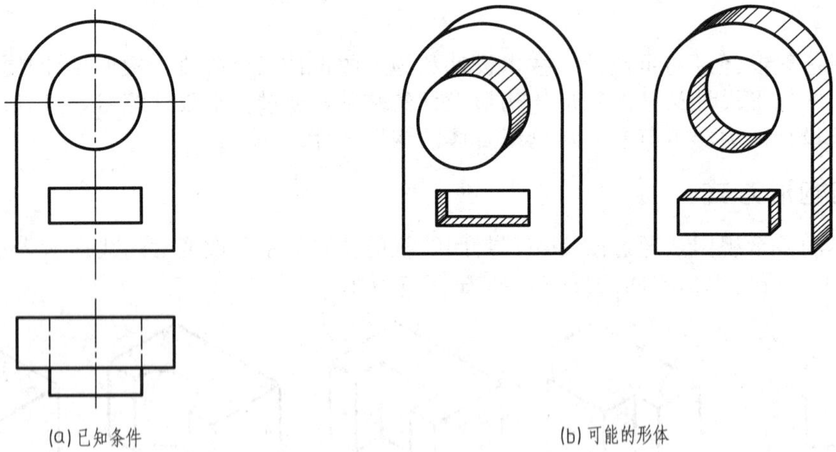

(a)已知条件        (b)可能的形体

图 5-32　两个视图对应若干形体——综合构形

## 5.6.2　构形设计应注意的问题

（1）两个形体组合时，不能出现线接触 [图 5-34（a）]和面连接 [图 5-34（b）]。

（2）不能出现封闭内腔的造型，如图 5-35 所示。

（3）构形设计应力求新颖。构成组合体所用的基本形体，从类型、组合方式和相对位置等方面都应尽可能变化多样，并力求构思出与众不同的组合体，为今后设计出新颖独特的园林建筑造型奠定基础。

如要求按 5-36（a）所给定的侧面投影图设计组合体，可构思出多种新颖、活泼的方案。如图 5-36（b）～（f）所示。

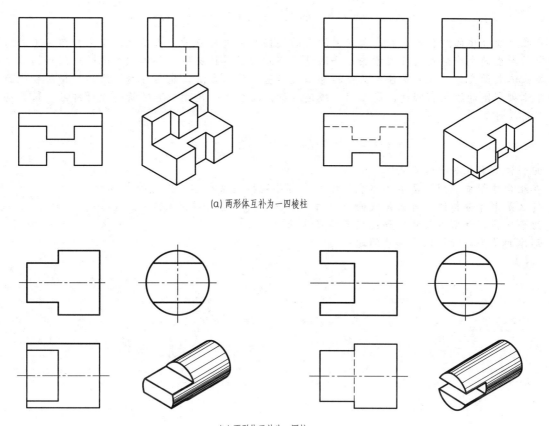

(a) 两形体互补为一四棱柱

(b) 两形体互补为一圆柱

图 5-33　互补形体构形

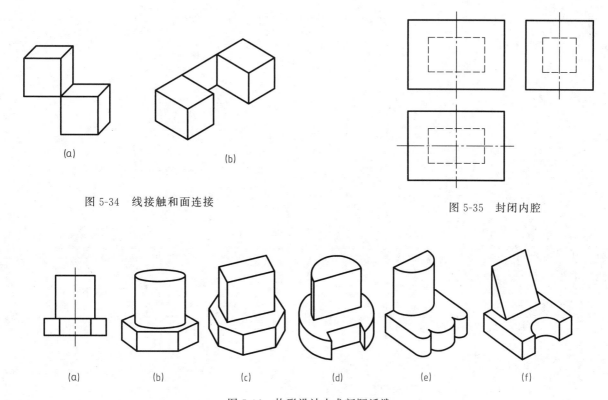

(a)　　　　　　　　　　(b)

图 5-34　线接触和面连接

图 5-35　封闭内腔

(a)　　(b)　　(c)　　(d)　　(e)　　(f)

图 5-36　构形设计力求新颖活泼

## 本 章 小 结

本章在对组合体的组合方式和基本形体的表面连接关系进行分析的基础上，重点介绍了不同立体在相交过程中所产生的交线形式及作图方法，并通过实例介绍了各种类型组合体投影图的绘制和阅读方法。应重点掌握立体表面交线产生的条件、交线的形状及其基本作图方法，能熟练运用形体分析法和线面分析法进行组合体投影图的绘制和阅读，能正确、规范地标注组合体的尺寸，通过构形设计练习，培养空间想象能力和创新设计能力。

## 思 考 题

1. 组合体有哪几种构造形式？
2. 在组合体组成过程中基本形体表面之间有哪些连接关系？各产生何种交线？
3. 什么是形体分析法？什么是线面分析法？两种方法各有哪些优缺点？
4. 组合体应标注哪些尺寸？如何确定各尺寸基准？
5. 形体的构形设计应注意哪些问题？

# 第6章
# 剖面图与断面图

在三面正投影图中，形体的内部形状和结构及被遮住的部分轮廓需要用虚线表示。对于内部形状和结构复杂的形体，例如一栋房屋，内部有各种房间、走廊、楼梯、门窗、基础等，如果都用虚线来表示这些看不见的部分，将造成图面虚实线相互重叠、交错混淆、层次不清晰，既不便于看图，又不利于尺寸的标注。为此，在工程图样中，常采用剖面图和断面图来表达形体内部的形状和结构。

## 6.1 剖面图与断面图的形成

### 6.1.1 剖面图的形成

为了便于表达形体内部构造，假想用一个剖切平面在形体的适当部位将其剖开，移去观察者与剖切平面之间的部分，而将剩余部分投影到与剖切平面平行的投影面上所得到的投影图称为剖面图，图 6-1 为剖面图形成过程示意图。

如图 6-2 所示，用一个假设的剖切平面，从栏杆中段的护栏处剖开，然后移开观察者与剖切平面之间那一部分形体，将剩下部分的形体向与剖切平面平行的左侧投影面投影，所得到的投影图即为剖面图。

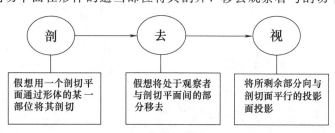

图 6-1　剖面图形成过程

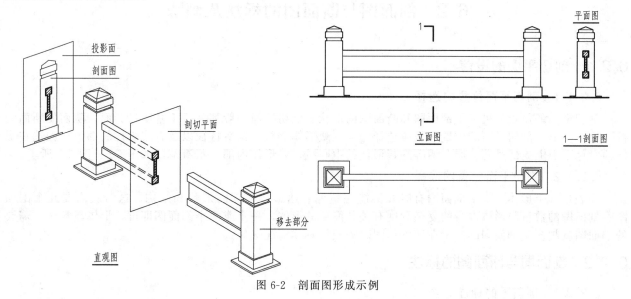

图 6-2　剖面图形成示例

### 6.1.2 断面图的形成

假想用一个平行于某一投影面的剖切面将形体剖切后，仅画出剖切到的切口图形，这样的图形称为断面图，如图 6-3 为断面图形成过程示意图。

图 6-3　断面图形成过程

如图 6-4 所示，假想用剖切平面从栏杆中段的护栏处剖开，然后移开观察者与剖切平面之间那一部分形体，仅将剖切面与形体接触的部分向与剖切平面平行的左侧投影面投影，所得到的投影图即为断面图。

断面图常用于表达形体某部分的断面形状，如建筑构件、杆件及型材等的断面。

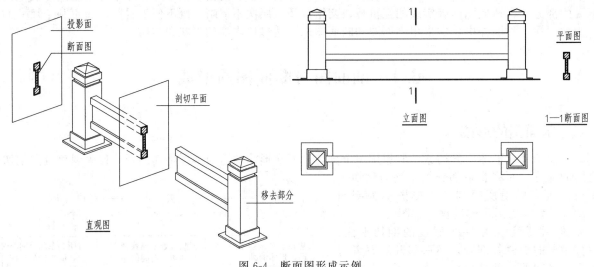

图 6-4　断面图形成示例

# 6.2　剖面图与断面图的标注及画法

## 6.2.1　剖切平面的设置

### 6.2.1.1　剖切平面位置的选择

剖切平面的位置，决定了剖面图和断面图的形状。剖切平面一般都平行于基本投影面，从而使断面的投影反映实形。剖切平面的位置一般应选择能够反映形体全貌、构造特征以及有代表性的部位，如选在形体的对称平面上或通过孔、洞、槽等隐蔽形体的中心线，将形体内部表示清楚，如图 6-5、图 6-6 所示。

### 6.2.1.2　剖切平面数量的选择

要表达一个形体，一个剖面图有时并不能完整地表达形体内部的形状和结构，这时就需要几个剖面图。剖面图的数量与形体本身的复杂程度有关，简单的形体，一个或两个剖面图即可，形体越复杂，需要的剖面图就越多，剖面图的数量在实际作图时需根据具体情况选择。

## 6.2.2　剖面图与断面图的标注

### 6.2.2.1　剖面图的标注方法

当剖切平面的位置确定以后，要在相应的图中表示出来。为了表明剖切平面的剖切位置和剖切后的投影方向及名称，在形体平面图或立面图中通常要标注剖切符号。

剖面图剖切符号由剖切位置线、剖视方向线及编号组成，如图 6-7 中的"2—2"和"3—3"，且有如下规定。

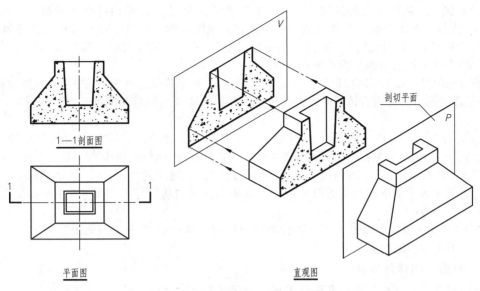

1—1剖面图

平面图                            直观图

剖切平面

P

V

图 6-5　剖切平面位置的选择（一）

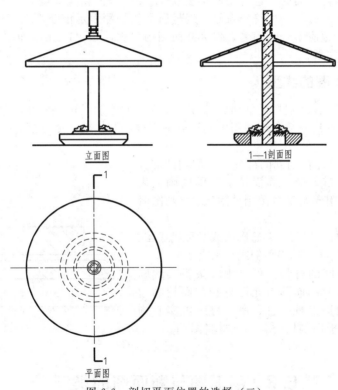

立面图                    1—1剖面图

平面图

图 6-6　剖切平面位置的选择（二）

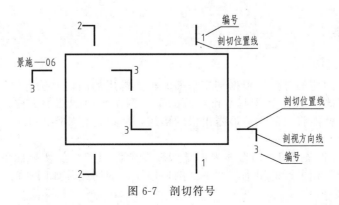

编号

剖切位置线

剖切位置线

剖视方向线

编号

景施—06

图 6-7　剖切符号

① 剖切位置线表示剖切平面的位置。剖切位置线实质上就是剖切平面的积聚投影。不过规定只用两小段 6～10mm 长的粗实线表示，画在与剖切平面垂直的视图两侧，并且不应与其他图线接触。

② 剖视方向线表示剖切后的投影方向，用两段垂直于剖切位置线的粗实线（长 4～6mm）表示，画在剖切位置线的外侧，其指向即为投影方向。

③ 剖切符号的编号，宜采用阿拉伯数字或大写英文字母，按顺序从左到右、从上到下连续编排，并注写在剖视方向线的端部。剖切位置线需转折时，应在转角的外侧加注与该符号相同的编号，如图 6-7 中的 "3—3" 所示。

④ 剖面图如与被剖切图样不在同一张图纸内，应在剖切位置线的另一侧注明其所在图纸的图纸号，如图 6-7 中的 3—3 剖切位置线上侧注写 "景施—06"，即表示 3—3 剖面图画在 "景施" 第 06 号图纸上。

⑤ 对习惯使用的剖切位置（如画房屋平面图时通过门、窗洞的剖切位置），以及剖切平面通过构件对称平面，且剖面图又处于基本视图位置时，可以不在图上标注剖切符号，如图 6-9 中平面图的剖切符号即可省略。

⑥ 在剖面图下方注写相应编号的图名，作为剖面图的名称，如 "1—1 剖面图""2—2 剖面图"……，并在图名的下方画出等长的粗实线。

#### 6.2.2.2 断面图的标注方法

断面图的剖切符号由剖切位置线和编号组成，如图 6-7 中的 "1—1"，且有如下规定。

① 剖切位置线表示剖切平面的位置，用两小段 6～10mm 长的粗实线绘制。

② 在剖切位置线的一侧标注剖切符号编号，编号所在的一侧表示该断面剖切后的投影方向。

③ 在断面图下方注写相应编号的图名，作为断面图的名称，如 "1—1 断面图""2—2 断面图"……，并在图名下画一等长的粗实线。

### 6.2.3 剖面图与断面图的线型

绘制剖面图和断面图时，被剖切面剖切到部分（断面）的轮廓线用粗实线绘制。剖面图中剖切面没有切到、但沿投影方向可以看到的部分，则用中实线或细实线绘制；对于断面后边的不可见形体，一般不再画出虚线，如图 6-2 所示。

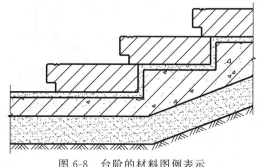

如图 6-8 所示，为使物体被剖到的部分与未剖到的部分区分开来，使图形清晰可辨，应在断面轮廓范围内画上表示其材料种类的图例。常用建筑材料图例见附录 2，画图时应按国家标准执行。

如没有指明材料种类时，用与主要轮廓线或对称线成 45°且等间距、互相平行的细实线（称为图例线）来表示。

为表示工程构造物不同的材料，可以用一条粗实线画出材料分界线。较大面积的剖面图，允许只在剖面轮廓边沿画出材料图例。剖切面通过柱、杆、墩、桩一类实心构件的对称面或平行于薄壁板面剖切时，不画材料图例。

图 6-8　台阶的材料图例表示

# 6.3　剖面图与断面图的类型

## 6.3.1　剖面图的类型

### 6.3.1.1　常用剖切方法

剖面图的类型取决于剖切的方法。根据剖切平面的种类常用的剖切方法有以下几种。

① 用单一剖切平面剖切　用平行于基本投影面的单一剖切平面剖切的方法。这种剖切方法适用于仅用一个剖切平面剖切后，就能将内部构造显露出来的形体，剖切过程如图 6-9（a）所示，所得剖面图如图 6-9（b）中平面图所示。

② 用几个平行的剖切平面剖切　当形体内部结构较复杂，用一个剖切平面不能将形体的内部结构全部表达清楚时，可用几个互相平行的铅垂剖切平面剖切形体，剖切过程如图 6-9（c）所示，所得剖面图如图 6-9（b）中 1—1 剖面图所示。

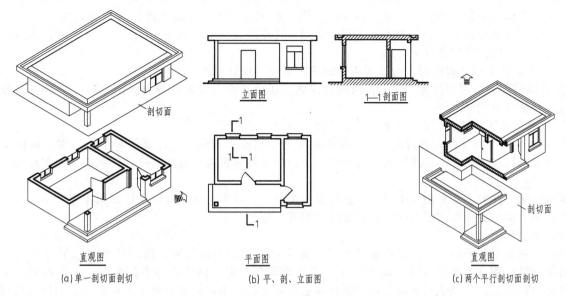

(a) 单一剖切面剖切　　　　　　　　(b) 平、剖、立面图　　　　　　　　(c) 两个平行剖切面剖切

图 6-9　用单一剖切平面及几个平行剖切平面剖切

③ 用几个相交的剖切平面剖切　当形体有转折结构，用单一剖切面或几个平行的剖切平面都不能表达清楚时，可用几个相交的铅垂剖切面剖切，剖面图的图名后应加注"展开"二字，如图 6-10 所示。

画图时应注意：倾斜剖切面剖到的结构必须旋转到与选定的基本投影面平行后再投影，使被剖切的结构反映实形。

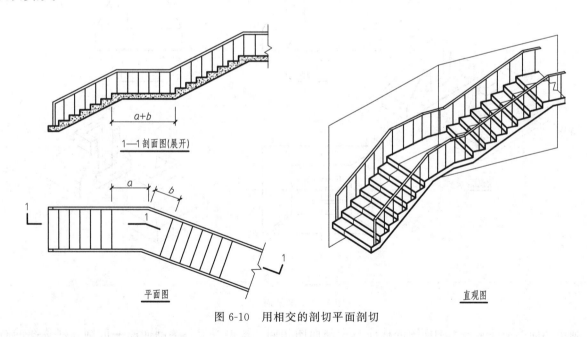

图 6-10　用相交的剖切平面剖切

#### 6.3.1.2　剖面图的分类

（1）全剖面图

用剖切面完全地剖开形体所得的剖面图称为全剖面图。全剖面图适用于表达外形简单、内部结构复杂的形体。全剖面图可以是由单一剖面剖切得到的，也可以由多个互相平行的剖切面剖切得到，或者是由几个相交的剖切面剖切得到的。

图 6-9（b）所示房屋的平面图是用一个水平剖切面沿着门窗部位将房屋剖开，移去上边部分后，由上向下投影所得到的全剖面图，习惯上称为平面图。在房屋的平面图中，砖墙图例可以省略不画，但要把剖到的砖墙轮廓线画成粗实线，以区别没有剖到的轮廓线（中实线或细实线）。门用 45°方向的中实线表示开启方向，窗扇简化为两条细实线。

图 6-9（c）所示房屋的 1—1 剖面图是用两个互相平行的铅垂剖切平面剖切，移去左边部分后，由左向右投影所得到的全剖面图，又可称为阶梯剖面图。在剖面图中，室内外地面线为加粗线，1—1 剖面图只画出了室内外地面以上部分，图线画法同平面图。房屋的立面图只画外形，不画表示内部的虚线。

画阶梯剖面图时应注意以下几点：

① 因为剖切平面是假想的，所以剖切平面的转折处不画分界线；

② 阶梯剖面图的剖切位置，除了在两端标注外，还应在两平面的转折处画出具有相同数字编号的剖切位置线和剖视方向线；

③ 阶梯剖面图的几个剖切平面均应平行于同一个基本投影面。

图 6-10 所示为常见的室外台阶，采用两个相交的剖切面将其剖开，并将倾斜于投影面的断面及其所关联部分的形体绕剖切面的交线旋转至与投影面平行的位置后再进行投影，这样得到的剖面图称为旋转剖面图。

画旋转剖面图时，应在剖切平面的起止处及相交处，用粗实线标注剖切位置，用垂直于剖切线的粗实线标注投影方向，并应在剖面图的图名后加注"展开"字样。

（2）半剖面图

当形体具有对称平面时，在其形状对称的视图上，以对称平面为界，用剖切平面将形体剖开一半投影，所得的剖面图称为半剖面图。如图 6-11 中正立面图和左侧立面图均为半剖面图，一半画成剖面图以表达内部结构形状，另一半则画成外观视图以表达外部形状。半剖面图适用于形状对称、内外结构均需表达的形体。

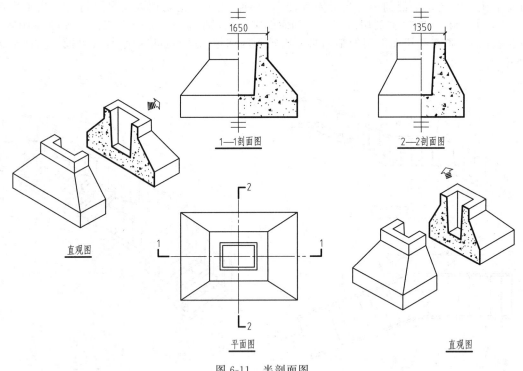

图 6-11　半剖面图

画半剖面图应注意：半剖面图的标注与全剖面图相同。根据习惯，半剖面图一般画在对称线的右边（视图左右对称）或下边（视图上下对称）。在半剖面图中，剖面图和外观图之间，规定用对称符号为分界线，如图 6-11 所示。

在半剖面图中标注内部对称结构的尺寸时，只画一边的尺寸界限和尺寸起止符号，尺寸线应超过对称轴线，尺寸数字是整个对称结构的尺寸，如图 6-11 所示。

（3）局部剖面图

当建筑形体的外形比较复杂，完全剖开后就无法表示清楚它的外形时，可以保留原投影图的大部分，而只将局部地方画成剖面图，这种剖面图称为局部剖面图。如图 6-12 所示，基础平面图画成局部剖面图以表现内部配置的网状钢筋，局部剖面一般用波浪线分界（也可以用折线分界）。

局部剖面图主要用于不适宜采用全剖面图和半剖面图，但内、外结构都需要表达的形体。

画图时应注意：波浪线可看成形体断裂痕迹的投影，故只能画在形体的实体部分，不能与图中的其它图线重合，也不能超出轮廓线之外。凡形体上与剖切平面相交的可见孔洞的投影内，波浪线必须断开，如图 6-13 所示。

在土建工程中，对于有分层结构的形体，常用分层局部剖面图。分层局部剖面图应按层次以波浪线为界将各层分开，如图 6-14、图 6-15 所示。分层局部剖面图多用于表达楼面、地面和墙面的材料和构造。

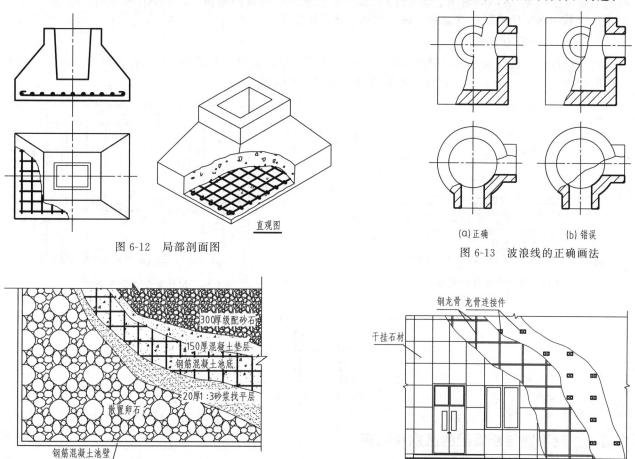

图 6-12　局部剖面图

图 6-13　波浪线的正确画法

图 6-14　水池分层局部剖面图

图 6-15　墙面干挂石材分层局部剖面图

## 6.3.2　断面图的类型

根据在绘制时所配置的位置不同，断面图可分为以下几种。

### 6.3.2.1　移出断面图

画在原视图之外的断面图称为移出断面图，如图 6-16 所示。移出断面图的比例可大于原视图的比例，以便于看图、标注尺寸。

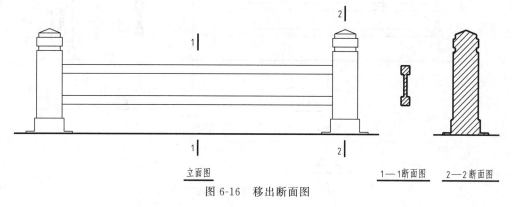

图 6-16　移出断面图

### 6.3.2.2 重合断面图

重叠画在视图轮廓线之内的断面图称为重合断面图，此时，断面图的比例应与原视图的比例相同。当视图中轮廓线与重合断面图的图形重叠时，视图中的轮廓线仍应连续画出，不得间断，如图 6-17 所示。若重合断面的轮廓不是封闭的线框，其轮廓线也要比视图的轮廓线粗，并在轮廓线范围内，沿轮廓线边缘画出与轮廓线成 45°方向的短线（细实线），如图 6-18 所示。这样的断面可以不加任何说明。

重合断面图常用来表达墙面的装饰、屋面形状、坡度等。

### 6.3.2.3 中断断面图

对于长度较长且断面形状相同的形体，如杆件、型材等，常把视图断开，将断面图画在中断处，称为中断断面图，如图 6-19 所示。这样的断面也可以不加任何说明。

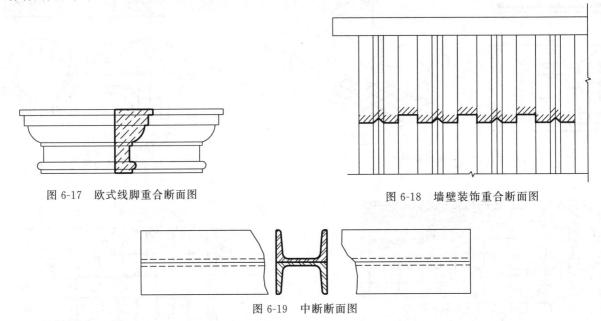

图 6-17 欧式线脚重合断面图　　　　　　　　　　图 6-18 墙壁装饰重合断面图

图 6-19 中断断面图

## 6.3.3 剖面图与断面图的区别和联系

### 6.3.3.1 剖面图与断面图的区别

由图 6-20 可以看出：

① 断面图只画出形体被剖开后断面的投影，而剖面图要画出形体被剖开后整个余下部分的投影。

② 剖面图是被剖开的形体的投影，是"体"的投影，而断面图只是一个截口的投影，是"面"的投影。被剖开的形体必有一个截口，所以剖面图必然包含断面图在内，而断面图虽属于剖面图中的一部分，一般仍单独画出。

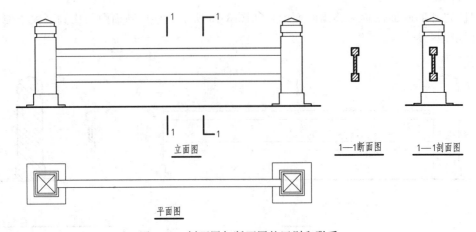

立面图　　　　　　　　　　1—1断面图　　1—1剖面图

平面图

图 6-20 剖面图与断面图的区别和联系

③ 剖切符号的标注不同。剖面图的剖切符号包括剖切位置线、剖视方向线和编号；断面图的剖切符号只包括剖切位置线和编号，不画剖视方向线，投影方向由编号的注写位置表示，编号注写在剖切位置线哪一侧，就表示向哪一侧投影。

### 6.3.3.2 剖面图与断面图的联系

对于同一个形体，在同一个位置剖切，剖切后向同一个方向作正投影，所得到的剖面图中包含有断面图，如图 6-20 所示。

## 本章小结

本章主要介绍了剖面图和断面图的概念、类型及其标注方法。应重点掌握剖面图与断面图的区别和联系及各种类型剖、断面图的绘制方法。

## 思 考 题

1. 剖面图的形成过程与断面图的形成过程有何不同？
2. 剖面图与断面图各有哪些类型？
3. 绘制剖面图和断面图时应如何选择剖切平面的位置？

**第7章**

# 轴 测 投 影

## 7.1 轴测投影的基本知识

工程上一般采用正投影法绘制物体的投影图，即多面正投影图，如图 7-1（a）所示。它通常能够完整、确切地表达出物体各部分的大小和形状，且作图简便、度量性好。但多面正投影图的每一个投影，只能反映物体的两向尺度，缺乏立体感，读图时需几个投影联系起来，才能完整表达空间形体的三维结构，想象出空间立体的形状，因而正投影图比较抽象难懂。因此，在工程图中，常采用一种富有立体感的投影图来表示物体，如图 7-1（b）所示，这种投影图称为轴测投影图，简称轴测图。

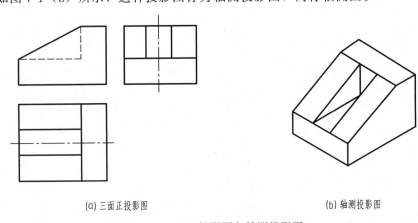

(a) 三面正投影图                    (b) 轴测投影图

图 7-1  三面正投影图与轴测投影图

轴测投影图是单面投影图，它能同时反映形体的正面、侧面和水平面的形状，接近人们的视觉习惯，因而立体感较强。但它不能确切地反映物体各表面的实形，因而度量性差，同时作图也较正投影图复杂，因而在实际工程中仅作为辅助图样，一般用于帮助设计构思、读图想象及进行外形设计等。在园林设计中还可以运用轴测图表现园林景观的立体效果，如图 7-2 所示。

### 7.1.1  轴测投影的形成

如图 7-3 所示，将物体连同其参考直角坐标系，沿不平行于任一坐标面的方向，用平行投影法将其投影在单一投影面上，所得到的投影图称为轴测投影图，简称轴测图。

### 7.1.2  轴测投影的术语

（1）轴测投影面  轴测投影图所在的投影面，称为轴测投影面，如图 7-3 中的 $P$ 面。

（2）轴测轴  三个直角坐标轴 $OX$、$OY$ 和 $OZ$ 在轴测投影面上的轴测投影 $O_1X_1$、$O_1Y_1$、$O_1Z_1$ 称为轴测投影轴，简称轴测轴。

（3）轴间角  相邻两轴测轴之间的夹角称为轴间角，如图 7-3 中 $\angle X_1O_1Z_1$、$\angle Z_1O_1Y_1$ 和 $\angle Y_1O_1X_1$，三个轴间角之和为 360°。

（4）轴向伸缩系数（或轴向变形系数）  轴测轴上某线段长度与其实际长度之比称为轴向伸缩系数，$X$、$Y$、$Z$ 方向的轴向伸缩系数分别用 $p$、$q$、$r$ 表示，即：

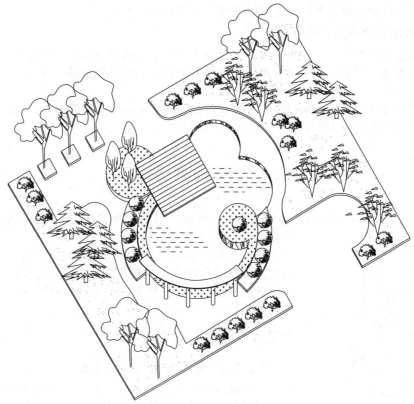

图 7-2　园林景观轴测图

$$p = \frac{O_1X_1}{OX} \quad q = \frac{O_1Y_1}{OY} \quad r = \frac{O_1Z_1}{OZ}$$

　　轴间角和轴向伸缩系数是绘制轴测图的重要参数，其中轴间角可控制轴测投影的形状变化，轴向伸缩系数可控制轴测投影的大小变化。

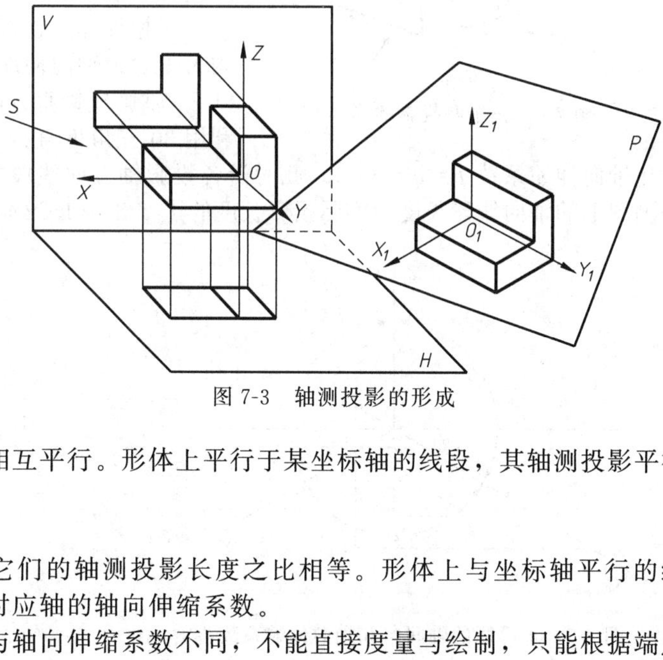

## 7.1.3　轴测投影的特性

　　由于轴测投影采用的是平行投影法，所以它具有平行投影的特性，即原物体上的几何要素与其轴测投影之间保持下列关系。

图 7-3　轴测投影的形成

　　（1）平行性

　　空间相互平行的直线，它们的轴测投影仍相互平行。形体上平行于某坐标轴的线段，其轴测投影平行于相应的轴测轴。

　　（2）定比性

　　空间相互平行的直线，其实际长度之比与它们的轴测投影长度之比相等。形体上与坐标轴平行的线段，其轴测投影长度与实际长度的比值，等于对应轴的轴向伸缩系数。

　　注意：与坐标轴不平行的线段其伸缩系数与轴向伸缩系数不同，不能直接度量与绘制，只能根据端点坐标，作出两端点后连线绘制。

　　（3）沿轴线测量

　　与坐标轴平行的线段，其实际长度乘以相应的轴向伸缩系数，就是该线段的轴测投影长度。因此，已知轴向伸缩系数，就可以沿轴测轴方向量取与坐标轴平行的线段的轴测投影长度。"轴测"即沿轴测量的意思。

## 7.1.4　轴测投影的分类

### 7.1.4.1　根据投影方向与轴测投影面所成角度进行分类

　　① 正轴测投影　投影方向与轴测投影面垂直时所得到的轴测投影。

② 斜轴测投影 投影方向与轴测投影面倾斜时所得到的轴测投影。

### 7.1.4.2 根据轴向伸缩系数进行分类

① 正（斜）等轴测投影 三个轴向伸缩系数都相等时所得到的轴测投影，即 $p=q=r$。

② 正（斜）二等轴测投影 两个轴向伸缩系数相等时所得到的轴测投影，即 $p=q\neq r$ 或 $p=r\neq q$ 或 $q=r\neq p$。

③ 正（斜）三轴测投影 三个轴向伸缩系数都不相等时所得到的轴测投影，即 $p\neq q\neq r$。

由于正（斜）三轴测投影作图复杂，实际中较少应用。

# 7.2 正轴测投影

空间形体的三个坐标轴均与轴测投影面倾斜，投影方向与轴测投影面垂直，所形成的轴测投影称为正轴测投影，如图 7-4 所示。

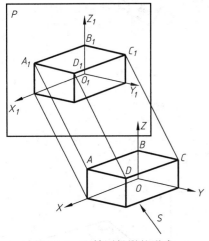

显然，如果坐标轴与轴测投影面的倾斜角度不同，三个轴测轴的方向、轴间角和轴向伸缩系数也不同。这样同一形体可以作出不同的正轴测投影，实际中常用的正轴测投影有正等轴测投影和正二等轴测投影。

## 7.2.1 正轴测投影的参数

### 7.2.1.1 正等轴测投影的参数

正等轴测投影是指形体的三个坐标轴与轴测投影面的倾斜角度都相同时得到的正轴测投影，简称正等测。由于它画法简单、立体感较强，所以在工程上较常用。

根据计算，正等测的轴间角 $\angle X_1O_1Y_1$、$\angle X_1O_1Z_1$、$\angle Y_1O_1Z_1$ 均为 120°；轴向伸缩系数 $p=q=r$ 均为 0.82。画图时，一般规定将 $O_1Z_1$ 轴画成铅垂方向，而 $O_1X_1$ 和 $O_1Y_1$ 均与水平线成 30° 角，故可利用 30° 三角板直接画出，如图 7-5 所示。为了作图简便，还常采用

图 7-4 正轴测投影的形成

简化轴向伸缩系数 $p=q=r=1$。此时沿各投影轴方向线段的轴测投影长度等于其实际长度，这样画出的正等测图上的轴向线段长度为实际投影长度的 $1/0.82\approx1.22$ 倍。

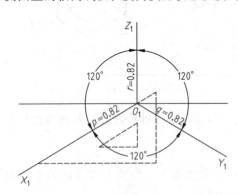

图 7-5 正等测的轴间角和轴向伸缩系数

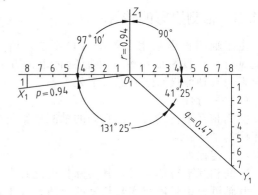

图 7-6 正二测的轴间角和轴向伸缩系数

### 7.2.1.2 正二等轴测投影的参数

正二等轴测投影是指当两个坐标轴（一般是 $OX$ 轴和 $OZ$ 轴）与轴测投影面的倾斜角度相等时得到的正轴测投影，简称正二测。

正二测图的轴间角 $\angle X_1O_1Y_1=\angle Y_1O_1Z_1=131°25'$，$\angle X_1O_1Z_1=97°10'$；轴向伸缩系数 $p=r=0.94$，$q=0.47$。画图时，一般将 $O_1Z_1$ 轴画成铅垂方向，$X_1$ 轴与水平线夹角则为 $7°10'$（可用近似方法 1:8 画出），$Y_1$ 轴与水平线夹角则为 $41°25'$（可用近似方法 7:8 画出），如图 7-6 所示。为了作图方便，采用简化轴向伸缩系数 $p=r=1$，$q=1/2$，此时画出的正二测图上的轴向线段长度为实际投影长度的 $1/0.94\approx1.06$ 倍。

## 7.2.2 正轴测投影图的画法

画轴测图时，应先根据形体的特点，选定合适的坐标轴。坐标轴可以设置在形体之外，但一般常设置在形体本身某一特征位置线上，如主要棱线、对称中心线、轴线等。

正轴测投影图的作图方法很多，主要包括坐标法、叠加法、切割法、网格法和组合法等，作图时应根据形体特点，通过形体分析，选择适宜的作图方法。为使轴测投影图立体感更强，轴测图的可见部分轮廓线一般用中实线绘制，而不可见轮廓线一般不画出，必要时也可用细虚线画出所需表达的部分。

### 7.2.2.1 平面体正轴测投影图的画法

（1）坐标法

将形体引入坐标系，量取各控制点的坐标，再乘以相应的轴向伸缩系数，即得各控制点的轴测尺寸，沿轴测轴截取这些尺寸，以定出各控制点的轴测投影。由点连成线，即可作出形体的轴测投影，这种作轴测图的方法简称为坐标法。坐标法是最基本的作图方法，其他作图方法均以坐标法为基础。

【例 7-1】 如图 7-7（a）所示，已知正六棱柱的两面投影，求作其正等测轴测图。

【分析】 由于采用简化系数，因此两视图和正等测图上的尺寸关系相对一致，只需确定出轴测轴及轴间角之后，按坐标标出各点的位置，连接起来即可。

【作图】

① 在两视图上建立坐标轴。根据正六棱柱的投影特点，将原点定于底面正六边形中心位置，以便于确定底面各角点的坐标和避免画不必要的辅助作图线，如图 7-7（a）所示。

② 画出轴测轴，根据轴测投影的平行性质利用坐标法作出 $a$、$b$、$c$、$d$、$e$、$f$ 点的轴测投影 $a_1$、$b_1$、$c_1$、$d_1$、$e_1$、$f_1$，并依次连成底面的轴测投影，如图 7-7（b）所示。

③ 过上述各点的轴测投影，分别向上量取六棱柱高度，并依次连成顶面的轴测投影，如图 7-7（c）、（d）所示。

④ 绘出可见轮廓线并描深，将不可见轮廓线及多余线条擦除，完成作图，如图 7-7（e）所示。

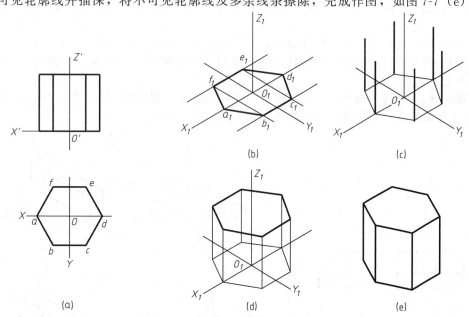

图 7-7 正六棱柱的正等轴测图

【例 7-2】 如图 7-8（a）所示，已知四棱台的三面正投影图，求作其正二测轴测图。

【作图】

① 在两视图上建立坐标轴。因四棱台前后左右均对称，为了度量方便，可把原点定在对称中心上，如图 7-8（a）所示。

② 画轴测轴，按照对称关系度量四棱台的底面和顶面坐标（$Y$ 轴坐标要乘以 $1/2$ 的轴向伸缩系数），画出底面和顶面的轴测图轮廓，如图 7-8（b）所示。

③ 立高。将顶面的轴测图轮廓沿 $Z_1$ 轴方向向上平移棱台的高度尺寸，如图 7-8（c）所示。

④ 连接四棱台的棱线，擦去多余图线后描深，完成作图，如图 7-8（d）、（e）所示。

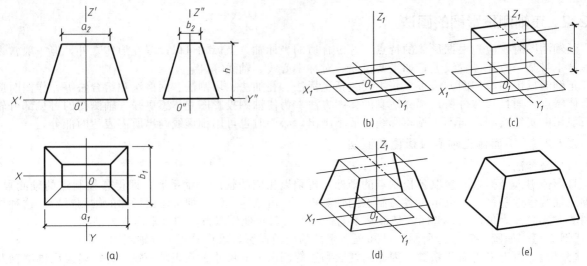

图 7-8　四棱台的正二测轴测图

（2）叠加法

对于由简单几何体叠加形成的组合体，先按各组成部分的形状和相对位置逐个画出它们的轴测图，再综合起来，完成整体轴测图，这种作轴测图的方法称为叠加法。

【例 7-3】　求作如图 7-9（a）所示组合体的正等测轴测图。

【分析】　从图 7-9（a）中可以看出，此形体由底板、背板和斜板三个基本形体叠加而成，画轴测图时，可根据它们的相对位置关系采用叠加法绘制。

【作图】

① 在三面投影图上定出坐标轴的位置。为简化作图，选择底板后端面的右下角为坐标原点，如图 7-9（a）所示。

② 画出正等测轴测轴，根据底板尺寸画出其正等测投影，如图 7-9（b）所示。

③ 在底板的上面根据背板的尺寸画出其正等测投影。背板的后表面和左、右侧面均与底板的对应面平齐，如图 7-9（c）所示。

④ 在底板的上面、背板的前面，根据斜板的尺寸画出其正等测投影，如图 7-9（d）所示。

⑤ 擦去多余图线后描深轮廓线，完成作图，如图 7-9（e）所示。

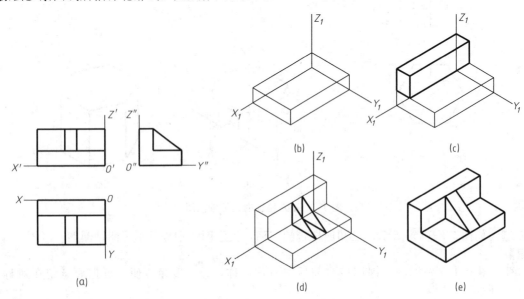

图 7-9　叠加型组合体的正等测轴测图

【例 7-4】　求作图 7-10（a）所示柱顶节点的正等测轴测图。

【分析】　此形体由顶板、立柱和 4 个支柱组成，运用叠加法，将这几部分的正等测逐一组合在一起即可画出组合体的正等测。

【作图】

① 在两面投影图上定出坐标轴的位置。由于形体前后左右均对称，为简化作图，选择顶板上表面的中心位置为坐标原点，如图7-10（a）所示。

② 画出轴测轴，根据顶板的尺寸画出其正等测投影，如图7-10（b）所示。

③ 在顶板下面的中心位置根据立柱的尺寸画出其正等测投影，如图7-10（c）所示。

④ 在立柱四个侧面上画出4个支柱的位置，并将它们延伸至和顶板边界平齐，如图7-10（d）、（e）所示。

⑤ 擦去多余图线并描深轮廓线，完成作图，如图7-10（f）所示。

图7-10（g）为其俯视效果的正等测轴测图。

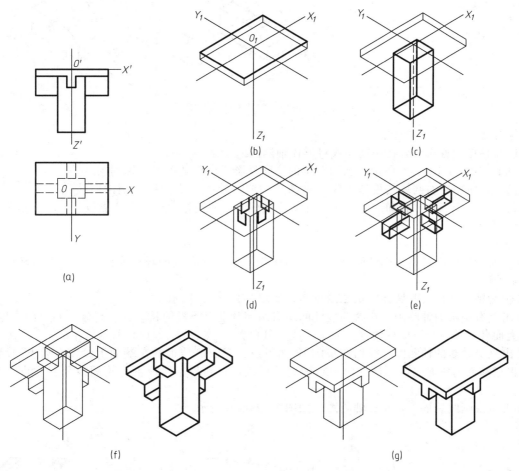

图 7-10　柱顶节点的正等测轴测图

（3）切割法

对于由基本体经过截断、开槽、穿孔等变化而成的组合体，可先画出完整基本体的轴测图，再去掉应切除部分的轴测图，这种绘制轴测图的方法称为切割法。

【例 7-5】　如图 7-11（a）所示，画出切割型组合体的正等测轴测图。

【分析】　该形体可看作由一个大四棱柱切去一个小三棱柱和一个小四棱柱后形成的，可用切割法绘制其正等测图。

【作图】

① 在三面投影图上定出坐标轴的位置，选择形体后端面的右下角为坐标原点，如图7-11（a）所示。

② 画轴测轴，按大四棱柱的尺寸作出其正等测投影，如图7-11（b）所示。

③ 根据给出尺寸在大四棱柱上切去一个小三棱柱，如图7-11（c）所示。

④ 在剩余的形体上再根据给出尺寸切去一个小四棱柱，如图7-11（d）所示。

⑤ 擦去作图辅助线，描深可见轮廓线，完成作图，如图7-11（e）所示。

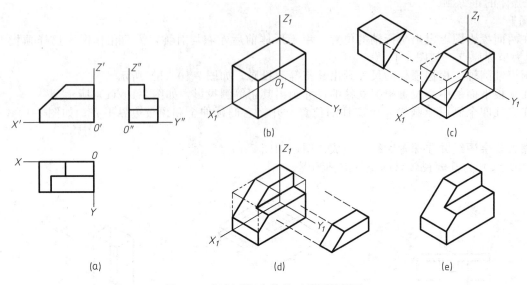

图 7-11　切割型组合体的正等测轴测图

（4）综合法

将上述几种作图方法组合在一起完成对形体轴测图的绘制。

【例 7-6】　如图 7-12（a）所示，已知台阶的三面投影，求作其正二测轴测图。

【分析】　台阶由左右两块挡板和中间三级踏步构成，其中两块挡板分别由四棱柱切掉一个三棱柱形成；三级踏步由三个四棱柱叠加形成。它们好似放在一个大四棱柱中，作正二测投影时，分别采用切割法和叠加法作图。

【作图】

① 在三面投影图上定出坐标轴的位置。为简化作图，选择右侧挡板后端面的右下角为坐标原点，如图 7-12（a）所示。

② 画轴测轴，作出大四棱柱的正二测投影，如图 7-12（b）所示。

③ 作出左右挡板的轴测图。在大四棱柱的左右两端分别以挡板的长、宽、高分别画出两个四棱柱体，然后在其上面各切掉一个三棱柱块（由 $m$、$n$ 决定其位置），如图 7-12（c）所示。

④ 作出三级踏步的轴测图。根据踏步的 $W$ 面投影，在右侧挡板的左端面上绘制台阶 $W$ 投影的正二测投影；再过踏面与踢面的可见顶点作 $OX$ 轴的平行线，直到与左挡板可见轮廓线相交为止，如图 7-12（d）所示。

⑤ 擦去多余图线后描深，完成轴测图，如图 7-12（e）所示。

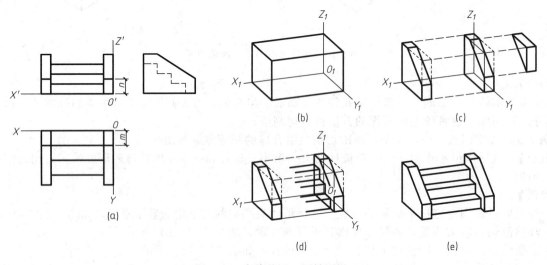

图 7-12　台阶的正二测轴测图

#### 7.2.2.2　圆正轴测投影图的画法

（1）坐标法

一般情况下，圆的轴测投影为椭圆，可用坐标法作出圆周上一系列点的轴测投影，然后依次光滑连接，即得出圆的轴测投影。因圆周上一系列的点是由该圆一系列的平行弦端点确定，因此，这种作图方法又称为平行弦法。

【例7-7】　如图7-13（a）所示，已知水平圆的两面正投影，求作其正等测轴测图。

【分析】　作该水平圆的正等测投影，可先作出该圆一系列的平行弦（一般等分直径），采用坐标法作这些弦的轴测投影，它们的端点就是圆周上点的轴测投影，依次光滑连接各点，即得其轴测投影。

【作图】

① 在两面正投影的圆周上，定出坐标轴的位置。为了作出圆周上不在坐标轴上的各点的轴测投影，在圆周上取点作一系列平行于 $OX$ 轴的平行弦，如图7-13（a）所示。

② 画出轴测轴 $O_1X_1$、$O_1Y_1$，并在其上按直径大小直接定出坐标轴上两直径端点的轴测投影 $a_1$、$b_1$、$c_1$、$d_1$，如图7-13（b）所示。

③ 按坐标作出各平行弦长的轴测投影，得出这些平行弦的端点的轴测投影，如图7-13（b）所示。

④ 依次光滑连接所得点，即为该圆的正等测（椭圆），如图7-13（c）所示。

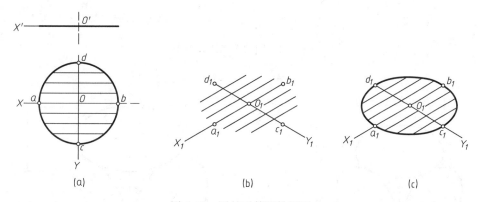

图 7-13　圆的正等测轴测图

（2）八点法

八点法是利用圆的外切正方形的四个切点和圆与对角线的四个交点求作圆的轴测投影的方法。

【例7-8】　如图7-14（a）所示，已知水平圆的 $H$ 面投影，求作其正二测轴测图。

【分析】　作圆的轴测投影时，先作出圆的外切正方形的轴测投影，再在其中作出圆的轴测投影（椭圆）。

【作图】

① 在所给圆周上，作出其外切正方形 $abcd$，并八等分圆周，如图7-14（a）所示。

② 根据正二测的轴测轴和轴向伸缩系数，先画出圆外切正方形的正二测轴测图 $a_1$、$b_1$、$c_1$、$d_1$，如图7-14（b）所示。图中点 $1_1$、$2_1$、$3_1$ 和 $4_1$ 为外切正方形各边中点即圆的四个切点的轴测投影。

③ 以 $4_1d_1$ 为斜边作等腰直角三角形 $4_1m_1d_1$，然后以 $4_1$ 为圆心，$4_1m_1$ 为半径作圆弧，交 $a_1d_1$ 于 $n_1$ 和 $k_1$；再分别过 $n_1$ 和 $k_1$ 作 $a_1b_1$ 的平行线与四边形两对角线 $a_1c_1$ 和 $b_1d_1$ 分别相交得点 $5_1$、$6_1$、$7_1$、$8_1$，如图7-14（c）所示。

④ 用曲线板光滑连接 $1_1$、$5_1$、$2_1$、$6_1$、$3_1$、$7_1$、$4_1$ 和 $8_1$ 八个点，即得圆的正二测轴测图，如图7-14（d）所示。

（3）四心圆法

平行于坐标面的圆的正等测都是椭圆，椭圆（圆的轴测投影）长轴与菱形（圆外切正方形的轴测投影）的长对角线重合；椭圆短轴的方向垂直于椭圆的长轴，即与菱形的短对角线重合。由此可见，椭圆的长短轴的方向与轴测轴有关：平行于某一坐标面的圆，其正等测投影椭圆的长轴与垂直于该坐标面的轴测轴垂直；短轴平行于该轴测轴。

经计算，在正等测中，椭圆的长轴为圆的直径 $d$，短轴为 $0.58d$。若采用简化轴向伸缩系数，其长轴长度等于 $1.22d$，短轴长度等于 $1.22×0.58d≈0.7d$，如图7-15所示。

当圆的外切正方形在轴测投影中为菱形时，此时圆的轴测投影一般用四心圆法求作。

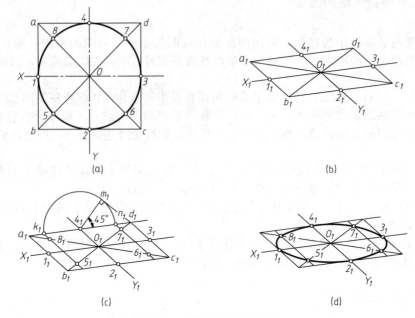

(a)

(b)

(c)

(d)

图 7-14　圆的正二测轴测图

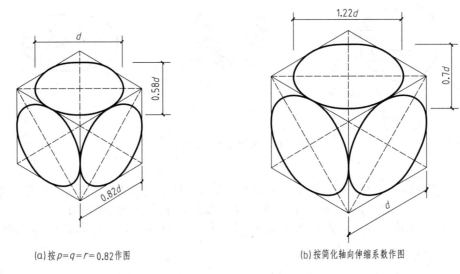

(a)按 $p=q=r=0.82$ 作图

(b)按简化轴向伸缩系数作图

图 7-15　平行于坐标面的圆的正等测轴测图

【例 7-9】　用四心圆法求作图 7-16（a）中水平圆的正等测轴测图。

【作图】

①　画轴测轴，按直径 $d$ 量取 $b_1$、$c_1$、$d_1$ 点，作出圆外切正方形的轴测图 $o_1b_1c_1d_1$（菱形），菱形各边中点分别为 $e_1$、$f_1$、$g_1$、$h_1$，如图 7-16（b）所示。

②　将菱形钝角顶点与两对边中点的连线 $O_1e_1$、$O_1f_1$（$c_1g_1$、$c_1h_1$）与菱形两锐角顶点的连线 $b_1d_1$ 相交，得交点 2 和 4，如图 7-16（b）所示。

③　以 $O_1$、$c_1$ 为圆心，$O_1f_1$、$c_1h_1$ 为半径作两大圆弧，如图 7-16（c）所示。

④　以 2、4 为圆心，$2f_1$、$4h_1$ 为半径作两小圆弧，在 $e_1$、$f_1$、$h_1$、$g_1$ 处与大圆弧连接，如图 7-16（d）所示。

⑤　四段圆弧组成的椭圆，即为所求圆的正等测轴测图，如图 7-16（e）所示。

（4）切点垂线法

由四心圆法可知，图 7-17 中菱形钝角顶点与两对边中点的连线 $O_1f_1$、$O_1e_1$、$c_1g_1$、$c_1h_1$ 分别垂直平分菱形的四个边，且垂足 $f_1$、$e_1$、$g_1$、$h_1$ 到菱形四个顶点的距离均等于圆的半径 $R$，因此，求椭圆的四个圆心时，只要在距菱形顶点等于半径处作垂线，相邻两边垂线的交点分别为椭圆上各段圆弧的圆心，

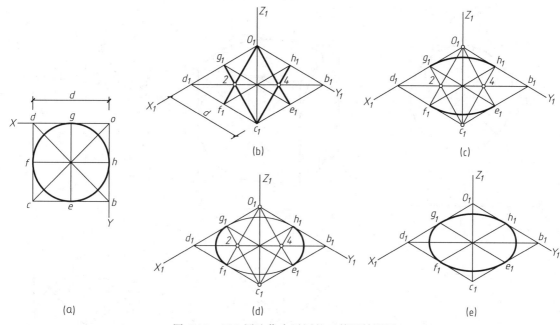

图 7-16 四心圆法作水平圆的正等测轴测图

垂足为切点。这样即可方便地求出圆角（1/4圆弧）的正等测，进而求出整个圆的正等测（椭圆），这种方法称为切点垂线法。

（5）近似椭圆法

【例 7-10】 用近似椭圆法求作图 7-18（a）中正平圆的正二测轴测图。

【分析】 当圆处于正平、水平、侧平位置时，它们的正二测投影是椭圆，可用近似椭圆的作法作图。由于 $Y$ 轴的轴向伸缩系数与 $X$ 轴和 $Z$ 轴不同，所以正平圆的轴测图与水平圆、侧平圆的轴测图的作法也不同，如图 7-18（b）所示。

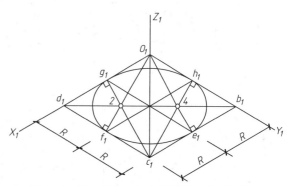

图 7-17 切点垂线法作水平圆的正等测轴测图

【作图】

① 作轴测轴 $X_1$、$Z_1$ 轴，并作正平圆外切正方形的正二测 $a_1b_1c_1d_1$，如图 7-18（c）所示。

② 分别过点 $e_1$、$g_1$ 作水平线，它们与两对角线 $a_1c_1$ 和 $b_1d_1$ 交于 $1$、$2$、$3$、$4$ 点，如图 7-18（d）所示。

③ 以点 $2$、$4$ 为圆心，以 $2e_1$ 和 $4g_1$ 为半径作两个大圆弧，如图 7-18（e）所示。

④ 以点 $1$、$3$ 为圆心，以 $1e_1$ 和 $3g_1$ 为半径作两个小圆弧与两个大圆弧于点 $e_1$ 和 $g_1$ 处相接，如图 7-18（f）所示。

⑤ 擦去多余图线后描深，完成作图。

### 7.2.2.3 平面曲线正轴测投影图的画法

平面曲线因其形状比较灵活，各点的位置关系通过数理的方法不能准确求出，因而可以采用网格的方法，确定各点在轴测图中的位置。网格法绘制轴测图需要两套网格——平面网格和轴测网格，轴测网格就是平面网格的轴测投影。

【例 7-11】 如图 7-19（a）所示，已知某平面曲线的平面图，求作其正等测轴测图。

【作图】

① 绘制平面图的方格网，网格边长根据图形的复杂程度及图纸的具体要求确定，如图 7-19（b）所示，再将平面图和方格网结合在一起，如图 7-19（c）所示。

② 按照正等测投影的绘制方法，将平面网格绘制成正等测网格，如图 7-19（d）所示。

③ 根据图形与平面网格的交点位置，在轴测网格中确定各点的轴测投影，并用圆滑曲线连接起来，即得平面曲线的正等测轴测图，如图 7-19（e）所示。

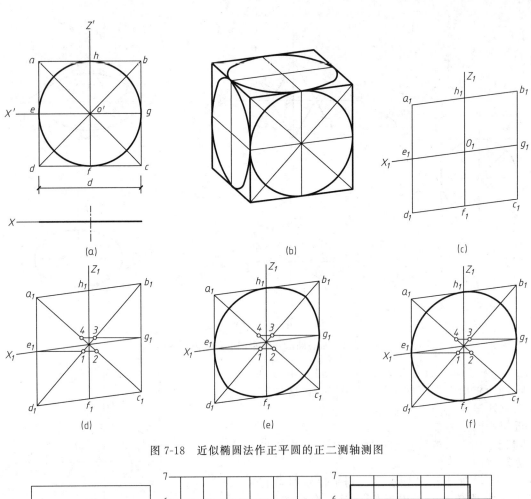

图 7-18　近似椭圆法作正平圆的正二测轴测图

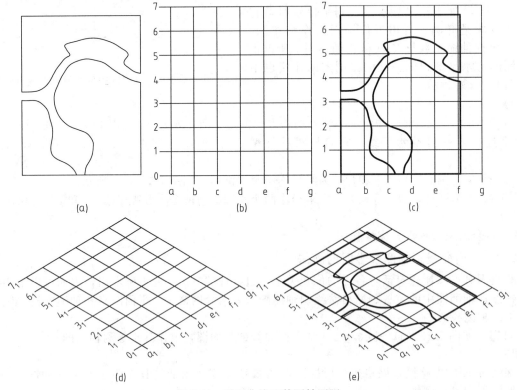

图 7-19　平面曲线正等测轴测图

### 7.2.2.4　曲面体正轴测投影图的画法

简单的曲面立体有圆柱、圆锥（台）、圆球等，它们的端面或断面均为圆，因此掌握了圆的正轴测画法后，就不难画出曲面体的正轴测投影。

【例7-12】 如图7-20（a）所示，已知圆柱体的两面投影图，求作其正等测轴测图。

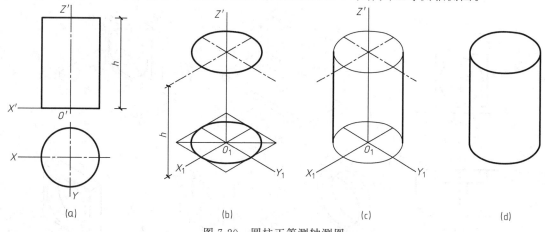

图 7-20　圆柱正等测轴测图

【分析】 画圆柱的正等测，只要分别作出其顶圆和底圆的正等测，再作其公切线即可。

【作图】

① 选定坐标轴的位置，作出轴测轴，画出上下底圆的正等测，如图7-20（b）所示。

② 作两椭圆的公切线，作出两边轮廓线，如图7-20（c）所示。

③ 擦去不可见部分，描深并完成作图，如图7-20（d）所示。

【例7-13】 如图7-21所示，作平板圆角（1/4圆弧）的正等轴测图。

【分析】 圆角为1/4圆弧，可用切点垂线法近似求出其轴测投影。

【作图】

① 画出平板底面未切圆角前矩形的正等测图，并根据圆角半径$R$，在底面的相应边线上量取1、2、3、4各点，过切点1、2、3、4分别作相应边线的垂线得交点$s_1$和$s_2$，如图7-21（b）所示。

② 以$s_1$、$s_2$为圆心，$s_1 1$、$s_2 3$为半径作圆弧即得到平板底面圆角的轴测图，如图7-21（b）所示。

③ 将圆心$s_1$、$s_2$分别沿$Z_1$轴方向向上平移平板厚度至$s_3$、$s_4$点，再用与底面相同的方法作圆弧，如图7-21（c）所示。

④ 擦去多余图线，加深轮廓线，完成作图，如图7-21（d）所示。

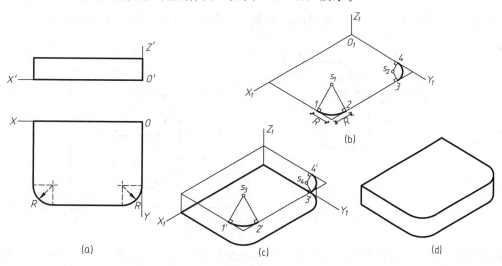

图 7-21　平板圆角的正等轴测图

### 7.2.2.5　组合体正轴测投影图的画法

【例7-14】 如图7-22（a）所示，已知组合体的两面正投影图，求作其正等测轴测图。

【分析】 该组合体是经过叠加和切割后组合而成的，可用叠加法完成底板和侧立板的正等测，再用切点垂线法完成底板圆角的正等测，圆的部分可用四心圆法完成。

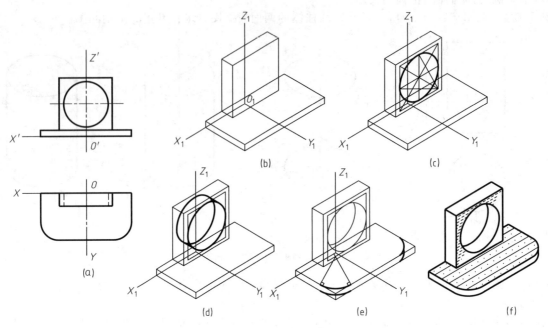

图 7-22　组合体的正等测轴测图

**【作图】**
① 在两面投影图中确定坐标轴的位置，如图 7-22（a）所示。
② 作轴测轴，作出底板和侧立板的轴测图，如图 7-22（b）所示。
③ 用四心圆法，作侧立板上圆的轴测图。先作前表面，再作后表面，如图 7-22（c）、（d）所示。
④ 作底板圆角（1/4 圆弧）的轴测图，如图 7-22（e）所示。
⑤ 擦去不可见部分，描深并完成全图，如图 7-22（f）所示。

# 7.3　斜轴测投影

轴测投影方向与轴测投影面倾斜时所形成的轴测投影称为斜轴测投影，简称斜轴测，如图 7-23 所示。

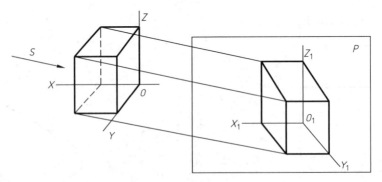

图 7-23　斜轴测投影的形成

在斜轴测投影中，一般选择轴测投影面平行于某一坐标面。这样，形体上平行于该坐标面的图形的轴测投影反映实形。常用的斜轴测投影有两种，即正面斜轴测投影和水平斜轴测投影。

## 7.3.1　正面斜轴测投影

当空间形体的坐标轴 $OX$ 轴和 $OZ$ 轴与正立的轴测投影面 $P$（即 $V$ 面）平行，即坐标面 $XOZ$ 平行于轴测投影面时，投影方向与轴测投影面倾斜成一定角度，所得到的轴测投影为正面斜轴测投影，简称正面斜轴测，其形成过程如图 7-24 所示。

#### 7.3.1.1 正面斜轴测投影的特性

（1）形体的坐标轴 $OX$ 轴和 $OZ$ 轴或平行于 $OX$ 轴和 $OZ$ 轴方向的线段的轴测投影长度不变，即 $p=r=1$。$O_1X_1$ 轴与 $O_1Z_1$ 轴的轴间角为 $90°$。也就是说：在正面斜轴测图上能反映与 $V$ 面平行的平面图形的实形。

（2）坐标轴 $OY$ 轴与轴测投影面垂直，平行于 $OY$ 轴方向的线段，其轴测投影方向和长度将随着投影方向 $S$ 的不同而变化。也就是说：正面斜轴测投影的 $O_1Y_1$ 轴与其他两轴的轴间角和轴向伸缩系数互不相关，可单独选择。为作图方便，$O_1Y_1$ 轴与水平线夹角可选 $30°$、$45°$ 或 $60°$，轴向伸缩系数 $q=p=r=1$（正面斜等测），$q=0.5$、$p=r=1$（正面斜二测）。实际工程中常用的正面斜二测的轴

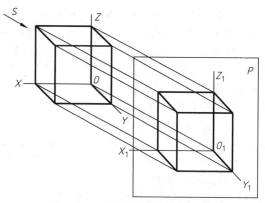

图 7-24　正面斜轴测投影的形成

间角 $\angle X_1O_1Z_1=90°$、$\angle Y_1O_1X_1$ 为 $135°$ 或 $45°$，轴向伸缩系数 $q=0.5$、$p=r=1$，如图 7-25 所示。

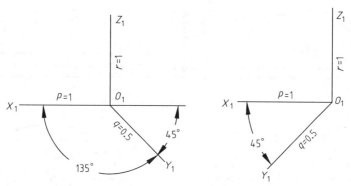

图 7-25　正面斜二测的轴间角和轴向伸缩系数

#### 7.3.1.2 正面斜轴测投影的画法

正面斜轴测一般用来表达正面形状复杂或正面圆较多的形体，如工程管道系统和小型建筑装饰构件，作图方法与前面介绍的正轴测基本相同，只是在斜轴测中的椭圆画法较麻烦，所以，当形体的三个坐标面上都有圆时，应避免选用斜轴测。

【例 7-15】　如图 7-26（a）所示，根据台阶的两面正投影，求作其正面斜二测投影。

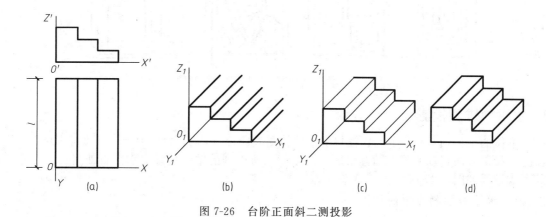

图 7-26　台阶正面斜二测投影

【作图】

① 在两面正投影图上定出坐标轴的位置。选择台阶前端面的左下角为坐标原点，如图 7-26（a）所示。

② 画轴测轴，根据已知的正立面图，画出其前端面的轴测投影，并过各转折点作 $O_1Y_1$ 轴的平行线，如图 7-26（b）所示。

③ 按 $O_1Y_1$ 轴的轴向伸缩系数在各平行线上量取 $0.5l$，连接各端点，如图 7-26（c）所示。

④ 擦除多余图线并描深，完成作图，如图 7-26 （d） 所示。

**【例 7-16】** 求作如图 7-27 （a） 所示园林栏杆的正面斜二测投影。

**【分析】** 平行于正立面的圆的斜二测仍然是圆，因此画曲面立体的斜二测时，一般都是将带有圆或圆弧的部分，放在与正立面平行的位置，以便使作图简化。

**【作图】**

① 在栏杆两面正投影图上定出坐标轴的位置，如图 7-27 （a） 所示。

② 画轴测轴，并根据对应关系画出与正立面投影图完全相同的图形，再将底板的正立面沿 $Y_1$ 轴方向平移，平移距离为 $Y$ 坐标的 1/2，如图 7-27 （b） 所示。

③ 将各圆心沿 $Y_1$ 轴方向平行移动栏杆厚度的 1/2 以确定后面各圆心的位置，再按正立面投影图中圆的半径画圆弧，如图 7-27 （c） 所示。

④ 连接可见的轮廓线并描深，完成作图，如图 7-27 （d）。

用这种方法可以很方便地绘制出常见园林建筑小品的正面斜轴测，如图 7-28 所示。

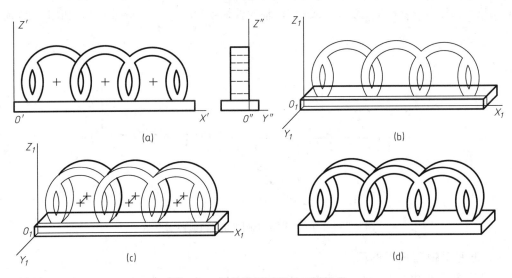

图 7-27　园林栏杆正面斜二测投影

图 7-28　园林建筑小品的正面斜轴测投影

## 7.3.2　水平斜轴测投影

当空间形体的坐标轴 $OX$ 轴和 $OY$ 轴与水平的轴测投影面（即 $H$ 面）平行，即坐标面 $XOY$ 平行于轴测投影面时，投影方向与轴测投影面倾斜成一定角度，所得到的轴测投影为水平斜轴测投影，简称水平斜轴测，其形成过程如图 7-29 所示。

### 7.3.2.1　水平斜轴测投影的特性

（1）形体的坐标轴 $OX$ 轴和 $OY$ 轴或平行于 $OX$ 轴或 $OY$ 轴方向的线段的轴测投影长度不变，即 $p=q=1$。轴间角 $\angle X_1O_1Y_1=90°$。也就是说：在水平斜轴测图上能反映与 $H$ 面平行的平面图形的实形。

（2）坐标轴 $OZ$ 轴与轴测投影面垂直，由于投影方向 $S$ 是倾斜的，轴测轴 $O_1Z_1$ 则是一条倾斜线，如图 7-30 （a） 所示。但习惯上仍将 $O_1Z_1$ 画成铅垂线，而将 $X_1O_1Y_1$ 面旋转一个角度，如 30°、45° 或 60° 等，可任意选择。$O_1Z_1$ 轴的轴向伸缩系数也可单独任意选择。为作图方便，$O_1X_1$ 轴或 $O_1Y_1$ 轴与水平线夹角可选 30°、45° 或 60°；轴向伸缩系数 $r=p=q=1$（水平斜等测），$r=0.5$、$p=q=1$（水平斜二测），如图 7-30 （b） 所示。

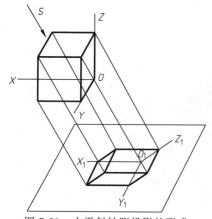

图 7-29　水平斜轴测投影的形成

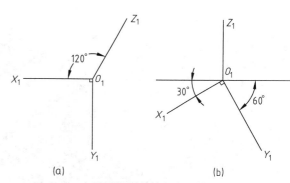

图 7-30　水平斜轴测的轴间角和轴向伸缩系数

#### 7.3.2.2　水平斜轴测投影的画法

水平斜轴测一般用来表达平面形状复杂或曲线较多的形体，如建筑小区和园林景观等。绘图时只需将水平投影图旋转一个角度（如 $30°$），然后在各个顶点按实际高度乘以 $Z$ 轴方向的伸缩系数后立高即可。

【例 7-17】　如图 7-31（a）所示为某建筑小区的局部规划平面图，求作其水平斜轴测。

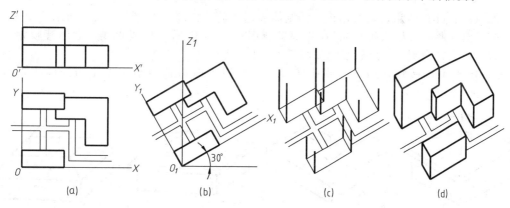

图 7-31　建筑小区局部规划平面图的水平斜轴测图

【作图】
① 将水平投影图旋转至 $O_1X_1$ 轴与水平线的夹角为 $30°$ 的位置，如图 7-31（b）所示。
② 在旋转后的各建筑物平面转角处画铅垂线，量取各建筑物的实际高度，如图 7-31（c）所示。
③ 连接顶面相关点，作出上顶面，加深图线完成作图，如图 7-31（d）所示。

# 7.4　轴测投影图的选择

绘制轴测图时，首先应选择轴测图的类型，然后还要考虑从哪个方向去观察物体，以使物体的形状特征能更充分地表达出来。

## 7.4.1　轴测图类型的选择

选择轴测图类型时，应主要考虑以下几个方面的要求。

#### 7.4.1.1　作图方法简便

① 正立面曲线多、形状复杂的形体宜选用正面斜轴测，如图 7-28 所示。
② 平面曲线多、形状复杂的形体宜选用水平斜轴测，如图 7-2 和图 7-31 所示。
③ 方正平直的形体常用正等测，如图 7-9 和图 7-32 所示。

#### 7.4.1.2　立体感强，直观效果好

① 平面上有 $45°$ 斜线的形体，如用正等测，会出现 $45°$ 线的轴测图和垂线贯穿的现象，从而表达不清

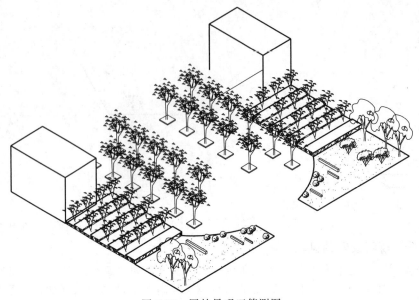

图 7-32　园林景观正等测图

楚，如图 7-33（a）、（b）所示，如改用正二测则能表达清楚，如图 7-33（c）、（d）所示。

②　有 45°斜面的形体（如八棱柱），在正等轴测图中，45°斜面积聚成直线，立体感较差，如图 7-34（a）所示。如改用正二测则立体感较强，如图 7-34（b）所示。

③　如图 7-35（a）的砖块，用正等测比例合适，如用正面斜轴测则长短比例失调，如图 7-35（b）所示。

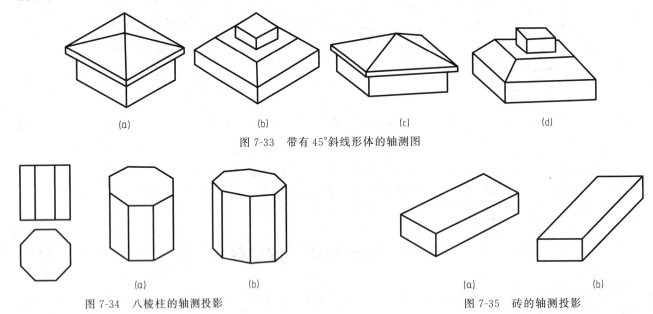

| (a) | (b) | (c) | (d) |

图 7-33　带有 45°斜线形体的轴测图

| (a) | (b) |

图 7-34　八棱柱的轴测投影

| (a) | (b) |

图 7-35　砖的轴测投影

④　圆柱会因轴测投影的种类不同而产生不同的效果，图 7-36（a）、（b）、（c）为正轴测，圆柱的变形小，图 7-36（d）、（f）为斜轴测，圆柱的变形大，只有底面为正面的斜轴测直观效果较好，且作图简便，如图 7-36（e）所示。

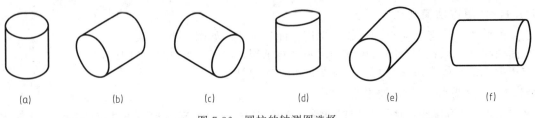

| (a) | (b) | (c) | (d) | (e) | (f) |

图 7-36　圆柱的轴测图选择

⑤ 一些形体的孔、洞、槽部分会因轴测投影的种类不同其暴露的程度也有所不同。如图 7-37（b）为形体的正等测，由于大部分圆孔被遮挡而表达不充分，图 7-37（c）、（d）分别为形体的正二测和斜二测，圆孔表现充分而直观效果好。

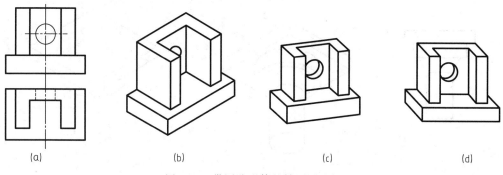

(a)　　　　　(b)　　　　　(c)　　　　　(d)

图 7-37　带圆孔形体的轴测图选择

## 7.4.2　投影方向的选择

作轴测投影时常用的投影方向有四种，如图 7-38 所示。其中，图 7-38（c）与（b）比较，相当于形体绕 $OZ$ 轴顺时针旋转 90°；图 7-38（d）与（c）比较，相当于形体绕 $OX$ 轴顺时针旋转 90°；图 7-38（e）与（d）比较，相当于形体绕 $OZ$ 轴逆时针旋转了 90°。

选择形体作轴测图时的投影方向，一方面要使形体上的主要平面或棱线不与投影方向平行（以避免转角交线成直线或出现积聚性投影），另一方面还要能较充分地表达形体的全貌（避免被遮挡）。

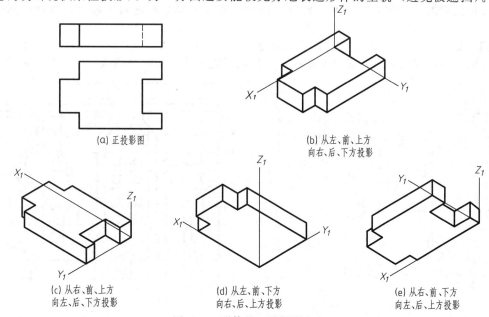

(a) 正投影图

(b) 从左、前、上方
向右、后、下方投影

(c) 从右、前、上方
向左、后、下方投影

(d) 从左、前、下方
向右、后、上方投影

(e) 从右、前、下方
向左、后、上方投影

图 7-38　形体的四种投影方向

如图 7-39（b）是从图 7-39（a）所示形体的左前上方向右后下方进行投影所得到的轴测图，比

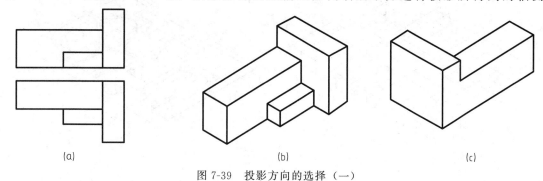

(a)　　　　　(b)　　　　　(c)

图 7-39　投影方向的选择（一）

图 7-39 （c）中从形体的右后上方向左前下方进行投影所得到的轴测图表达更充分。

图 7-40 （b）、（c）均为柱帽的正等测轴测图，但从左前下方向右后上方作投影［图 7-40 （b）］比从左前上方向右后下方作投影［图 7-40 （c）］表达更清楚。

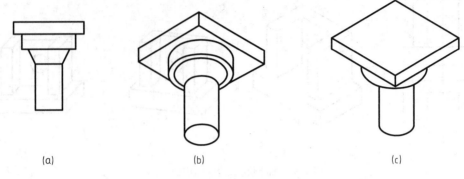

(a)　　　　　　　(b)　　　　　　　(c)

图 7-40　投影方向的选择（二）

# 7.5　轴测投影图在园林设计中的应用

由于轴测投影图能在一个投影中同时反映出形体的长、宽、高，不仅具有较好的立体感，而且还可沿图上的长、宽、高三个向度度量尺寸。所以，在园林设计实践中，对于一些较简单的园林小品，可以用轴测图代替部分正投影图，如图 7-28 所示。此外，还可以用于园林景观的效果展示，以帮助阅读正投影施工图。

【例 7-18】　如图 7-41 （a）所示，已知某园林绿地局部平面图和立面图，完成其正等测轴测图。

【分析】　从平面图可以看出，绿地中有较多不规则平面曲线，所以利用网格法绘制其轴测投影图。

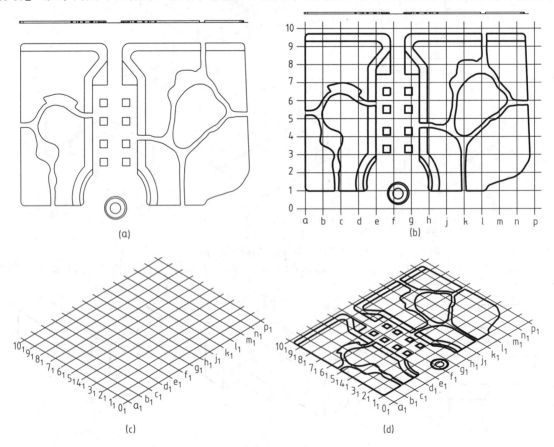

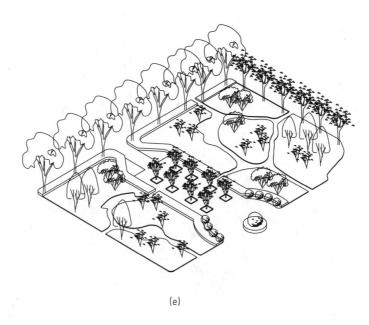

(e)

图 7-41　园林绿地正等测轴测图

【作图】

① 在已知平面图上绘制出平面网格，如图 7-41（b）所示。

② 根据正等测投影图的绘制方法，绘制出正等测网格，如图 7-41（c）所示。

③ 参照平面网格中图形与网格相交的点，在轴测网格中确定出相应点的位置，并用圆滑曲线连接起来，如图 7-41（d）所示。

④ 根据立面图，沿 Z 轴方向立出各部分高度，整理线条，并添加装饰配景，如植物、人物等，完成轴测图绘制，如图 7-41（e）所示。

【例 7-19】　如图 7-42（a）所示，已知某居住小区局部平面图，求作其水平斜轴测。

【作图】

① 如图 7-42（b）所示，将其水平投影图旋转成与水平线的夹角为 30°的位置，在旋转后的水平投影图中按各部分的实际高度立高。

② 添加配景，进行图面装饰，完成作图，如图 7-42（c）所示。

轴测投影适宜表现一些小型场景，表现效果比较独特，并且绘制方法简单，对于快速表现比较适宜，这是轴测图的优势。但由于不符合人们的视觉习惯，轴测图没有透视图效果真实，所以在园林景观中往往采用透视图表现立体效果。

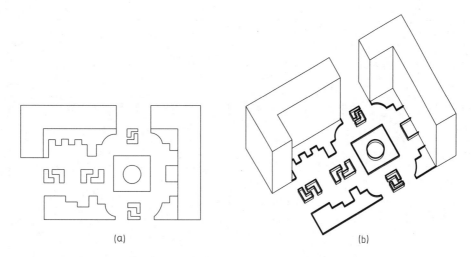

(a)　　　　　　　　　　　(b)

图 7-42

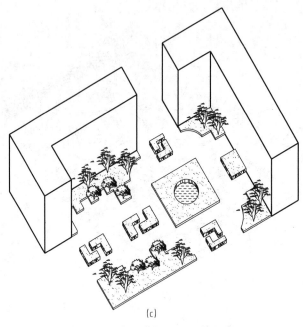

(c)

图 7-42　某居住小区水平斜轴测图

## 本章小结

　　轴测投影是根据平行投影原理绘制的具有一定立体感的单面投影图，在园林设计中可表现园林景观的立体效果。本章主要介绍了轴测投影图的类型，各种类型轴测图的参数、绘制方法及其在园林中的应用。应重点掌握常用轴测图的轴间角和轴向伸缩系数，掌握坐标法、叠加法、切割法、网格法等轴测投影图的作图方法，以及各种类型轴测图的特点及其选择方法。

## 思　考　题

　　1. 简述轴测投影的形成过程及特性。
　　2. 轴测投影图分为哪几类。
　　3. 什么是轴间角和轴向伸缩系数？正等测图和正二测图的轴间角和轴向伸缩系数各是多少？
　　4. 轴测投影图有哪些基本画法？分别适用于哪些形体？
　　5. 如何选择轴测图的类型和投影方向？

**第8章**

# 标高投影

　　园林设计中地形的布置与处理是一项主要内容。由于在实际工程中，地形往往是起伏不平、复杂多变且无规则的形状，采用前面章节中所述的投影方法都难以表达清楚，而标高投影法是适用于表达地形面和复杂曲面的一种投影方法。本章在介绍点、线、面标高投影的基础上，主要介绍建筑物与水平地面、建筑物与地形面交线的求解方法。

## 8.1　标高投影的基本知识

　　标高投影法是采用水平投影并标注特征点、线、面的高度数值来表达空间形体的方法，它是一种标注高度数值的单面正投影。如图 8-1（a）所示，形体 $A$ 高于水平基面 $H$ 面 10 个单位，形体 $B$ 高于 $H$ 面 6 个单位，分别用高程数字 10 和 6 以及两形体的水平投影即可表达它们的形状，如图 8-1（b）所示。

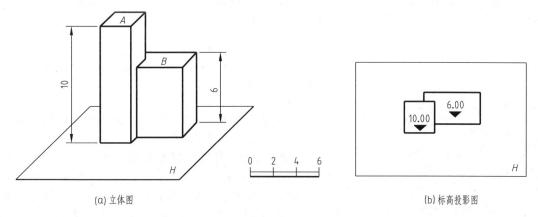

(a) 立体图　　　　　　　　　　　(b) 标高投影图

图 8-1　标高投影的基本概念

　　在园林设计与工程中标高投影的应用十分广泛。园林中的地形骨架、山水布局和地貌小品以及它们之间的外观形状、相对位置、比例尺度、高低大小、坡度高程等复杂的地面和曲面关系一般都是通过标高投影的方法来表示。

## 8.2　点、直线和平面的标高投影

　　园林设计中的要素都可看作是由最基本的几何要素点、直线和平面组合而成。因此，与研究前面的投影方法一样，研究标高投影也必须从点、线、面这些基本几何要素入手。

### 8.2.1　点的标高投影

　　如图 8-2（a）所示，设 $H$ 面为基准面，它的标高为零，则高于 $H$ 面的点的标高为正值，低于 $H$ 面的点的标高为负值，在 $H$ 面上的点的标高为零。图中 $A$ 点在 $H$ 面的下方 5 个单位，$B$ 点在 $H$ 面的上方 2 个单位，$C$ 点在 $H$ 面内。作出 $A$ 点在 $H$ 面上的正投影，并在表示正投影的字母右下角注明该点距离 $H$ 面的高度 $-5$，$a_{-5}$ 即为 $A$ 点的标高投影。同理可得 $B$ 点和 $C$ 点的标高投影分别为 $b_2$ 和 $c_0$。

图 8-2 (b) 为点 $A$、$B$、$C$ 的标高投影图，根据三点的标高投影可分别从三点作垂直于 $H$ 面的射线，并在射线上量取相应的数值，由此即可确定 $A$、$B$、$C$ 三点的空间位置。

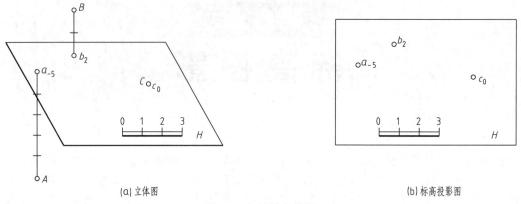

(a) 立体图　　　　　　　　　　　　　　　(b) 标高投影图

图 8-2　点的标高投影

在标高投影图中必须有比例尺及其长度单位，也可像建筑图一样给出比例（如 1∶50 等）。由于常用的标高单位为米（m），所以，图上的比例尺无需注明"m"字。在园林工程中，标高投影一般采用与测量一致的标准海平面作为基准面。

## 8.2.2　直线的标高投影

### 8.2.2.1　直线的坡度和平距

直线上任意两点的高度差 $H$ 与其水平距离 $L$ 之比称为该直线的坡度，用符号 $i$ 表示，即坡度 $i=H/L$。上式表示两点间的水平距离为 1 单位时两点间的高度差即等于此直线的坡度。

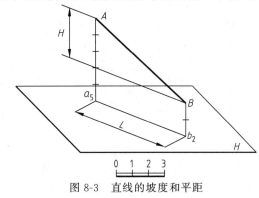

图 8-3　直线的坡度和平距

如图 8-3 所示，$H=(5-2)\text{m}=3\text{m}$，用比例尺量得 $L=6\text{m}$，则直线 $AB$ 的坡度 $i=H/L=3/6=1∶2$。

当直线 $AB$ 上任意两点的高差为 1 单位时，此两点的水平距离称为该直线的平距，用符号 $l$ 表示。即平距 $l=L/H$。

由上式可知，坡度和平距互为倒数。坡度越大，平距越小；坡度越小，则平距越大。

### 8.2.2.2　直线的标高投影表示法

直线的位置由直线上两点或直线上一点以及该直线的方向确定。因此，直线的标高投影可用以下两种方法表示。

① 用直线上两点的标高投影连线表示。如图 8-4（a）所示，点 $A$ 的标高投影为 $a_{20}$，点 $B$ 的标高投影为 $b_9$，则直线 $AB$ 的标高投影为 $a_{20}b_9$。

② 用直线上一点的标高投影与直线的坡度及方向表示。如图 8-4（b）所示，直线 $AB$ 的标高投影用 $a_{20}$ 和坡度 1∶3 及箭头表示，箭头的指向表示下坡方向。

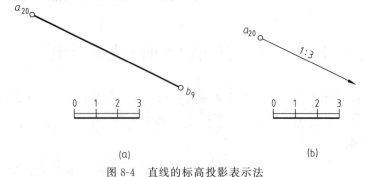

(a)　　　　　　　　　　　　　　　(b)

图 8-4　直线的标高投影表示法

### 8.2.2.3　直线的整数标高点

直线的整数标高点，是指在直线的标高投影上确定各整数标高点。如图 8-5 所示，直线 $AB$ 的标高投

影为 $a_{8.2}b_{3.6}$，求直线 $AB$ 的整数标高点。为此，作 7 条与 $a_{8.2}b_{3.6}$ 平行且等距的整数标高直线，并把最低的一条作为标高为 3 单位的整数标高线，把最高的一条作为标高为 9 单位的整数标高线。从点 $a_{8.2}$ 和 $b_{3.6}$ 分别引垂线并在垂线上分别按标高值 8.2 和 3.6 定出点 $A$ 和点 $B$ 的位置，线段 $AB$ 与各整数标高线的交点即为直线 $AB$ 上的整数标高点。再把它们向 $a_{8.2}b_{3.6}$ 作垂线，即得到各整数标高点的投影。

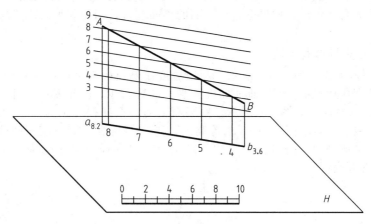

图 8-5  直线的整数标高点

【例 8-1】  如图 8-6 所示，已知一直线上 $A$、$B$ 两点的标高投影 $a_2$、$b_{10}$，$C$ 点的标高投影为 $c$，求 $C$ 点的标高。

【作图】  由图可知，$H_{AB}=10-2=8$；$L_{AB}=12$（用所给比例尺量得）。因此，$i=8/12=1/1.5$，又量得 $L_{BC}=5$，设 $C$ 点的标高值为 $h_c$，则 $1/1.5=(10-h_c)/5$，因此 $C$ 点的标高 $h_c=6.6$。

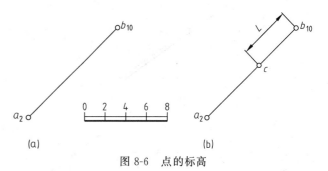

图 8-6  点的标高

## 8.2.3  平面的标高投影

### 8.2.3.1  平面上的等高线和坡度线

（1）平面上的等高线

平面上的水平线叫做平面上的等高线，也就是该平面与水平面的交线或者该平面与水平面平行面的交线。在实际应用中，常取平面上整数标高的水平线为等高线，并把该平面与基准面的交线定为高程为零的等高线。如图 8-7（a）所示，平面 $P$ 内的直线 0、1、2、3、4 表示平面上的等高线。

平面上的等高线具有下述特性：
① 等高线是直线；
② 等高线互相平行；
③ 等高线的平距相等。

（2）平面上的坡度线

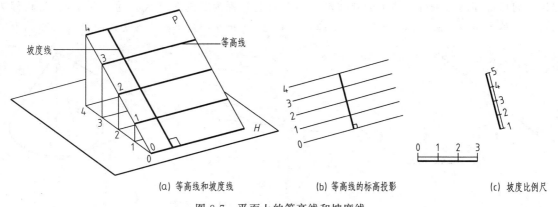

(a) 等高线和坡度线            (b) 等高线的标高投影            (c) 坡度比例尺

图 8-7  平面上的等高线和坡度线

如图 8-7（a）所示，平面 $P$ 内对基准面 $H$ 的最大斜度线称为坡度线，其方向与等高线垂直。坡度线与水平面之间的夹角称为该平面的倾角，其数值等于坡度线的坡度，因此坡度线的坡度也称作该平面的坡度。图 8-7（b）是平面上等高线的标高投影，平面内的水平线相互平行，则等高线的投影也相互平行。

（3）平面的坡度比例尺

坡度比例尺的表示方法如图 8-7（c）所示，它是平面 $P$ 上最大坡度线的投影。一般将其表示为一粗一细的双线并附以整数标高。坡度比例尺垂直于平面的等高线，且当相邻等高线的高差相等时，其水平距离也相等。

### 8.2.3.2 平面的标高投影表示法

① 用坡度比例尺表示平面 如图 8-8 所示，利用坡度比例尺确定平面的唯一位置与方向。过坡度比例尺各整数标高点做坡度比例尺的垂线，即求得互相平行的等高线，以此表示平面。

② 用两条等高线表示平面 如图 8-9 所示，用平面上的两条高程分别为 16、20 的等高线表示平面，并可求其它高程的等高线。如若求高程为 18 的等高线，则在等高线 16、20 之间做坡度线 $ab$，并将其分为四等份，各等分点即是该平面上高程为 17、18、19 的点。过高程为 18 的点做高程为 16 的等高线的平行线，即得高程为 18 的等高线。

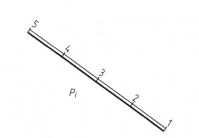

图 8-8 用坡度比例尺表示平面

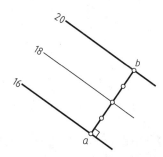

图 8-9 用两条等高线表示平面

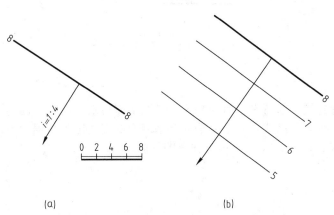

图 8-10 用一条等高线和平面的坡度表示平面

③ 用一条等高线和平面的坡度表示平面 如图 8-10（a）所示，用平面上的一条高程为 8 的等高线和坡度为 $1:4$ 的坡度线表示该平面。求作该平面上高程为 7、6、5 的等高线时，在坡度线上自高程为 8 的点顺着箭头方向按图中所给坡度的倒数截取平距，即由 $i=1:4$ 得 $L=4$，截得三个点，再过各截点做高程为 8 的等高线的平行线，即得所求，如图 8-10（b）所示。

④ 用一条直线和平面的坡度表示平面 如图 8-11（a）所示，用平面上的一条倾斜线 $b_2a_6$ 和该平面的坡度 $i=1:0.5$ 表示平面。若求平面上高程为 2 的等高线，可由该平面

上高程相等的点都在同一条等高线上的规律求得。平面上高程为 2 的等高线必通过 $b_2$，$a_6$ 与高程为 2 的等高线之间的水平距离 $L_{AB}=H/i=(6-2)/(1:0.5)=2$。在 $a$ 点以 $R=2$ 为半径向平面的倾斜方向画圆

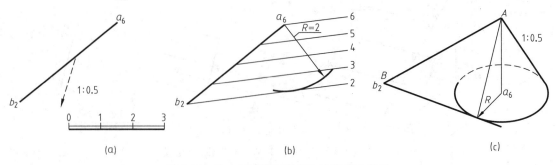

图 8-11 用一条直线和平面的坡度表示平面

弧，过 $B$ 点做圆弧的切线，如图 8-11 （c）所示，则该切线即为高程为 2 的等高线。如图 8-11 （b）所示，把 $b_2a_6$ 分成四等份，等分点分别为直线上高程为 5、4、3 的点，再过各等分点做直线平行于高程为 2 的等高线，即可得平面上高程为 5、4、3 的等高线。

### 8.2.3.3 两平面的相对位置

（1）两平面平行

当两平面平行时，它们的坡度比例尺相互平行，且其间距相等，标高数字大小方向一致，如图 8-12 所示。

（2）两平面相交

当两平面相交时，需要确定它们交线的标高投影。一般采用辅助平面法，如图 8-13 （a）所示，求两平面 $R$ 与 $S$ 的交线时，将等高面 $H_{20}$ 和 $H_{17}$ 作为辅助平面，则面 $H_{20}$ 与已知平面的交线分别是平面 $R$、$S$ 上高程为 20 的等高线，两条等高线的交点 $A$ 为平面 $R$、$S$ 的共有点。同理可得平面 $R$、$S$ 的

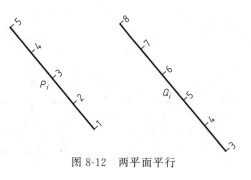

图 8-12　两平面平行

共有点 $B$。连接 $AB$，即得平面 $R$、$S$ 的交线。两平面 $R$ 与 $S$ 的交线 $AB$ 的标高投影 $ab$，如图 8-13 （b）所示。

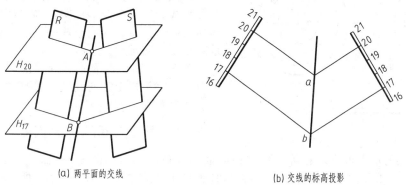

(a) 两平面的交线　　　　　　　　(b) 交线的标高投影

图 8-13　两平面相交

【例 8-2】　如图 8-14 （a）所示，已知某平面内三个点的标高投影 $a_{8.5}$、$b_2$、$c_{5.2}$，求该平面的坡度比例尺 $P_i$。

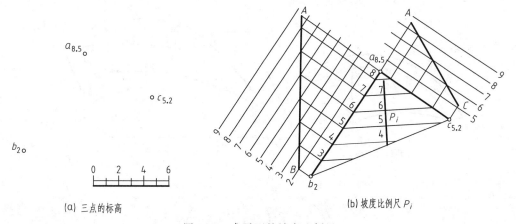

(a) 三点的标高　　　　　　　　　　(b) 坡度比例尺 $P_i$

图 8-14　求平面的坡度比例尺

【分析】　坡度比例尺由两要素组成，其上的整数标高点与方向。求解二者都必须且仅需求出该平面的等高线即可。

【作图】

① 如图 8-14 （b）所示，连接 $a_{8.5}$、$b_2$、$c_{5.2}$ 三点。

② 做一组平行于 $a_{8.5}b_2$ 的 8 条等距平行线。

③ 自点 $a_{8.5}$ 和 $b_2$ 引垂线垂直于该组平行线。按照图中比例尺，分别依据 $a$、$b$ 两点的标高 8.5 和 2 在垂线上定位 $A$、$B$ 两点，连接 $AB$ 即为实长。

④ 过直线 $AB$ 与各平行线的交点向 $a_{8.5}b_2$ 引垂线，可得直线 $AB$ 上的各整数标高点的投影。

⑤ 同理可得直线 $AC$ 上各整数标高点在 $a_{8.5}c_{5.2}$ 上的投影。

⑥ 连接 $a_{8.5}b_2$ 与 $a_{8.5}c_{5.2}$ 上相对齐的各高程相等的点，即得到该平面的等高线。

⑦ 垂直等高线的方向即为比例尺的方向，在比例尺上标注整数标高点即为所求 $P_i$。

# 8.3 曲面的标高投影

园林设计中所涉及的地形往往是曲面。表达曲面的地形时通常用一组等间距的水平面截割曲面，由此得到一系列等高线。在标高投影中，用这些等高线来表示曲面。

## 8.3.1 正圆锥面的标高投影

如图 8-15（a）所示，表示正圆锥及其标高投影。通过一系列高程为整数的水平面与正圆锥相截，所得的一系列截交线均为间距相等的同心圆，即为正圆锥面上的等高线。在等高线上注明标高，即可得到正圆锥面的标高投影，注意还应同时注明锥顶标高，否则无法区分是圆锥还是圆锥台。

图 8-15（b）表示的是倒圆锥面及其标高投影，高程数字的字头规定朝向高处。等高线的高程值越大，圆的直径也越大。

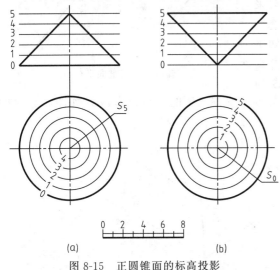

图 8-15 正圆锥面的标高投影

## 8.3.2 同坡曲面的标高投影

如果曲面上各点的最大坡度均相等，称这种曲面为同坡曲面。如图 8-16（a）所示，一弯曲斜坡道，其边坡曲面上任何地方的最大坡度都相同。该同坡曲面的形成方法如图 8-16（b）所示，正圆锥的锥顶沿空间曲线 $AB$ 运动，在运动过程中，圆锥顶角不变，轴线始终垂直于水平面，则所有这些正圆锥的包络面就是同坡曲面。该同坡曲面的标高投影如图 8-16（c）所示。

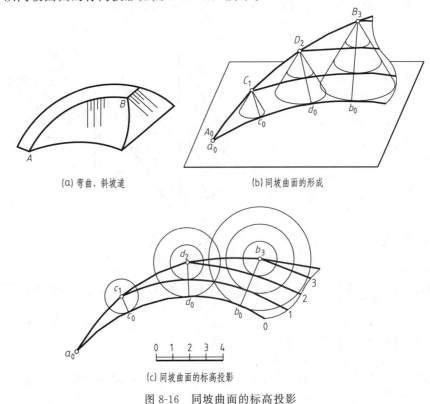

(a) 弯曲、斜坡道

(b) 同坡曲面的形成

(c) 同坡曲面的标高投影

图 8-16 同坡曲面的标高投影

同坡曲面具有以下特性：

① 运动的正圆锥在任何位置都和同坡曲面相切。

② 两曲面相切，用同一水平面截切两曲面，截得的交线在水平面上的投影也相切。

③ 运动的正圆锥的坡度就是同坡曲面的坡度。

### 8.3.3 地形面的标高投影

园林中的地形面大多是不规则的曲面。如图 8-17（a）所示，用一组等间距的水平面切割小山丘，可获得一系列的等高线。用该组等高线来表示地形面，如图 8-17（b）所示。

地形面上的等高线具有以下特性：

① 等高线一般是封闭曲线；

② 等高线越稠密表示地势越陡峭，反之越平缓；

③ 除悬崖绝壁的地方外，等高线不相交。

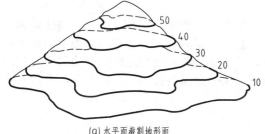

(a) 水平面截割地形面

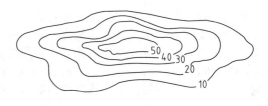

(b) 地形面的标高投影

图 8-17　地形面的标高投影

画出地形等高线的水平投影，并注明每条等高线的高程，就得到地形面的标高投影，这种图称为地形图，如图 8-18 所示。图中每隔四根等高线就有一条画得较粗的等高线，其上标注标高数字，单位为 m，这一等高线称为计曲线。按规定标高数字应指向上坡注写。

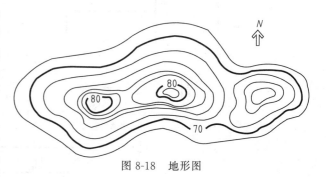

图 8-18　地形图

如图 8-19 所示，用铅垂面切割地形面，切平面与地形面的截交线就是地形断面，标注相应的图例即为地形断面图。断面处地势的起伏情况可由断面图形象地反映出来。

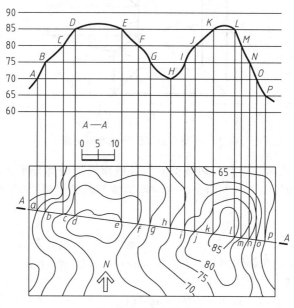

图 8-19　地形断面图

作图方法如下：

① 以 $A—A$ 剖切线的水平距离为横坐标，以高程为纵坐标，按照图中比例尺画一组水平线。

② 自剖切线 $A—A$ 与地面等高线的交点 $a$，$b$，$c$，…，$p$ 向该组水平线引铅垂线。

③ 在相应的水平线上定出 $A$、$B$、$C$…各点。

④ 光滑连接各点，标注相应的图例，即为 $A—A$ 断面图。

# 8.4 建筑物与地面的交线

园林设计中的地形可分为水平地面和起伏不平的曲面，依据地形的复杂程度不同，建筑物与地面的交线求解方式也不同。

## 8.4.1 建筑物与水平地面的交线

建筑物的表面可以是平面、圆锥面及同坡曲面等，它们与水平地面的交线是一条等高线，因此求建筑物与水平地面的交线，实际是画出建筑物表面上相应的等高线。实际工程中把建筑物相邻两坡面的交线称作坡面交线，填方形成的坡面与地面的交线称作坡脚线，挖方形成的坡面与地面的交线称作开挖线。

【例 8-3】 如图 8-20（a）所示，在高程为 4m 的地面上建一台顶高程为 7m 的平台，平台一侧有一条自地面通向台顶的斜坡引道，试求坡脚线和坡面交线。

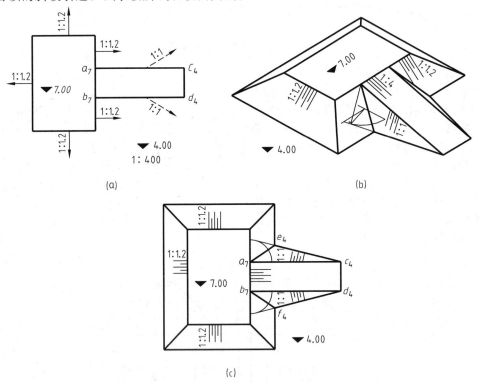

图 8-20 平台的坡脚线与坡面交线

【分析】 如图 8-20（b）所示，平台与斜坡引道的各坡面及地面都是平面，因此所求的坡脚线和坡面交线都是直线。求解的内容为做出平台上四个坡面的坡脚线和斜坡引道两侧两个坡面的坡脚线以及它们之间的坡面交线。

【作图】

（1）求平台坡脚线。如图 8-20（c）所示，根据台顶与台底的高程差 3m 及平台坡面的坡度，求得平台坡面坡脚线及其与平台顶面的水平距离 $L=H/i=3\text{m}/(1:1.2)=3.6\text{m}$。

（2）求斜坡引道坡面坡脚线，求法同图 8-11。

① 分别以 $a_7$ 点、$b_7$ 点为圆心，以 $L=H/i=3\text{m}/(1:1)=3\text{m}$ 为半径画圆弧。

② 通过点 $c_4$、$d_4$ 分别做圆弧的切线，交平台坡脚线于点 $e_4$、$f_4$，连接 $e_4 f_4$ 即为所求坡脚线。

（3）求坡面交线。连接平台相邻两坡面上高程为 4m 的等高线的交点和高程为 7m 的等高线的交点，即为平台两坡面的交线。分别连接 $a_7e_4$ 和 $b_7f_4$，即为所求坡面交线。

（4）画出各坡面的示坡线并注明坡度。

【例8-4】 在土坝与河岸的连接处用圆锥面护坡，河底高程为 200m，土坝、河岸、圆锥台顶面高程为 210m，各坡面坡度如图 8-21（a）、（b）所示，求坡脚线及各坡面交线。

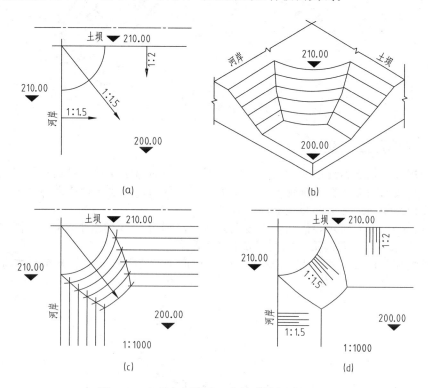

图 8-21 土坝与河岸坡面的坡脚线与坡面交线

【分析】 土坝与河岸的连接处是圆锥坡面，圆锥面的坡脚线是圆弧线，河岸与圆锥面的交线和土坝与圆锥面的交线同样为圆弧线。

【作图】

（1）求坡脚线。如图 8-21（c）所示，土坝和河岸的坡脚线与同一坡面上的等高线平行，且高程为 200m。

① 水平距离 $L_1=H/i=(210-200)\text{m}/(1:1.5)=15\text{m}$，$L_2=H/i=(210-200)\text{m}/(1:2)=20\text{m}$。

② 圆锥护坡的坡脚线圆弧与圆锥台顶圆弧在同一圆锥面上，它们的投影是同心圆，因此圆锥面坡脚线的投影与圆锥台顶圆弧的水平距离 $R=H/i=(210-200)\text{m}/(1:1.5)=15\text{m}$。

（2）求坡面交线。

① 在相邻坡面上做出相同高程的等高线，同高程等高线的交点是两坡面的共有点。

② 用光滑曲线分别连接相邻两坡面的同高程等高线的共有点，如图 8-21（c）所示。

（3）如图 8-21（d）所示，画出各坡面的示坡线并注明坡度。

【例8-5】 如图 8-22（a）所示，已知一条高程为 2m 的弯道与高程为 6m 的干道相接，弯道与干道的边坡坡度均为 1:1，求坡脚线和坡面交线。

【分析】 弯道两侧的边坡是同坡曲面，干道边坡是平面，因此只需做出同坡曲面的等高线即可。

【作图】

① 求干道坡脚线。平面坡脚线与干道边界线平行，水平距离 $L=H/i=(6-2)\text{m}/(1:1)=4\text{m}$。

② 求弯道坡脚线。如图 8-22（b）所示，在弯道的两侧路线上分别取相应的整数标高点并连接得等高线 0、1、2 和 3，以各整数标高点为圆心，按图中比例尺分别以 1m、2m、3m 和 4m 为半径在弯道两侧画圆弧，作曲线与各圆弧相切，该曲线即为弯道面侧边坡的坡脚线。

③ 求坡面交线。分别做出干道坡面和弯道边坡上同高程的等高线。连接相邻坡面上同标高的等高线的交点，即为所求。

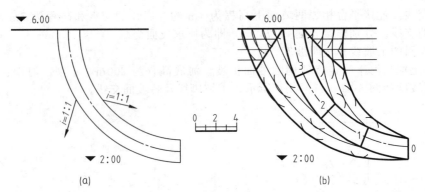

图 8-22　弯道与干道的坡脚线与坡面交线

## 8.4.2　建筑物与地形面的交线

在标高投影中用等高线表示地形面，当地形面由不规则的曲面组成时，对建筑物与地形面的交线进行求解，即需根据等高线的高差，在建筑物坡面上做出相应的等高线，建筑物坡面与地形面上高程相同的等高线的交点，即为建筑物与地形面的交线上的共有点。

【例 8-6】　如图 8-23（a）所示，需在一山坡上修建一高程为 30m 的水平场地，填方坡度均为 1：1.5，挖方坡度均为 1：1，求各边坡与地形面的交线及各坡面交线。

【分析】　所求场地与地形面共形成 6 个坡面，3 个坡面为填方形成，3 个坡面为挖方形成。对于填方

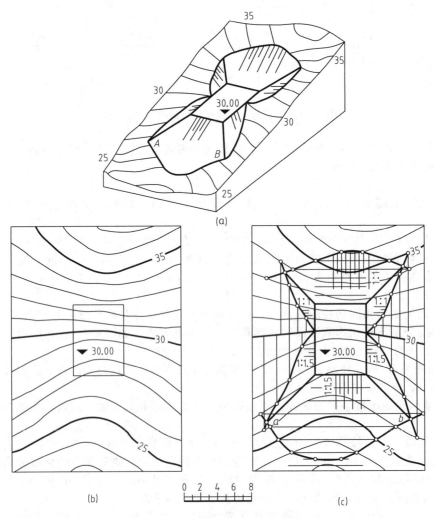

图 8-23　建筑物与地形面的交线

形成的坡面，需要确定 3 条坡脚线及 2 条坡面交线；对于挖方形成的坡面，需要确定 3 条开挖线及 2 条坡面交线。

【作图】

① 如图 8-23（b）所示，相邻等高线的高程差为 1m，可得坡面上相邻等高线的高差为 1m。由填方坡度均为 1∶1.5，得相邻等高线的水平距离 $L=H/i=1\text{m}/(1∶1.5)=1.5\text{m}$，同理可得挖方坡面相邻等高线的水平距离为 1m。

② 求填方坡面的坡脚线及坡面交线。如图 8-23（c）所示，画出填方坡面的等高线，用光滑曲线依次连接坡面上和地形面上相同高程等高线的交点，该曲线即为所求的坡脚线。坡脚线相交于 $a$、$b$ 两点，则场地的两个角点分别与点 $a$、$b$ 的连线即为坡面交线。

③ 挖方坡面的坡脚线及坡面交线求法与填方坡面相同，如图 8-23（c）所示。画出各坡面的示坡线并注明坡度。

=== 本 章 小 结 ===

本章以点、线、面的标高投影为基础，结合实例，对园林中经常遇到的复杂多变的地形利用与设计进行了较为详细的求解，其中包括平面与曲面的处理以及建筑物与多种地形面的相交处理，以便于在园林设计与施工中处理各园林要素之间的高程关系。

=== 思 考 题 ===

1. 简述标高投影的概念。
2. 在标高投影中表示直线与平面的方法有哪些？。
3. 什么是直线的坡度和平距？它们之间有何关系？
4. 什么是平面的等高线和坡度？
5. 如何求作建筑物与水平地面的交线和坡面交线？
6. 如何求作建筑物与地形面的交线？

# 第9章
# 透 视 投 影

## 9.1 透视投影的基本知识

在日常生活中，我们会有这样的感觉，许多同样的物体看起来却近大远小，近高远低，近长远短，相互平行的直线会在无限远处交于一点，如图9-1所示，这种现象称为透视现象。

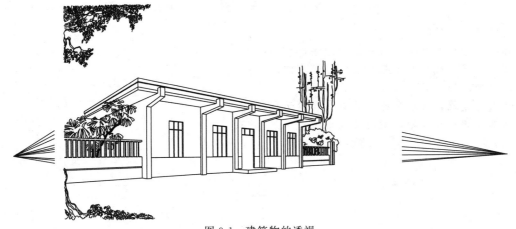

图 9-1 建筑物的透视

### 9.1.1 透视图的形成及其在园林设计中的作用

#### 9.1.1.1 透视图的形成

从投影理论的角度来说，透视投影就是以人眼为投影中心、以视线为投影线的中心投影。透视图实际上就是由人眼引向物体的视线（直线）与画面（平面）的交点集合所形成的视图，如图9-2所示。这与物体在人眼视网膜上形成景象的原理是一致的，如图9-3所示。因此，透视图符合人的视觉印象，立体感强，形象生动逼真，看图时使人有身临其境、目睹实际景物的感觉。

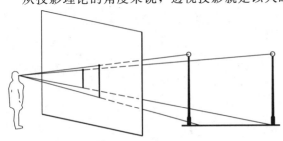

图 9-2 透视图的形成

#### 9.1.1.2 透视图在园林设计中的作用

透视图常用来表现园林景物空间的艺术效果。在园林规划设计过程中，特别是在初步设计阶段，为了表现工程竣工后的效果，需要根据抽象的平、立面图画出形象逼真的透视图。一方面可供设计者研究、分析设计对象的整体效果，进行各种方案的比较、修改和选择确定；另一方面，还可以让人们直观地领会设计意图，提出意见和建议，有利于设计方案的完善。

### 9.1.2 透视图的特点

① 根据中心投影原理绘制 透视图根据中心投影原理绘制，投影线集中交于一点（投影中心），而且

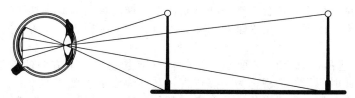

图 9-3　观察物体时视网膜上的成像情况

一般不垂直于投影面。

② 单面投影图　透视图是单面投影图，形体的三维尺度同时反映在一个投影面（画面）上。

③ 立体感强　透视图形象逼真、立体感强，符合人的视觉印象。

④ 不反映实形　透视图有近大远小等透视变形，一般不反映形体的真实形状，形体的尺寸不能根据透视图直接度量，故这种图样在工程上不作为正式施工的依据，仅作为辅助图样。

### 9.1.3　透视作图名词术语及符号

从几何作图角度看，作透视图就是求作直线（视线）与平面（画面）的交点。而在作图过程中，要涉及一些特定的术语及符号，弄清它们的确切含义及其相互关系，将有助于理解透视的形成过程，掌握作图方法。透视图的基本名词术语（图 9-4）介绍如下。

① 基面（G）　景物所在的水平面。通常将绘有景物平面图的投影面 H 作为基面。

② 画面（P）　透视图所在的平面，处于人眼和景物之间，一般为铅垂位置。

一般情况下，画面与基面相互垂直，所以可将它们看成是两投影面体系，画面相当于 V 面，基面相当于 H 面。

③ 基线　画面与基面的交线。在画面上以字母 g-g 表示，在基面上以 p-p 表示。它们还分别表示基面（画面）在画面（基面）上的积聚投影。

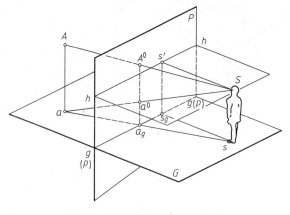

图 9-4　透视作图基本名词术语

④ 视点（S）　人眼所在的空间位置，即投影中心。

⑤ 心点（$s'$）　位于画面上，是视点在画面上的正投影。

⑥ 视线　从投影中心发出的投影线，即视点与形体上点的连线。

⑦ 中心视线（$Ss'$）　垂直于画面的视线，即视点与心点的连线，又称主视线。

⑧ 视平面　过视点所作的平面。

⑨ 水平视平面　过视点所作的水平面。它经过中心视线，当画面为铅垂面时垂直于画面。

⑩ 视平线（h-h）　位于画面上，是水平视平面与画面的交线。当画面为铅垂面时，视平线为一条过心点 $s'$ 的水平线。

⑪ 站点（s）　观察者观看景物时的站立位置，即视点在基面上的正投影。

⑫ 视高（Ss）　视点到基面的垂直距离，相当于人眼的高度。当画面为铅垂面时，视平线与基线间的距离反映视高。

⑬ 视距（$Ss'$）　视点到画面的垂直距离，即中心视线的长度。当画面为铅垂面时，站点到基线的距离反映视距。

⑭ 基点　空间点在基面上的正投影，称为空间点的基点。作透视图时，可把景物的水平投影看作是基点的集合。

### 9.1.4　透视图的类型

#### 9.1.4.1　根据物体（或景物）长、宽、高三个方向的主要轮廓线相对于画面的位置分类

将物体（或景物）放置在基面上，即它的一个坐标面（如 XOY 面）在基面上。在此情况下，物体与画面的相对位置不同，可产生以下三种透视图：

① 一点透视（平行透视）　如图 9-5 所示，当物体（或景物）三个方向的轮廓线中有一个与画面相交，另两个与画面平行，此时所作的透视称为一点透视，又称为平行透视。

一点透视的图像平衡、稳重，适合表现一些气氛庄严、横向场面宽广或纵深较大的景物，以及较大且对称的景物，如政府大楼、图书馆、纪念堂及门廊、入口、室内透视等，如图9-6为某园林建筑的一点透视图。

　　② 两点透视（成角透视）　如图9-7所示，当物体（或景物）三个方向的轮廓线中有两个与画面相交，一个与画面平行，此时所作的透视称为两点透视，又称为成角透视。

　　两点透视的效果真实自然，易于变化，适合表达各种环境和气氛的建筑物或外景，是运用最普遍的一种透视图，如图9-8为某建筑物的两点透视图。

　　③ 三点透视（倾斜透视）　如图9-9所示，当画面倾斜于基面，物体（或景物）三个方向的轮廓线均与画面相交，此时所作的透视称为三点透视，又称为倾斜透视。

　　三点透视的三度空间表现力强，竖向高度感突出，适用于表现高大、雄伟的建筑物的透视，图9-10为某高层建筑的三点透视图。由于三点透视的作图复杂且应用较少，故本书不做介绍。

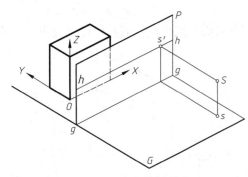

图9-5　一点透视的形成

图9-6　一点透视图实例
（引自窦弈，《园林小品及园林小建筑》，2007）

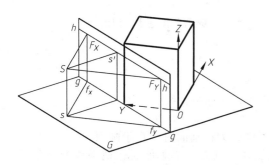

图9-7　两点透视的形成

图9-8　两点透视图实例

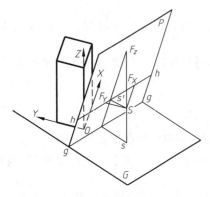

图9-9　三点透视的形成

图9-10　三点透视图实例

#### 9.1.4.2　根据视点的高度分类

① 常视高透视　根据正常视点位置所作的透视称为常视高透视。其中站立观看时视高一般取 1.5～1.9m；坐姿观看时视高取 1.0～1.3m。常视高透视适用于局部和单一空间的景物，如图 9-6 所示。

② 俯视透视　视点高于建筑物（或景物）顶面时所作的透视称为俯视透视，也称鸟瞰图。鸟瞰图一般用于表现一些规模较大的建筑群体或景物，以充分显示建筑与建筑之间、建筑与周围环境之间的关系，如广场、公园总体平面图等。图 9-11 为某游园鸟瞰图。

③ 仰视透视　视点低于建筑物（或景物）时所作的透视称为仰视透视。常用于从下面（如山脚）仰望上面（山上）景物的透视，如图 9-12 所示。

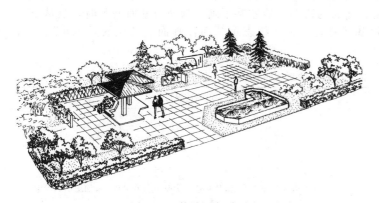

图 9-11　某游园鸟瞰图
（引自窦弈，《园林小品及园林小建筑》，2007）

图 9-12　仰视透视
（引自区伟耕，《园林景观设计资料集》，2002）

# 9.2　空间几何要素的透视

　　一般景物都可看作是由最基本的几何要素点、线和面组合而成。因此，与研究正投影一样，研究形体透视的基本规律，也必须从点、线、面这些基本几何要素的透视规律入手。

## 9.2.1　点的透视

　　点的透视即过该点的视线与画面的交点，本书规定，点的透视用相同于空间点的字母并于右上角加"$^0$"来标记，如点 A 的透视为 $A^0$。点 A 的基点 a 的透视，称为点 A 的基透视（次透视）。点的基透视用与空间点相应的小写字母并于右上角加"$^0$"来标记，如点 A 的基透视为 $a^0$。

### 9.2.1.1　点的透视原理分析

　　空间点的透视，通常应用正投影法通过求作过该点的视线与画面的交点而得。根据点的透视概念和正投影的从属性，空间点的透视分析如下（图 9-13）。

　　① 点 A 的透视 $A^0$ 位于过点 A 的视线 SA 的画面正投影 $s'a'$ 上。

　　② 点 A 的基透视 $a^0$ 位于过基点 a 的视线 Sa 的画面正投影 $s'a_x$ 上。

　　③ 点 A 的透视 $A^0$ 与其基透视 $a^0$ 的连线垂直于基线，垂足为视线 SA 的基面投影 sa 与基线的交点 $a_p(a_g)$。由于平面 SAa 与画面 P 均为铅垂面，其交线 $A^0a^0$ 必为铅垂线，垂足即为两铅垂面基面投影的交点 $a_p(a_g)$。

### 9.2.1.2　点的透视规律

　　通过上述分析可以得出点的透视基本规律。

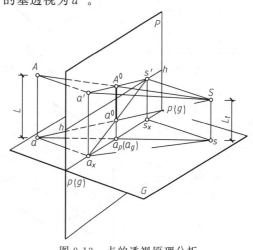

图 9-13　点的透视原理分析

规律一：点的透视仍然是点。

规律二：点的透视与基透视始终在一条铅垂线上，它们之间的距离称为点的透视高度。

### 9.2.1.3 不同位置点的透视特性

点在画面与基面所形成的投影面体系中的位置不同，其透视的特性也不同。表 9-1 为几种常见位置点的透视特性。

### 9.2.1.4 点的透视作图方法

正投影法是利用视点和空间点在基面和画面上的正投影求作点的透视的方法。

作图时，为清晰起见，常将画面和基面分开绘制，即先将透视体系中的表现对象向画面和基面作正投影，然后使画面保持不动，将基面绕基线 $g$-$g$ 向下旋转 90°后，再将两面分开，并展开到同一个平面上。基面可放在画面的正上方或正下方，并且画面和基面的边框一般省略不画。画面与基面展开时，是从 $g$-$g$（$p$-$p$）线分开，$g$-$g$ 线随画面移走，$p$-$p$ 线随基面移走，$g$-$g$ 线表示基面在画面上的位置，$p$-$p$ 线表示画面在基面上的位置，如图 9-14（a）所示。

表 9-1　常见位置点的透视特性

| 点的位置 | 直 观 图 | 点的透视特性 |
|---|---|---|
| 画面上 | 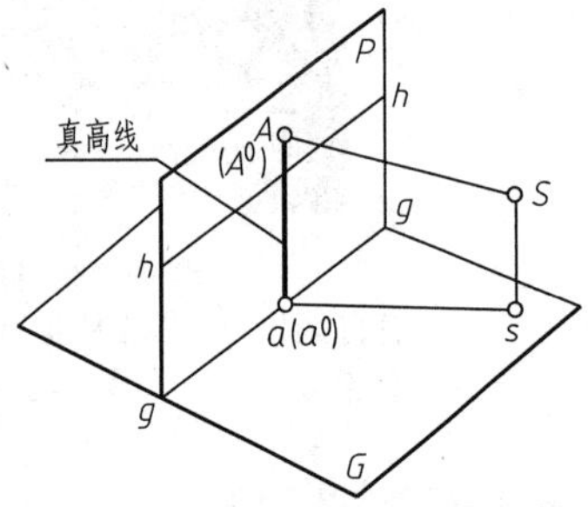 | ① 点的透视为该点本身，其基透视为基点且在基线上，如图中 $A^0$ 与 $A$ 重合，$a^0$ 与 $a$ 重合且在 $g$-$g$ 线上<br>② 点的透视高度反映该点的真实高度，称为真高线，如图中 $A^0 a^0 = Aa$ |
| 基面上 | 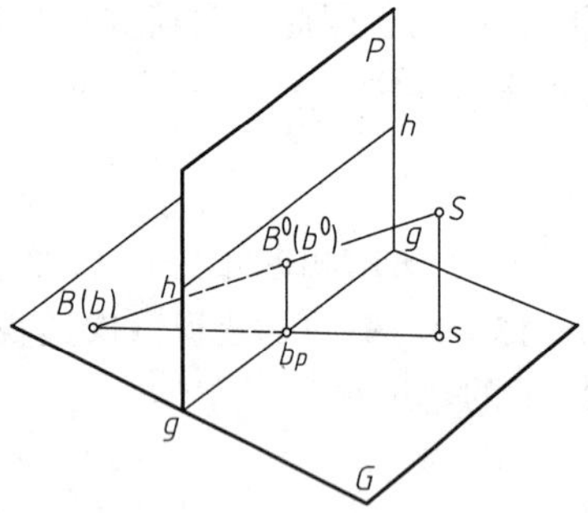 | ① 点的透视与基透视重合，如图中 $B^0$ 与 $b^0$ 重合<br>② 点的透视高度为零，如图中 $B^0 b^0 = 0$ |
| 画面前 | 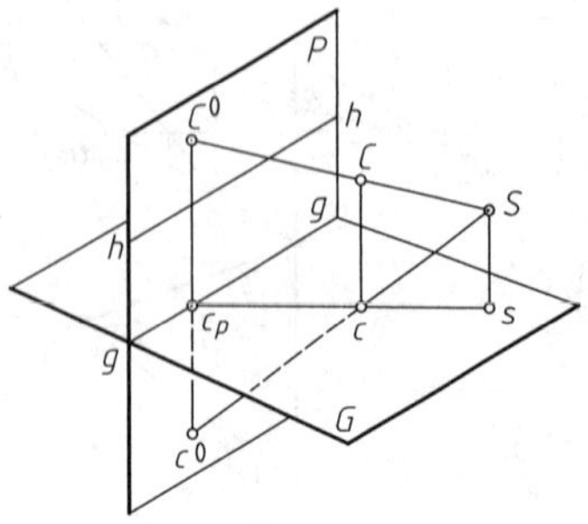 | 点的透视高度大于其真实高度，如图中 $C^0 c^0 > Cc$ |

| 点的位置 | 直 观 图 | 点的透视特性 |
|---|---|---|
| 画面后 | | 点的透视高度小于其真实高度,如图中 $D^0d^0 < Dd$ |
| 水平视平面上 | | 点的透视必在视平线上,如图中 $E^0$ 在 $h$-$h$ 上 |

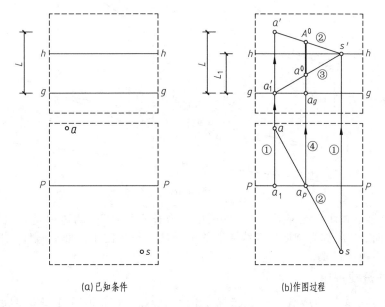

(a)已知条件      (b)作图过程

图 9-14 点的透视作图

如图 9-13 所示,已知画面后一空间点 $A$,距基面高为 $L$,点 $A$ 在画面和基面上的正投影分别为 $a'$ 和 $a$,视高为 $L_1$,站点位置 $s$,要求作出点 $A$ 的透视和基透视。

作图步骤如图 9-14(b)所示:

① 根据已知条件求出 $a$、$a'$ 和 $s'$。

② 求视线 $SA$ 在画面及基面上的正投影。连接 $s'a'$、$sa$ 即为所求。

③ 求视线 $Sa$ 在画面上的正投影。过 $a$ 作 $p$-$p$ 的垂线,垂足为 $a_1$。过 $a_1$ 向上引铅垂线,交 $g$-$g$ 于 $a_1'$,连接 $s'a_1'$ 即为所求。

④ 求 $A^0$ 和 $a^0$ 在基面上的正投影 $a_p$($a_g$)。$sa$ 与 $p$-$p$ 交于 $a_p$,过 $a_p$ 向上引铅垂线,交 $g$-$g$ 于 $a_g$。

⑤ 求 $A$ 点的透视和基透视。过 $a_g$ 向上引铅垂线,与 $s'a'$、$s'a_1'$ 的交点 $A^0$、$a^0$ 分别为 $A$ 点的透视和基透视。

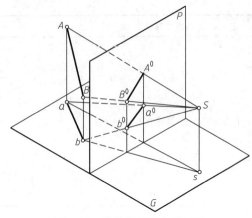

图 9-15　直线的透视与基透视

## 9.2.2　直线的透视

空间直线的透视，可看作是视点和该直线所形成的视平面与画面的交线，也是直线上两个端点透视的连线。如图 9-15 所示，从视点 $S$ 分别向空间直线 $AB$ 及其基面正投影 $ab$ 作视平面 $SAB$ 和 $Sab$，两视平面与画面 $P$ 的交线 $A^0B^0$ 和 $a^0b^0$ 分别为直线 $AB$ 的透视和基透视。

### 9.2.2.1　直线的迹点和灭点

直线与画面的交点称为直线的迹点。如图 9-16 所示，把直线 $AB$ 向画面延长并与之相交于点 $T$，点 $T$ 即直线 $AB$ 的迹点，由于 $T$ 在画面上，所以它的透视就是它本身。$T$ 的 $G$ 面投影 $t$ 是 $AB$ 的 $G$ 面投影 $ab$ 的延长线与基线的交点，它是 $ab$ 的迹点，也是 $T$ 的基面投影。

直线上距画面无穷远点的透视称为直线的灭点。如图 9-16 所示，把直线 $AB$ 及其 $G$ 面投影 $ab$ 向远离画面的方向延长至无穷远点 $F_\infty$ 和 $f_\infty$，由几何学可知，两平行直线相交于无穷远点，因而视线 $SF_\infty$ 必与 $AB$ 平行且与画面相交，其交点 $F$ 就是 $F_\infty$ 的透视，即直线的灭点。视线 $Sf_\infty$ 平行于 $ab$，它与画面的交点 $f$ 就是 $f_\infty$ 的透视。

由此可见，直线的灭点实际上是一条由视点引出的与已知直线平行的视线与画面的交点。

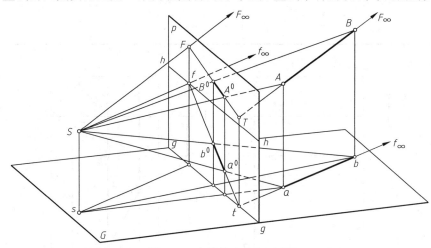

图 9-16　直线的迹点和灭点

从直线的迹点 $T$ 起至画面后无穷远点 $F_\infty$，这条无穷长直线 $TF_\infty$ 的透视是有限长的线段 $TF$，它决定了该直线的透视方向。$TF$ 称为画面后直线 $AB$ 的全透视，凡是位于画面后直线 $AB$ 上的点或线段，其透视必在该直线的全透视 $TF$ 上。

### 9.2.2.2　直线的透视规律

规律一：直线的透视及其基透视，一般情况下仍为直线。如图 9-15 中 $AB$ 的透视 $A^0B^0$ 和基透视 $a^0b^0$ 均为直线。

规律二：直线上的点，其透视与基透视分别位于该直线的透视与基透视上。如图 9-17 中 $AB$ 上点 $C$ 的透视 $C^0$ 和基透视 $c^0$ 分别位于 $AB$ 的透视 $A^0B^0$ 和基透视 $a^0b^0$ 上。

规律三：两相交直线交点的透视与基透视，为两直线透视与基透视的交点。如图 9-18 中 $C$ 点为两相交直线 $AB$ 和 $CD$ 的交点，其透视为 $AB$ 的透视 $A^0B^0$ 与 $CD$ 的透视 $C^0D^0$ 的交点 $C^0$，其基透视为 $AB$ 的基透视 $a^0b^0$ 和 $CD$ 的基透视 $c^0d^0$ 的交点 $c^0$。

### 9.2.2.3　不同位置直线的透视特性

根据直线与画面的相对位置，可将直线分为两类：一是画面相交线，即与画面相交的直线；二是画面平行线，即与画面平行的直线。两类直线的透视特性分别见表 9-2 与表 9-3。此外，还有两种特殊位置的直线，即画面上的直线与基面上的直线，其透视特性见表 9-4。

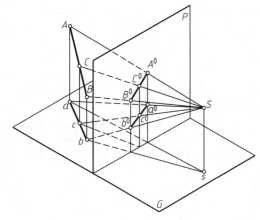

图 9-17 直线上点的透视

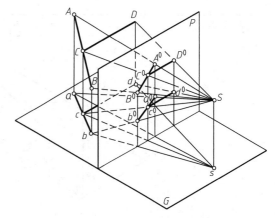

图 9-18 相交直线的透视

表 9-2 画面相交直线的透视特性

| 直线类型 | 直 观 图 | 直线的透视特性 |
|---|---|---|
| 通过视点的直线 | | ① 直线的透视积聚为一点。如图中直线 $AB$ 的透视积聚为一点 $B^0(A^0)$<br>② 基透视为一铅垂线。如图中直线 $AB$ 的基透视为铅垂线 $a^0b^0$ |
| 水平的画面相交线 | | 直线与其基投影(直线在基面上的正投影)具有共同的灭点,且该灭点必在视平线上。如图中 $AB$ 与 $ab$ 的灭点均为位于视平线上的 $F$ 点 |
| 画面垂直线 | | 直线与其基投影的灭点均为心点。如图中 $AB$ 与 $ab$ 的灭点均为心点 $s'$ |

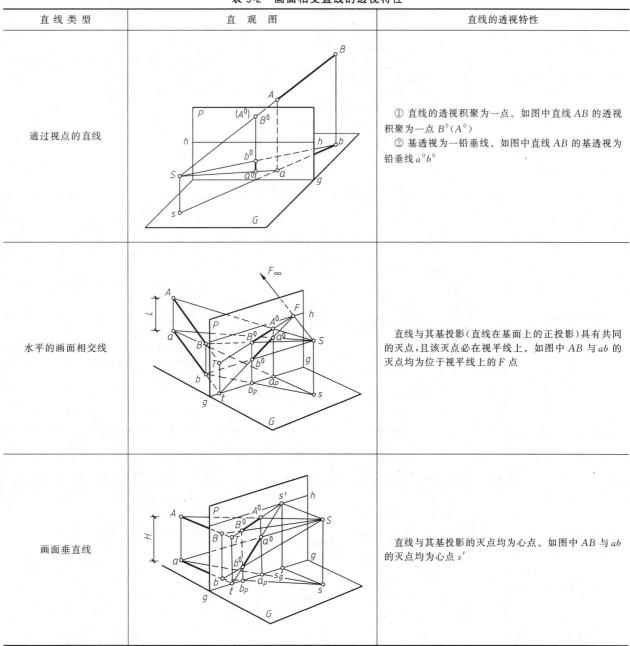

| 直线类型 | 直 观 图 | 直线的透视特性 |
|---|---|---|
| 倾斜于基面的画面相交线 | 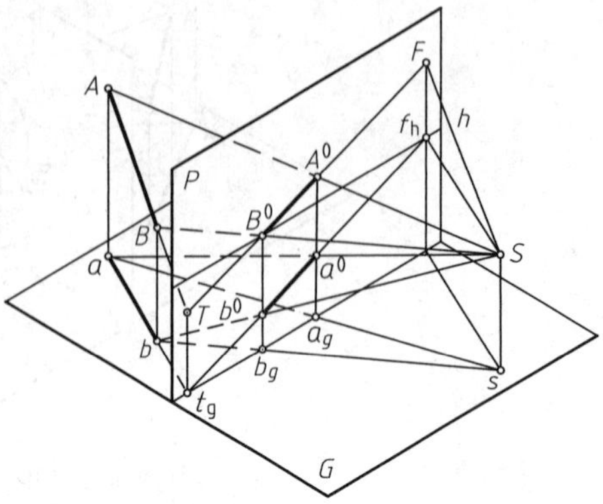 | 直线的灭点不在视平线上,其位置与该直线的方向有关;直线基透影的灭点在视平线上。如图中 $AB$ 的灭点 $F$ 不在视平线上,而 $ab$ 的灭点 $f_h$ 在视平线上 |
| 相互平行的画面相交线 | 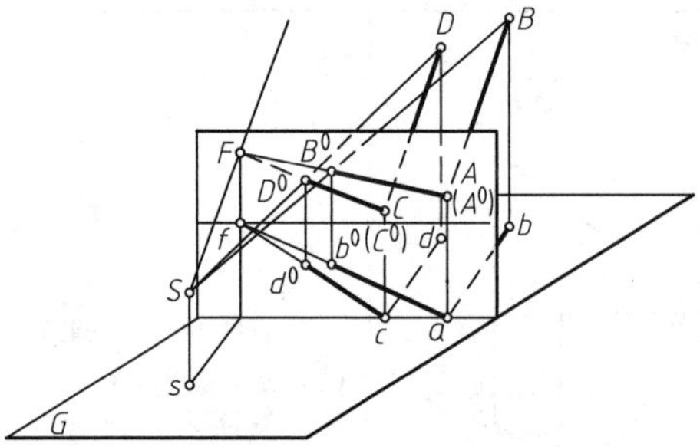 | 相互平行的画面相交线有其共同的灭点,其基投影也有共同的灭点,如图中 $AB /\!/ CD$,$AB$ 与 $CD$ 的灭点均为 $F$ 点,$ab$ 与 $cd$ 的灭点均为 $f$ |

表 9-3  画面平行直线的透视特性

| 直线类型 | 直 观 图 | 直线的透视特性 |
|---|---|---|
| 倾斜于基面的画面平行线 | 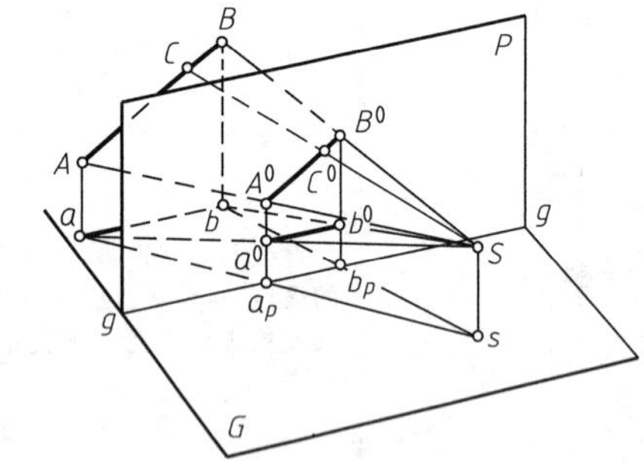 | ① 直线的透视平行于该直线本身,如图中 $A^0 B^0 /\!/ AB$<br>② 直线的基透视平行于基线或视平线,如图中 $a^0 b^0 /\!/ g\text{-}g$<br>③ 点分线段的长度之比,等于点的透视分线段的透视长度之比,如图中 $AC/CB = A^0 C^0/C^0 B^0$ |
| 水平的画面平行线 | 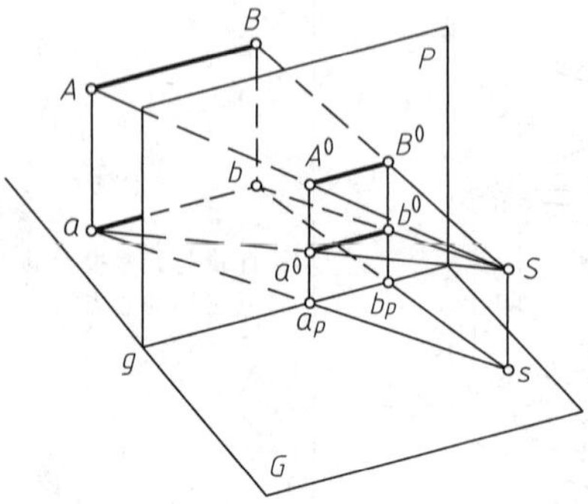 | 直线的透视与基透视,均为水平线。如图中 $A^0 B^0 /\!/ a^0 b^0 /\!/ g\text{-}g$ |

| 直线类型 | 直 观 图 | 直线的透视特性 |
|---|---|---|
| 基面垂直线（铅垂线） | 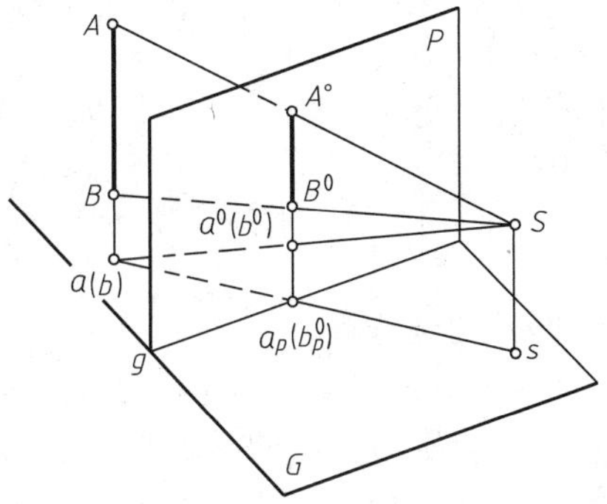 | ① 直线的透视仍为铅垂线。$A^0B^0 \perp G$<br>② 直线的基透视为一点，且在基线上。如图中 $a^0b^0$ 重合成一点 |
| 相互平行的画面平行线 | 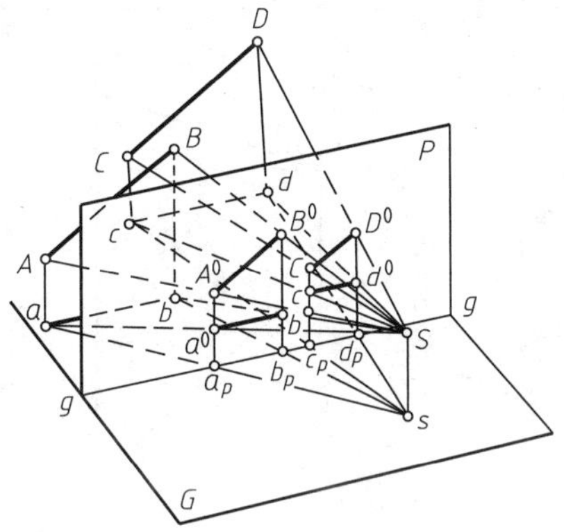 | ① 透视和基透视仍各自相互平行。如图中 $AB /\!/ CD$，则 $A^0B^0 /\!/ C^0D^0$，$a^0b^0 /\!/ c^0d^0 /\!/ g\text{-}g$<br>② 等长的两画面平行线，离画面近的透视长，离画面远的透视短。如图中 $AB$ 离画面比 $CD$ 近，则 $A^0B^0 > C^0D^0$，$a^0b^0 > c^0d^0$ |

表 9-4　画面上和基面上直线的透视特性

| 直线类型 | 直 观 图 | 直线的透视特性 |
|---|---|---|
| 画面上的直线 | 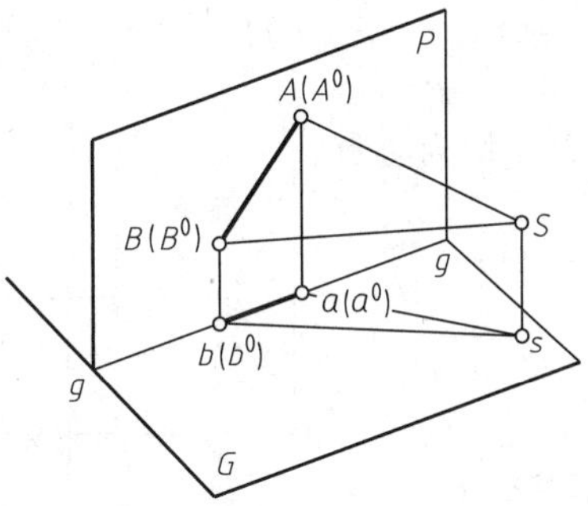 | ① 直线的透视为该直线本身。如图中 $A^0B^0$ 与 $AB$ 重合<br>② 直线的基透视在基线上。如图中 $a^0b^0$ 位于 $g\text{-}g$ 线上 |
| 基面上的直线 | 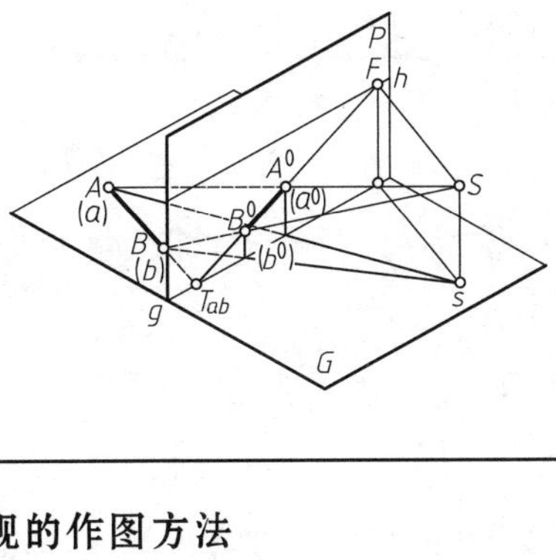 | ① 直线的透视与基透视重合。如图中 $A^0B^0$ 与 $a^0b^0$ 重合<br>② 迹点在基线上。如图中 $T_{ab}$ 位于 $g\text{-}g$ 线上 |

## 9.2.2.4　直线透视的作图方法

（1）视线法（建筑师法）

视线法是利用视线的基面投影作为辅助线，先在直线的全透视上确定直线两端点的透视，进而求出直线透视的方法，它是作透视图的基本方法。

【例9-1】 如图9-19所示，已知直线 $AB$ 为一水平的画面相交线，高为 $L$，基面投影为 $ab$，用视线法求其透视与基透视。

【分析】 $AB$ 与 $ab$ 为相互平行的水平线，所以它们有共同的灭点且在视平线上。

【作图】

① 求迹点。延长 $ab$ 交 $p$-$p$ 于 $t$，由 $t$ 向上作垂线，交 $g$-$g$ 于 $t_g$，自 $t_g$ 向上截取 $Tt_g$ 等于 $AB$ 到基面的高度 $L$，则 $t_g$、$T$ 分别为直线 $AB$ 的基迹点和迹点。

② 求灭点。过 $s$ 作直线 $sf /\!/ ab$，交 $p$-$p$ 于 $f$，由 $f$ 向上作垂线，交 $h$-$h$ 于 $F$，$F$ 即为 $AB$ 和 $ab$ 的灭点。

③ 求全透视。连接 $TF$ 与 $t_gF$，分别为 $AB$ 和 $ab$ 的全透视。

④ 求 $AB$ 的透视和基透视。连视线 $sa$、$sb$ 分别交 $p$-$p$ 于 $a_p$、$b_p$，自 $a_p$、$b_p$ 向上作垂线，分别交 $TF$ 与 $t_gF$ 于 $A^0$、$B^0$ 与 $a^0$、$b^0$ 点，则 $A^0B^0$、$a^0b^0$ 分别为 $AB$ 的透视与基透视。

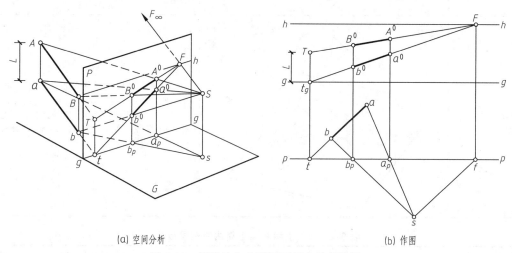

(a) 空间分析　　　　　　　　　　　　　(b) 作图

图 9-19　视线法作水平画面相交线的透视

【例9-2】 如图9-20所示，已知直线 $AB$ 垂直于画面 $P$，高为 $H$，基面投影为 $ab$，用视线法求其透视与基透视。

【分析】 $AB$ 与 $ab$ 均垂直于画面，所以它们的灭点均为心点。

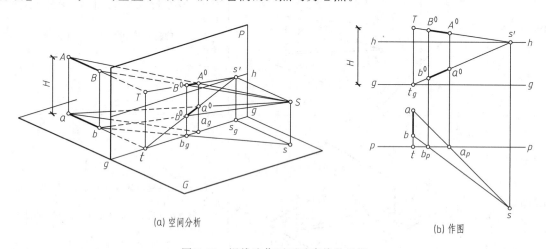

(a) 空间分析　　　　　　　　　　　　　(b) 作图

图 9-20　视线法作画面垂直线的透视

【作图】 略。

（2）交线法

交线法是根据"两直线交点的透视，必为两直线透视的交点"的透视规律，先过直线的两个端点分别作辅助线，再由直线的全透视与辅助线的全透视的交点确定直线段两端点的透视，进而求出线段透视的方法。

【例9-3】 如图9-21所示，已知直线 $CD$ 位于基面上且倾斜于画面，用交线法求其透视和基透视。

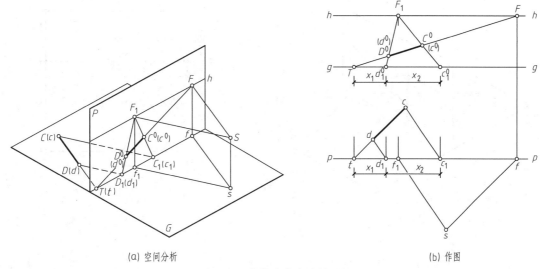

(a) 空间分析　　　　　　　　　　　　　(b) 作图

图 9-21　交线法求直线的透视

【分析】　为作图方便，使过直线两端点 $C$、$D$ 所作的辅助线 $CC_1$、$DD_1$ 相互平行，因此它们有共同的灭点。

【作图】

① 作辅助线。过直线的两端点 $c$ 和 $d$ 作辅助线 $cc_1$ 和 $dd_1$，使 $cc_1 // dd_1$，它们与基线分别交于点 $c_1$ 和 $d_1$。

② 求直线的全透视。延长 $cd$ 交 $p$-$p$ 于 $t$，由 $t$ 向上作垂线，交 $g$-$g$ 于 $CD$ 的迹点 $T$。过 $s$ 作直线 $sf // cd$，交 $p$-$p$ 于 $f$，由 $f$ 向上作垂线，交 $h$-$h$ 于 $CD$ 的灭点 $F$。$TF$ 即为 $CD$ 的全透视。

③ 求辅助线的全透视。由于点 $c_1$ 和 $d_1$ 在基线上，所以过此两点向上作垂线，即交 $g$-$g$ 于两辅助线的迹点 $c_1^0$ 和 $d_1^0$。再过 $s$ 作直线 $sf_1 // cc_1$（或 $dd_1$），交 $p$-$p$ 于 $f_1$，由 $f_1$ 向上作垂线，交 $h$-$h$ 于两辅助线的灭点 $F_1$。则 $c_1^0 F_1$ 和 $d_1^0 F_1$ 分别为 $CC_1$ 和 $DD_1$ 的全透视。

④ 求直线的透视和基透视。$c_1^0 F_1$、$d_1^0 F_1$ 与 $TF$ 的交点，分别为直线的端点 $C$ 点和 $D$ 点的透视 $C^0$ 和 $D^0$，$C^0 D^0$ 即为 $CD$ 的透视。由于位于基面上点的透视与基透视重合，所以 $CD$ 的基透视 $c^0 d^0$ 与其透视 $C^0 D^0$ 重合。

（3）量点法

量点法是交线法的特殊情况，如图 9-22（a）所示，过直线的端点 $A$ 和 $B$ 作辅助线 $AA_1$、$BB_1$ 时，使 $TA_1 = TA$，$TB_1 = TB$。由此可见，通过辅助线 $AA_1$、$BB_1$ 能把线段 $TA$、$TB$ 的实际长度移量到基线上而方便作图，所以辅助线的灭点 $M$ 特称为直线 $AB$ 方向的量点。

由于 $\triangle TAA_1$ 为等腰三角形，同时 $\triangle FSM$ 和 $\triangle TAA_1$ 对应边平行，二者是相似三角形，所以 $\triangle FSM$ 也是等腰三角形，即 $FS = FM$，即视点到某一直线灭点的距离等于该直线灭点到其量点的距离。实际作图时，只要先求出 $F$，然后在视平线上直接量取 $FM = FS$，即可找到辅助线的灭点 $M$（即量点），这种利用辅助线的灭点 $M$（即量点）在直线的全透视上截取直线透视长度的方法称为量点法。如图 9-22（b）为量点法求直线透视的作图过程。

量点法作图注意事项（图 9-23）如下：

① 基面上的直线在画面前后两部分的实长应分别量在迹点的两侧。任何一段直线的透视都应从该直线的画面迹点量起，以与该直线的灭点相对应的量点作为辅助线的灭点求透视。

② 互相平行的直线可用相同的量点，但迹点位置不同，起量位置也不同；不平行的直线应分别求出它们的灭点和量点。

③ 量点的数量与图形轮廓线方向的数量应相同，作图时应弄清它们的对应关系（见平面图形的透视）。

（4）距点法

距点法是量点法的特殊情况。如图 9-24 所示，当直线 $AB \perp$ 画面 $P$ 时，$AB$ 的灭点即为心点 $s'$。此时量点到灭点的距离等于视距，因此，这个特殊的量点又称为距点，用 $D$ 表示。这种利用距点求取画面垂直线透视的方法称为距点法。距点法只适用于作一点透视。

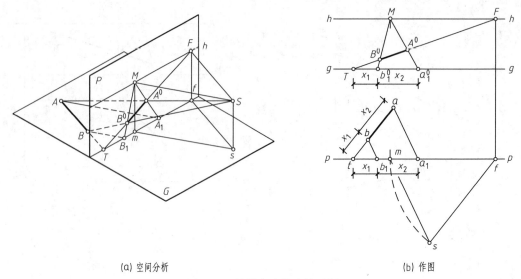

| (a) 空间分析 | (b) 作图 |
|---|---|

图 9-22　用量点法作直线透视

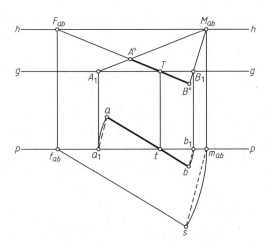

图 9-23　量点法作图注意事项

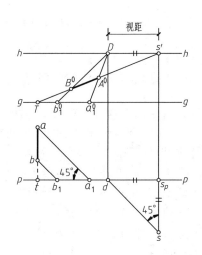

图 9-24　距点法作图原理

（5）正投影法

正投影法是利用视点和直线两端点的正投影（画面正投影和基面正投影），先求出直线两端点的透视，再用一直线连接起来，即为直线段的透视。正投影法主要用于作画面平行线的透视。

【例 9-4】　如图 9-25 所示，已知直线 $AB$ //画面 $P$，求作直线 $AB$ 的透视和基透视。

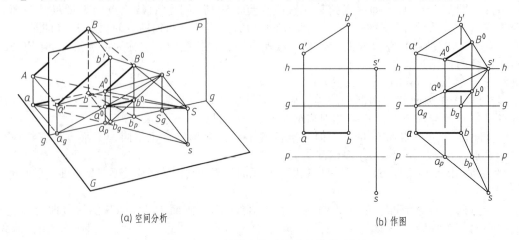

| (a) 空间分析 | (b) 作图 |
|---|---|

图 9-25　正投影法作画面平行线的透视

**【分析】**  利用点的透视作图方法，先分别求出直线两个端点的透视，连线后即为直线的透视。

**【作图】**

① 求点 $A$ 的透视 $A^0$ 和基透视 $a^0$。

② 求点 $B$ 的透视 $B^0$ 和基透视 $b^0$。

③ 连接 $A^0$ 和 $B^0$，即为直线 $AB$ 的透视；连接 $a^0$ 和 $b^0$，即为直线 $AB$ 的基透视。

#### 9.2.2.5 真高线与集中真高线

如前所述，铅垂线的透视仍为铅垂线，而位于画面上的铅垂线，其透视为该直线本身，它反映直线的真实高度，称为真高线。真高线主要用于确定不在画面上的铅垂线的透视高度。

如图 9-26 所示，直线 $Aa$ 为一实高为 $L_1$ 的铅垂线，为求其透视高度 $A^0a^0$，将铅垂线 $Aa$ 沿任一方向水平移动到画面上 $T_1t_1$ 位置，$T_1t_1$ 即为 $Aa$ 的真高线。先求出直线两端点 $A$ 点和 $a$ 点移动路径 $AT_1$、$at_1$ 的全透视 $T_1F_1$、$t_1F_1$，再利用过站点的辅助线即可求出 $Aa$ 的透视高度 $A^0a^0$。

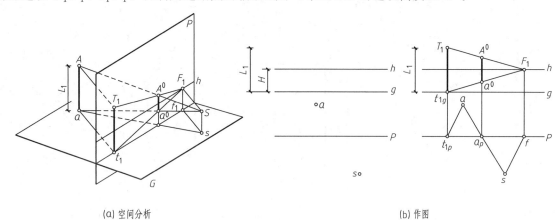

(a) 空间分析                (b) 作图

图 9-26  铅垂线透视高度原理分析

结论：由于铅垂线是沿任意方向水平移动到画面上，所以，尽管其上、下端点运动轨迹的灭点和迹点会随着移动方向的改变而分别在视平线和基线上左右移动，但铅垂线的透视高度不变。

因此，只要已知铅垂线的实际高度和基透视，即可在透视图上直接求出其透视高度，如图 9-27 所示。

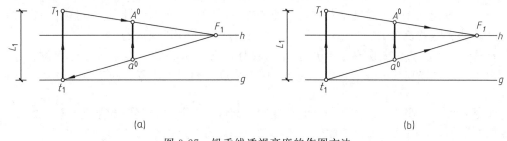

(a)                        (b)

图 9-27  铅垂线透视高度的作图方法

方法一：首先在视平线上任选一点 $F_1$（辅助灭点），作为铅垂线两端点移动方向的灭点，连直线 $F_1a^0$ 并延长与基线交于 $t_1$ 点。再自 $t_1$ 点向上作铅垂线，并在其上量取 $t_1T_1$ 等于铅垂线的实际高度 $L_1$，连接 $F_1T_1$，则此 $F_1T_1$ 与引自 $a^0$ 的铅垂线交于点 $A^0$，$A^0a^0$ 即为铅垂线的透视高度，如图 9-27（a）所示。

方法二：首先在基线上任取一点 $t_1$，过 $t_1$ 作高度等于铅垂线实际高度的真高线 $t_1T_1$，连 $t_1a_0$ 并延长交视平线于灭点 $F_1$，再连接 $T_1F_1$，此线与引自 $a^0$ 的铅垂线交于点 $A^0$，$A^0a^0$ 即为铅垂线的透视高度，如图 9-27（b）所示。

上述利用直线的真高线求不在画面上铅垂线透视高度的作图方法，称为真高线法。

如有若干条高度相同而与画面距离不同的铅垂线，为避免每确定一条铅垂线的透视高度就要画一条真高线，可集中利用一条真高线，这样的真高线称为集中真高线。

集中真高线的原理是：水平的画面平行线的透视与基透视均为水平线，即：位于水平的画面平行线上的各点，其透视与基透视分别位于同一条水平线上，这些点的透视高度相等。

如图 9-28（a）所示，已知铅垂线 $Aa$ 的实际高度为 $L_1$，铅垂线 $Bb$ 与 $Aa$ 等高，其基透视为 $b^0$，求 $Bb$ 的透视高度。

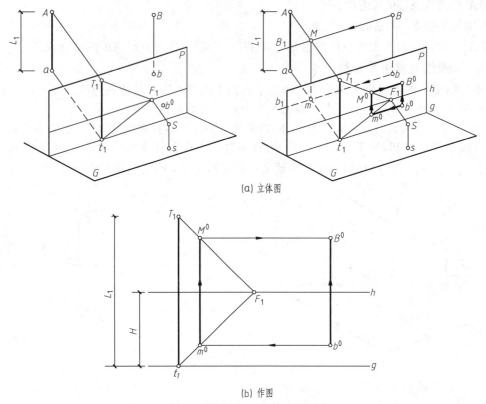

(a) 立体图

(b) 作图

图 9-28　集中真高线透视原理分析

首先，在基线上任一位置立 $Aa$ 的真高线 $t_1T_1 = L_1$，并过 $B$、$b$ 点分别作水平的画面平行线 $BB_1$、$bb_1$，由于 $B$ 点与 $A$ 点等高，故 $BB_1$、$bb_1$ 必分别与 $AT_1$、$at_1$ 相交，设交点分别为 $M$、$m$，则 $M$、$m$ 点的透视 $M^0$、$m^0$ 必在 $AT_1$、$at_1$ 的全透视 $T_1F_1$、$t_1F_1$ 上。根据水平的画面平行线的透视特性（见表 9-3），$B^0$ 与 $M^0$ 应在同一条水平线上，$b^0$ 与 $m^0$ 也应在同一条水平线上，据此，可由已知的基透视 $b^0$ 按箭头所示求出 $B$ 点的透视高度 $B^0b^0$。具体作图方法如图 9-28（b）所示。

同理，若已知 $C$、$D$ 点的实际高度为 $L_2$，基透视分别为 $c^0$、$d^0$，可在基线上任意位置立一条高度等于 $L_2$ 的真高线 $T_2t_2$，并在视平线上任取一点 $F_2$ 作为灭点，利用上述方法同样可求得 $C$、$D$ 点的透视高度 $C^0c^0$ 和 $D^0d^0$。

在上述作图方法中，求各点透视高度时的灭点和真高线是分别在视平线和基线上任意位置确定的，与各点的基透视位置无关。因此，为方便起见，求不同点的透视高度时可选用同一个灭点，并在同一位置集中确立一条真高线，各点的透视高度不变，如图 9-29 所示。这种方法常用于求高低层次较多的建筑物或群体景物的透视，并称为集中真高线法。

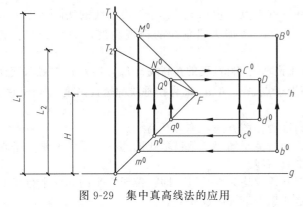

图 9-29　集中真高线法的应用

## 9.2.3　平面曲线的透视

曲线的透视一般仍为曲线。当平面曲线在画面上时，其透视就是该曲线本身；当曲线所在平面与画面平行时，其透视的形状不变，但大小发生了变化；当曲线所在平面与画面倾斜时，其透视形状将有所变化；当曲线所在平面通过视点时，则其透视成为一段直线。

### 9.2.3.1　不规则平面曲线的透视

园林设计图中，规划设计的平面形状往往很复杂，而且其中弯曲的园路、水体驳岸和花坛边线等也大多为不规则的平面曲线，上述求直线透视的方法在这里不再适用，而采用网格法求它们的透视较为方便。

将规划平面图或平面曲线放入一个正方形或长方形中，再把这个正方形或长方形分成更小的正方形网格，网格大小视图面复杂程度而定。网格越密，精度越高，所以常常在图形局部变化较多的地方将网格加密。先画出所给定网格的透视，然后按原平面图中曲线与网格线的交点位置，定出各交点在透视网格相应格线上的位置，再按照平面曲线的走向，将各点连成光滑曲线，即得所求曲线的透视，这种方法称为网格法。网格法不仅应用于曲线图形，还常应用于较复杂的直线图形。

网格法包括一点透视网格法和两点透视网格法。

（1）一点透视网格法

方格网中 $Y$ 方向的网格线垂直于画面，其灭点即为心点；$X$ 方向的网格线平行于画面，其透视平行于视平线，由此作出的网格透视即为一点透视网格。

【例 9-5】 如图 9-30（a）所示，已知平面图中有弯曲的园路、不规则的水池，用网格法作其一点透视。

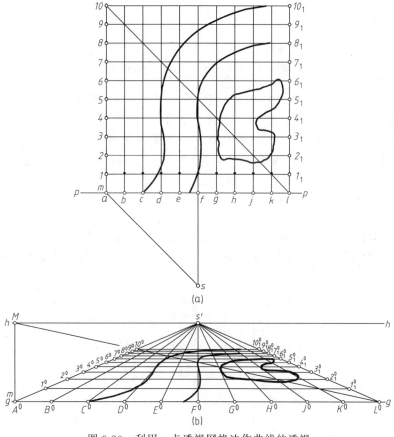

图 9-30　利用一点透视网格法作曲线的透视

【作图】

① 在曲线所在的平面图上以一定单位长度建立合适的方格网。

② 在画面上定好视平线 $h$-$h$ 和基线 $g$-$g$，标出心点 $s'$，并使方格网的一条格线位于画面上，如图 9-30 中的 $al$ 线（透视图中放大了一倍）。

③ 先求出所有画面垂直线的全透视 $A^0s'$，$B^0s'$，$C^0s'$，…，$L^0s'$，再求出量点 $M$，即 45° 辅助线（方格对角线）的灭点（$s'$ 到 $M$ 的距离等于视距）。

④ 连接 $L^0M$ 分别与 $A^0s'$，$B^0s'$，$C^0s'$，…，$K^0s'$ 相交，过各交点作 $g$-$g$ 的平行线，得各画面平行线的透视 $1^0 1^0_1$，$2^0 2^0_1$，$3^0 3^0_1$，$4^0 4^0_1$，…，$10^0 10^0_1$，从而求得网格的一点透视，如图 9-30（b）所示。

⑤ 把平面曲线与网格格线的交点位置，绘到网格透视图的相应位置，再按照平面图中曲线的走向，将各点连成光滑曲线，即得所求曲线的透视。

（2）两点透视网格法

方法一：利用量点法做透视网格

**【作图】**

① 如图 9-31（a）所示，在已知平面图上画好方格网。

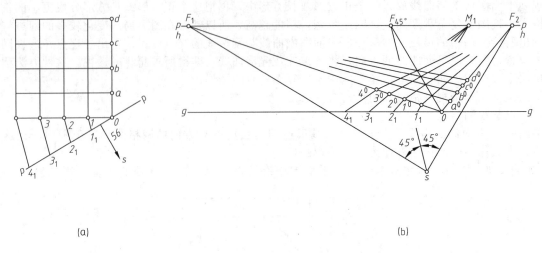

(a)　　　　　　　　　　　　　　　(b)

图 9-31　利用量点法作两点透视网格

② 画出网格的两点透视　首先求出灭点 $F_1$、$F_2$ 和一组平行线的量点 $M_1$，定出方格网一边上各等分点的透视，如 $OF_1$ 线上 $1^0$、$2^0$、$3^0$、$4^0$ 等各点，连 $F_2 1^0$、$F_2 2^0$、$F_2 3^0$、$F_2 4^0$ 等，然后求出对角线灭点 $F_{45°}$，即 $\angle F_1 S F_2$ 的角平分线与视平线的交点（如不是方格网，对角线灭点应用过视点作平行线的方法求）。连 $F_{45°} 0$ 与 $F_2 1^0$、$F_2 2^0$ 等线相交，再将这些交点分别与 $F_1$ 连线，就得到另一方向网格线的透视 $F_1 a^0$、$F_1 b^0$ 等，从而完成网格的两点透视，如图 9-31（b）所示。

③ 作平面曲线的透视　将平面曲线描绘到相应网格上即可。

方法二：利用视线法做透视网格

首先将平面图中的格线延长至与画面相交，得出每条格线的迹点 $1_1$、$2_1$、$3_1 \cdots$、$a_1$、$b_1$、$c_1 \cdots$，然后在透视图中将各迹点分别连接与之对应的灭点 $F_2$、$F_1$，即求出网格的两点透视，如图 9-32 所示。

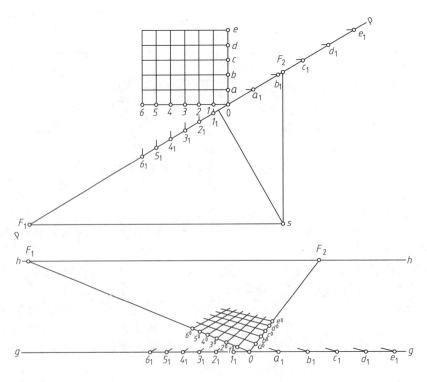

图 9-32　利用视线法作两点透视网格

图 9-33 所示为两个相同的平面曲线，其中一个位于基面上，另一个位于铅垂面上。它们的透视都是利用网格法求得的。

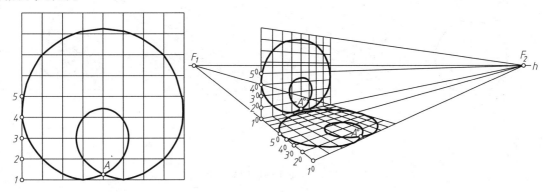

图 9-33　两点透视网格法作平面曲线透视

#### 9.2.3.2　圆的透视

圆也是平面曲线，其透视同样具有前述平面曲线的性质，即当圆位于画面上时，其透视就是圆本身；当圆所在平面与画面平行时，其透视仍然是圆，只是大小发生了变化；当圆所在平面与画面相交时，其透视一般为椭圆；当圆所在平面通过视点时，则其透视成一直线段。

① 画面平行圆的透视　只要确定了圆心的透视位置和半径的透视长度，圆的透视位置和大小即可确定，具体作法如图 9-34 所示。

② 画面相交圆的透视　实际应用中较常见的是水平圆和铅垂圆，它们的透视一般为椭圆，常采用八点法作图。即先作圆的外切正方形，找出外切正方形及其对角线与圆的八个交点（图 9-35），然后作出外切正方形和这些交点的透视，最后用光滑曲线连接各点即可。图 9-36～图 9-38 是水平圆和铅垂圆透视图的作图方法。

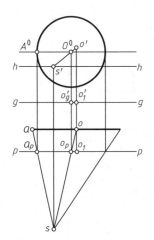

图 9-34　画面平行圆的透视

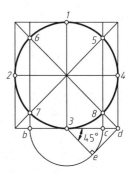

图 9-35　圆周上取八点

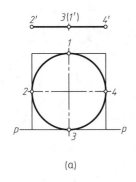

(a)

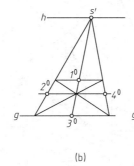

(b)

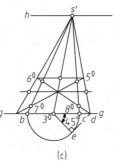

(c)

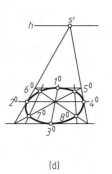

(d)

图 9-36　水平圆的一点透视

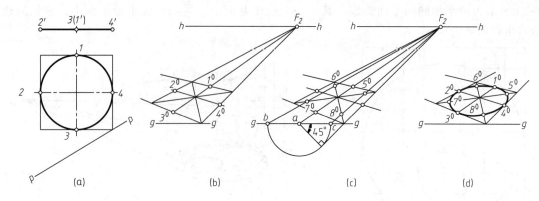

图 9-37　水平圆的两点透视

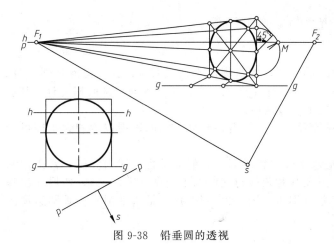

图 9-38　铅垂圆的透视

注意：作铅垂圆的透视时，要在与画面重合的正方形垂边上作辅助半圆，以便找出八个点的透视，再用曲线板圆滑连接起来。

### 9.2.4　平面的透视

#### 9.2.4.1　平面的透视规律

平面的透视，一般情况下仍为平面。平面图形的透视，就是组成该平面图形周边各轮廓线的透视。如果平面图形是多边形，其透视与基透视一般仍为多边形，且边数保持不变，如图 9-39 所示。

如果平面图形所在的平面通过视点，则其透视积聚成一条直线，而其基透视仍为一个同边数多边形，如图 9-40 所示。

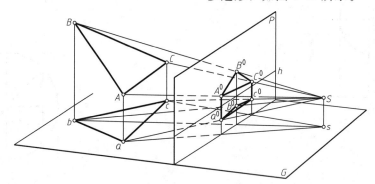

图 9-39　平面的透视规律

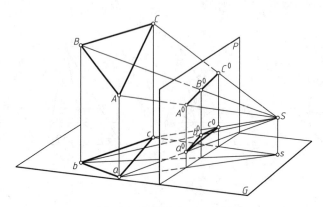

图 9-40　通过视点的平面的透视

### 9.2.4.2 不同位置平面的透视特性

根据平面与画面的相对位置，可将平面分为两类：一是画面相交面，即与画面相交的平面；二是画面平行面，即与画面平行的平面。两类平面的透视特性见表9-5（以矩形为例）。

表 9-5　画面平行面与画面相交面的透视特性

| 平面类型 | 直 观 图 | 平面的透视特性 |
|---|---|---|
| 画面平行面 | 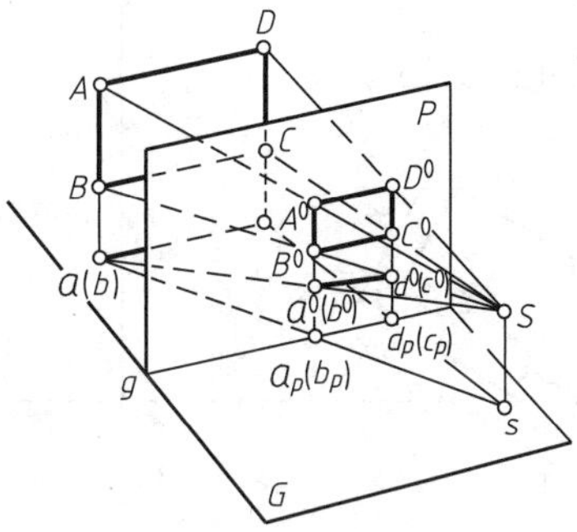 | ① 平面的透视平行于原平面，且与原平面图形相似，如图中 $\square A^0 B^0 C^0 D^0$ //$\square ABCD$<br>② 平面的基透视为一水平直线，如图中 $a^0 b^0 c^0 d^0$ //$g\text{-}g$ |
| 画面相交面　铅垂面 | 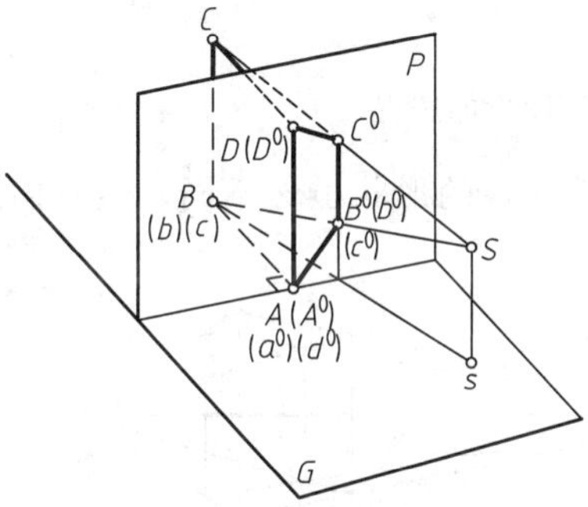 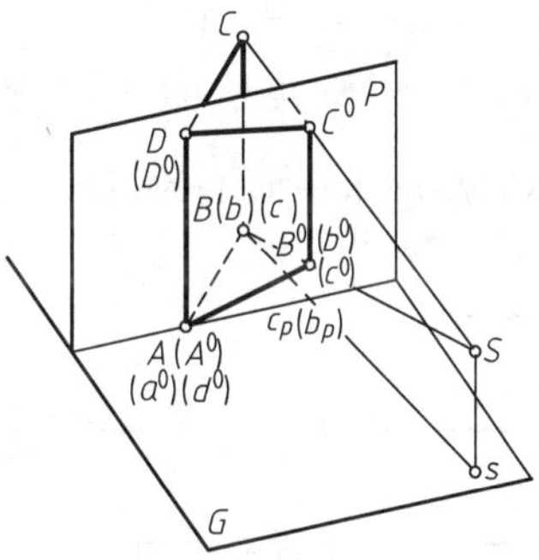 | ① 铅垂面的透视仍为铅垂的平面图形，如图中平面图形 $A^0 B^0 C^0 D^0 \perp G$ 面<br>② 基透视为一直线，如图中 $a^0 b^0 c^0 d^0$ 为直线 |
| 画面相交面　水平面（假设平面在基面上） | 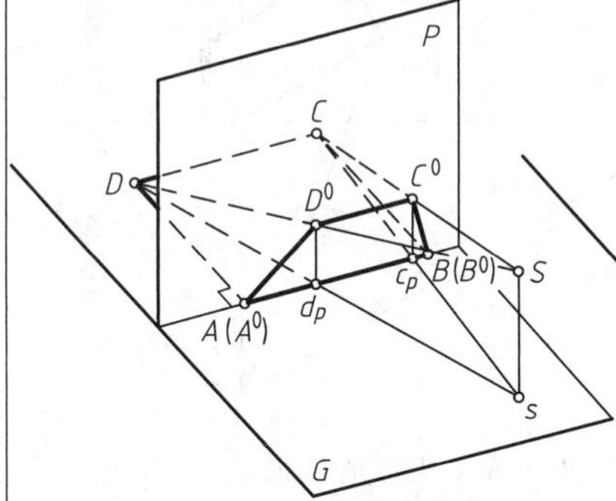 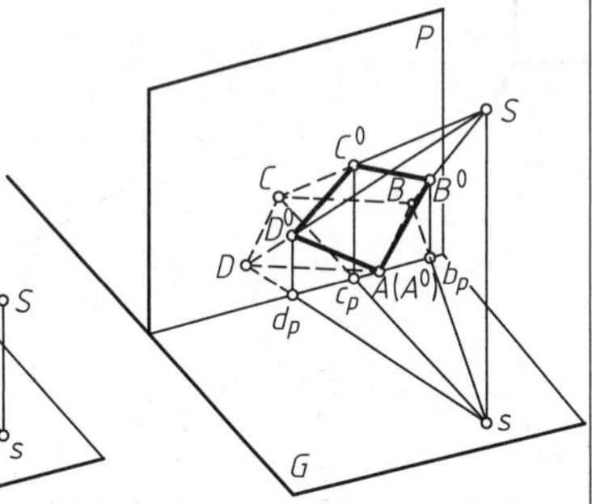 | 水平面的透视与基透视重合，均为与原平面图形同边数的平面图形 |

### 9.2.4.3 平面透视的作图方法

【例9-6】　如图9-41所示，已知平面图形的水平投影及视点、视高、画面位置，用量点法求其透视。

【分析】　作平面多边形的透视，可归结为作多边形各边的透视。

【作图】

① 求出两主向直线的灭点 $F_1$、$F_2$ 及量点 $M_1$、$M_2$。

② 求两主向直线和辅助线的迹点。点 $a$ 在画面上，其透视 $a^0$ 可直接在基线 $g\text{-}g$ 上确定。自 $a^0$ 分别向两侧量取平面图形的实际尺寸 $x_1$、$x_2$、$x_3$ 和 $y_1$、$y_2$，得各辅助线的迹点 $1_1$、$2_1$、$3_1$、$4_1$、$5_1$。

③ 求平面图形的透视。将各迹点分别与相应的灭点 $F_1$、$F_2$ 和 $M_1$、$M_2$ 连线，即可求出平面图形的透视。

【例9-7】　如图9-42所示，用视线法求作位于不同高度水平面上矩形的透视。

【作图】　略

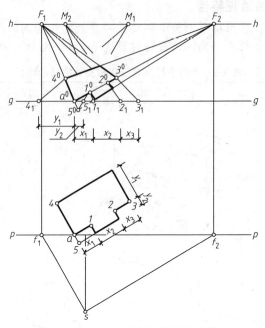

图 9-41　量点法作平面图形的透视

从图中可以看出，位于不同高度水平面上的矩形，其透视的形状虽然不同，但它们的对应点均位于同一条铅垂线上。

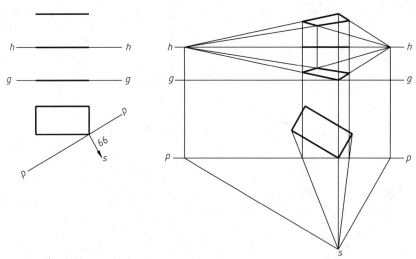

图 9-42　视线法作不同高度水平面上矩形的透视

# 9.3　体　的　透　视

前面分析了各种点、线、面的透视特性和作图方法，本节应用这些内容进一步研究形体透视的作图方法。

概括来说，形体透视图的绘制一般是在确定了透视类型后，首先将形体平面图的透视（基透视）绘出，然后竖立起各部分的透视高度，从而完成形体轮廓的透视。

形体透视作图的具体步骤可归纳如下：

① 选择透视图类型。

② 确定视点、画面、形体之间的相对位置。

③ 作形体的基透视。

④ 确定形体的透视高度，完成形体主要轮廓的透视。如果主要轮廓的透视不理想，则返回第二步进行适当调整。

⑤ 作形体细部的透视。

⑥ 加深图线，完成形体的透视图。

## 9.3.1 透视图类型的选择

根据形体的特征及要表现的效果，选择透视图的种类，即绘制一点透视还是两点透视。这部分内容前面已经作了介绍。

## 9.3.2 视点、画面、形体之间相对位置的确定

视点、画面与形体（建筑物）是形成透视图的三个基本要素，三者之间的相对位置不同，画出的透视图效果也不同，要想获得最佳的透视效果，应首先确定它们之间的相对位置。

### 9.3.2.1 视点的确定

视点的确定包括在平面图上确定站点的位置和在画面上确定视平线的高度即视高。

（1）站点的确定

站点（$s$）位置的确定，应考虑以下几点要求：

① 站点应尽可能选择在实际环境许可的位置上。如图 9-43 所示的平面图中，在建筑物的右前方有一片池塘，所以站点就不宜选择在这个区域。而建筑物的左前方有一座小山，虽然可将站点选择在山上，但应注意此时的视高就不只是人的身高，还应加上山体的高度。

② 保证视角大小适宜。人的生理视角通常被控制在 60° 以内，而以 30°~40° 为佳。从图 9-44 中可以看出，视角

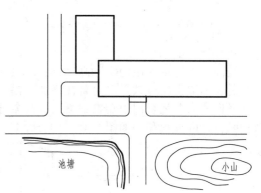

图 9-43　站点应位于实际可能的位置上

的大小与视距有关。经计算，当视距 $D$ 等于画面宽度 $B$ 的 1.5~2.0 倍时，视角在 37°~28°（可近似取 40°~30°）范围内，可满足人眼的视觉要求。

图 9-45 为视距对透视效果的影响。视距过大，灭点就远，线条收敛过缓，立体感就差，且画图不便；视距过小，灭点就近，线条收敛过剧，透视形象歪曲失真。

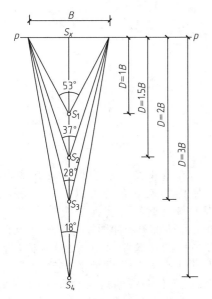

图 9-44　视角与视距的关系

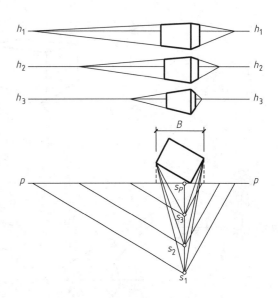

图 9-45　视距对透视效果的影响

③ 站点的选择应使绘出的透视图反映建筑物的全貌，充分体现建筑物的整体造型特点。图 9-46 中，站点位于 $S_2$ 时建筑物的右侧部分被中间部分所遮挡。另外，为了保证所观察到的物体不失真，还应使站点的位置位于画面宽度 $B$ 中间的 1/3 范围内，如图 9-47 所示。

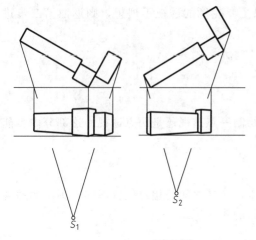

图 9-46　透视应全面显示和体现整体造型特点

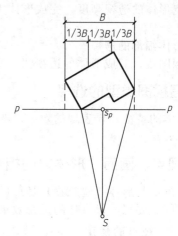

图 9-47　透视应避免失真

（2）视高的选择

视高通常选用人眼的实际高度，1.5～1.9m，以获得正常的视觉效果，如图 9-48（a）所示。有时为了使透视图取得特殊效果，可将视高适当提高或降低。视高不同，画出的透视图效果也不相同。

降低视高，透视图中建筑物给人以高耸雄伟的感觉，特别是在表达高层建筑或高坡上的建筑（或景物）时，常降低视高，如图 9-48（b）所示。

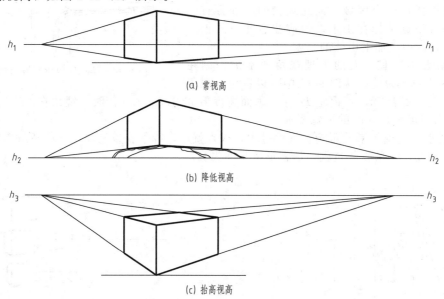

(a) 常视高

(b) 降低视高

(c) 抬高视高

图 9-48　视高对透视图的影响

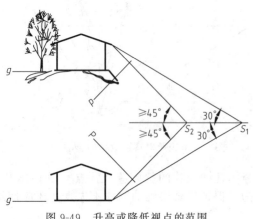

图 9-49　升高或降低视点的范围

抬高视高，可使地面在透视图中展现得比较开阔，特别是在画室内透视时，室内的家具布置可以一览无余。如表现群体建筑或大范围的景观时，可将视平线提升得更高些，这时所绘的透视图又称鸟瞰图，如图 9-48（c）所示。

如果人在低处观看高处的建筑物（或景物）或本身很高大的建筑物，以及人站在高处观看低处的建筑物（或景物），如图 9-49 所示，视线的仰角或俯角以不超过 30° 为宜，这样建筑物的透视基本上处于控制视角 60° 之内。如果视点要移近建筑物，且视线的俯角或仰角达到或超过 45° 时，应采用倾斜画面 P，即将透视画成斜透视，否则透视将会产生失真或畸形。

选择视高时还应注意以下几个问题：

① 视高不宜在建筑高度的 1/2 处，如图 9-50（a）所示。因为这样画出的透视在视平线的上下对等，透视图显得呆板。宜取在下方 1/3 左右的位置。

② 选择视高要尽量避免与所画物体某水平面同高，防止发生"积聚"现象而减少立体感，如图 9-50（b）所示。

③ 当建筑物的高度远大于其宽度时，站点的选择应使垂直视角控制在 60°范围内。

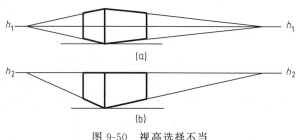

图 9-50　视高选择不当

#### 9.3.2.2　画面位置的确定

确定画面的位置主要包括确定建筑物（或景物）立面与画面的偏角以及建筑物（或景物）与画面的前后位置两个方面。

① 建筑物立面与画面的偏角的确定　如图 9-51 所示，建筑物的某一立面与画面的偏角越小，则该立面上水平线的灭点越远，该立面的透视就越宽阔。相反，偏角越大，则该立面上水平线的灭点越近，该立面的透视就越狭窄。在绘制透视图时，要利用这个规律，恰当选择建筑物立面与画面的偏角，以使建筑物两个主向立面的透视宽度之比，大致符合其真实宽度之比。

建筑物立面与画面间的偏角为零时，为一点透视，否则，为两点透视。画两点透视时，建筑物主立面与画面的偏角 $\beta$ 应小于其侧立面与画面的偏角 $\theta$，以突出主立面的形状特征。一般情况下主立面的偏角 $\beta$ 在 30°左右时，建筑形象比例合适，主次分明，效果较好。应该注意的是：当建筑物的两个主向立面宽度基本相等时，画面偏角不应选取接近 45°的角度，否则两个立面的透视轮廓基本对称，没有主次之分，透视显得非常呆板，如图 9-52 所示。

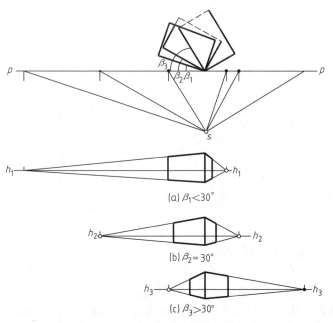

(a) $\beta_1 < 30°$

(b) $\beta_2 = 30°$

(c) $\beta_3 > 30°$

图 9-51　画面偏角对透视效果的影响

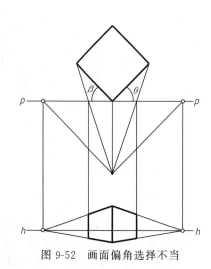

图 9-52　画面偏角选择不当

② 建筑物与画面的前后位置的确定　视点与建筑物的相对位置确定后，不论画面安放在建筑物前、穿过建筑物还是安放在建筑物后，都不影响透视图的形象，只是透视图的大小不同，如图 9-53 所示，画面放于建筑物前（如 $p_1$-$p_1$），所得透视图比原形小，称为缩小透视；画面放于建筑物之后（如 $p_3$-$p_3$），所得透视图比原形大，称为放大透视。画透视图时，画面应尽量与建筑物接触，以方便作图。

#### 9.3.2.3　视点、画面、建筑物之间相对位置的确定步骤

① 确定画面位置　如绘制一点透视，则过平面图中的主要立面作画面 $p$-$p$，如图 9-54（a）所示；如绘制两点透视，则过平面图中主要立面的一个转角作画面 $p$-$p$，并使主要立面与 $p$-$p$ 的夹角为 30°左右，如图 9-54（b）所示。

② 求画面宽度　过形体最外轮廓线作 $p$-$p$ 的垂线，得近似画面宽度 $B$。

③ 确定站点位置　先将近似画面宽度 $B$ 进行三等分，在中间 1/3 $B$ 的范围内选取站点的画面投影

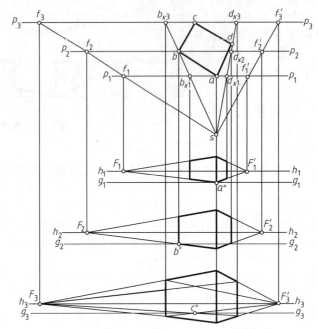

图 9-53　建筑物与画面的前后位置对透视图的影响

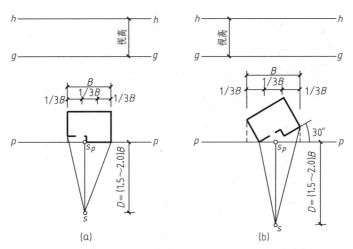

图 9-54　视点、画面、建筑物之间相对位置的确定

B—近似画面宽度；D—视距

$s_p$，再过 $s_p$ 作 $p$-$p$ 的垂线，在垂线上截取 $ss_p=(1.5\sim2.0)B$，确定站点 $s$ 的位置。

④ 确定视高，作出视平线　根据要达到的透视效果选定视高，并在 $p$-$p$ 线的上方（或下方）作基线 $g$-$g$ 及视平线 $h$-$h$，使两线之间的距离等于视高。

⑤ 检查调整　由 $s$ 点向物体两角连线，检查视角的大小是否在最佳范围内，若不在，则作适当调整。

当然，常用的透视参数并不适合于所有的建筑物或景物，还需要根据实际情况和欲达到的表现效果进行确定。所以，透视图的绘制不仅需要有基本的绘图技法作基础，还要充分发挥绘图者的想象力，使绘制的透视图观赏效果更加独特、新颖。

### 9.3.3　形体基透视的绘制

形体的基透视即形体的水平投影的透视，而形体的水平投影都在基面上，因此，作形体的基透视实际上就是作基面上平面图形的透视。这部分内容在平面的透视中已经介绍。

一般情况下基透视并不需要不分巨细、毫无遗漏地画出来，而只要将形体主要轮廓的基透视求出即可，至于细部的透视可用后面介绍的简捷画法解决，而且在基透视的作图过程中既可用前述的单一方法，也可几种方法结合使用。

**【例 9-8】** 如图 9-55（a）所示，已知一建筑物的平、立面图，用视线法求其基透视。

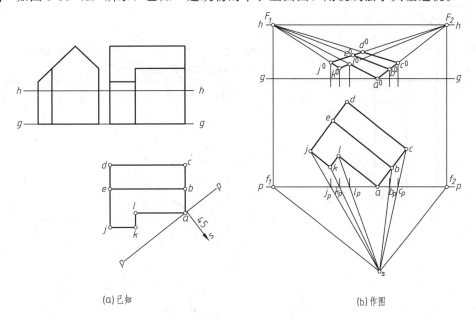

（a）已知　　　　　　　　　　　　　　（b）作图

图 9-55　视线法作建筑的基透视

**【作图】**

① 求出平面图中相互垂直的两主向直线的灭点。自站点 $s$ 作平行于两主向直线的视线与画面 $p\text{-}p$ 相交于 $f_1$、$f_2$，再由 $f_1$、$f_2$ 向上作铅垂线与视平线 $h\text{-}h$ 相交，即得两主向灭点 $F_1$、$F_2$。

② 求点 $a$ 的透视。点 $a$ 在基线上，也就是在画面上，其透视 $a^0$ 应在基线上。自 $a$ 向上作铅垂线与基线相交，得点 $a$ 的透视 $a^0$。

③ 求点 $l$、$b$、$c$ 的透视。自 $a^0$ 向 $F_1$、$F_2$ 引直线，即得直线 $al$ 和 $ac$ 的全透视。由点 $s$ 向 $j$、$k$、$l$、$b$、$c$ 各点引视线与 $p\text{-}p$ 线分别相交于点 $j_p$、$k_p$、$l_p$、$b_p$、$c_p$。再从 $l_p$、$b_p$、$c_p$ 向上作铅垂线与相应的全透视相交，即得点 $l$、$b$、$c$ 的透视 $l^0$、$b^0$、$c^0$。

④ 求点 $k$、$j$ 的透视。先由 $l^0$ 向 $F_2$ 引直线，然后自 $k_p$ 向上作铅垂线，与 $l^0 F_2$ 的延长线的交点即为点 $k$ 的透视 $k^0$。再由 $k^0$ 向 $F_1$ 引直线，然后自 $j_p$ 向上作铅垂线，即可得交点 $j$ 的透视 $j^0$。

⑤ 求点 $d$、$e$ 的透视。连 $j^0 F_2$ 和 $c^0 F_1$，其交点即为点 $d$ 的透视 $d^0$；$b^0 F_1$ 与 $j^0 F_2$ 的交点为点 $e$ 的透视 $e^0$。

⑥ 将 $a$、$b$、$c$、$d$、$e$、$j$、$k$、$l$ 各点的透视 $a^0$、$b^0$、$c^0$、$d^0$、$e^0$、$j^0$、$k^0$、$l^0$ 依次连接起来，即得所求建筑物的基透视。

## 9.3.4　形体主要轮廓透视的绘制

求出基透视后，先确定形体的透视高度，进而完成形体主要轮廓的透视。由直线的透视规律：画面上的铅垂线其透视即为直线本身，不在画面上的铅垂线的透视高度可利用真高线来确定。建筑形体的透视高度也可根据这些规律来确定。

**【例 9-9】** 如图 9-56（a）所示，已知建筑物的平面图、立面图和基透视，求其透视。

**【作图】**

① 墙棱线 $Aa$ 在画面上，其透视高度即为其实际高度，可直接自 $a^0$ 向上量取 $a^0 A^0 = H_1$。过 $A^0$ 点引线至 $F_1$ 和 $F_2$，与由 $b^0$ 和 $d^0$ 所作的铅垂线交得 $B^0$ 和 $D^0$，得另两条墙棱线的透视高度 $b^0 B^0$ 和 $d^0 D^0$。因为屋脊在画面之后，其透视高度要利用真高线确定，为此延长屋脊线的基透视 $e^0 k^0$ 与基线交于 $n^0$，过 $n^0$ 作屋脊线的真高线 $n^0 N^0 = H_2$，连直线 $N^0 F_1$，与过 $e^0$ 和 $k^0$ 所作的铅垂线交得 $E^0$ 和 $K^0$。

② 连接 $E^0 A^0$、$E^0 D^0$、$E^0 K^0$、$A^0 B^0$ 和 $K^0 B^0$，完成房屋轮廓的透视，如图 9-56（b）所示。

## 9.3.5　平面立体的透视

作平面立体的透视，实际上仍是作直线的透视。因此，求直线透视的方法（如视线法、量点法、距点

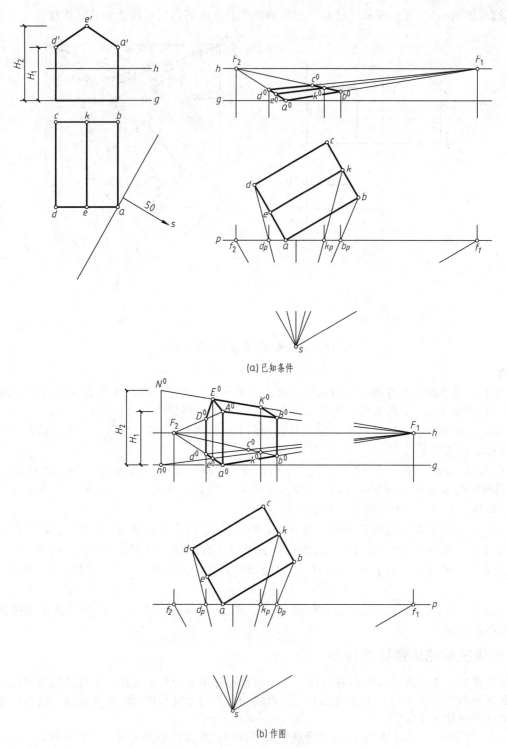

(a) 已知条件

(b) 作图

图 9-56  利用真高线法作建筑物的透视高度

法等）在这里仍然适用。

### 9.3.5.1  视线法

【例9-10】  如图9-57（a）所示，已知一长方体的底面在基面上、正立面在画面上，用视线法求其透视。

【分析】  因 $ab$ 与 $p$-$p$ 线重合，说明 $ab$ 既在画面上又在基面上，所以，其透视 $a^0b^0$ 一定在 $g$-$g$ 线上，$a$、$b$ 两点是直线 $da$、$cb$ 的画面迹点，又因为 $da$、$cb$ 垂直于画面，所以，它们的灭点即为心点 $s'$。

【作图】  如图9-57（b）所示：

① 作基透视　连接 $a^0s'$、$b^0s'$，即为直线 $da$、$cb$ 的透视方向，连接 $sc$ 与 $p\text{-}p$ 交于 $c_p$ 点，过 $c_p$ 作铅垂线，交 $b^0s'$ 于 $c^0$，过 $c^0$ 作 $c^0d^0/\!/a^0b^0$，交 $a^0s'$ 于 $d^0$，$a^0b^0c^0d^0$ 即为所求长方体的基透视。

② 用真高线法立高　因 $a$、$b$ 两点在画面上，所以，铅垂线 $Aa'$、$Bb'$ 为真高线，它们的透视高度等于实际高度。过 $a^0$、$b^0$ 作铅垂线，取 $A^0a^0=Aa'$，$B^0b^0=Bb'$，得 $A^0$、$B^0$，连接 $A^0s'$、$B^0s'$，过 $c^0$、$d^0$ 作铅垂线与 $B^0s'$、$A^0s'$ 交于 $C^0$、$D^0$，$a^0b^0c^0d^0A^0B^0C^0D^0$ 即为长方体的透视图。

③ 将可见线加粗，完成长方体的透视图。

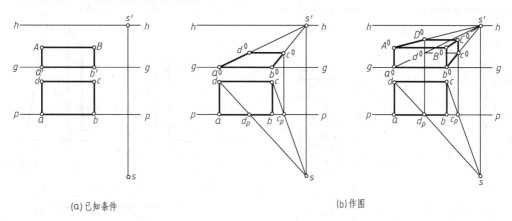

(a) 已知条件　　　　　　　　　　　(b) 作图

图 9-57　视线法作平面立体的透视

【例 9-11】　如图 9-58 所示，已知某游园大门的平面图和立面图，要求用视线法绘制其一点透视。

【分析】　在平面图中确定画面、站点的位置时，为简化作图步骤，选择画面通过门卫房带窗外墙的前表面，根据适宜的视距定出站点位置。在立面图上定出基线和视平线，同时为了节省图面，将画面布置在基面下方。

【作图】

① 绘制门卫房和立柱透视　首先作出位于画面上部分 $AA_1D_1D$ 和 $EE_1L_1M$ 的透视 $A^0A_1^0D_1^0D^0$ 和 $E^0E_1^0L_1^0M^0$。另外从图中视点位置，还可以看到门卫房右侧面和立柱左侧面，因此，连接 $sc$、$sc_1$ 和 $sj$、$sj_1$，并经它们与 $p\text{-}p$ 线的交点向下引铅垂线，分别与 $s'D^0$、$s'D_1^0$ 和 $s'E^0$、$s'E_1^0$ 交得 $C^0$、$C_1^0$ 和 $J^0$、$J_1^0$。同理，可求得后面立柱的透视，如图 9-58（b）所示。

② 绘制柱间梁和屋面板的透视　由于梁远离画面，故将其端面延伸至画面上，得其透视 $1_1^0 1^0 2^0 2_1^0$，并连接 $1^0s'$、$1_1^0s'$ 和 $2_1^0s'$，交出梁可见部分的透视。

由于屋顶的一部分在画面前，一部分在画面后，所以先根据立面图确定在画面上部分屋顶的透视 $3_1^0 3^0 4^0 4_1^0$，再连接 $5(5_1)s$ 和 $6(6_1)s$ 并延长，过延长线与 $p\text{-}p$ 线的交点 $5_p$ 和 $6_p$ 分别向下做垂线，与 $3_1^0s'$、$3^0s'$ 和 $4^0s'$、$4_1^0s'$ 的延长线交得屋顶前立面的透视 $5_1^0 5^0 6^0 6_1^0$。同理可求得屋顶其余部分的透视，如图 9-58（c）所示。

③ 窗洞和门洞的透视　圆窗洞的前表面在画面上，其透视是其本身。后表面为与画面平行的圆，求出其圆心和直径的透视，即可获得窗洞的透视，如图 9-58（d）所示。门洞的透视可自行求得。

【例 9-12】　如图 9-59（a）所示，已知视点 $S$ 及组合体的 $H$ 面和 $V$ 面投影，用视线法求作组合体的两点透视。

【分析】　为作图简便，在基面上，把 $p\text{-}p$ 线旋转成水平位置，此时，组合体的 $H$ 面投影与 $p\text{-}p$ 线倾斜；在画面上，把组合体的 $V$ 面投影画在左边。

【作图】

① 求灭点 $F_1$、$F_2$　过 $s$ 作直线 $sf_1/\!/ad$、$sf_2/\!/ab$，交 $p\text{-}p$ 线于 $f_1$、$f_2$，过这两点作铅垂线，与 $h\text{-}h$ 交于 $F_1$、$F_2$，即为组合体上两组水平线的灭点。

② 作组合体的基透视　为减少作图线，先在图的上方作基透视。因 $a$ 位于 $p\text{-}p$ 线上，故其透视 $a^0$ 在 $g\text{-}g$ 线上，连 $F_2a^0$ 和 $F_1a^0$。作视线 $sb$、$se$、$sd$ 与 $p\text{-}p$ 线交于点 $b_p$、$e_p$、$d_p$，过这些点引铅垂线，与 $F_2a^0$、$F_1a^0$ 交得点 $b^0$、$e^0$、$d^0$，连线 $F_1b^0$、$F_1e^0$、$F_2d^0$，求得交点 $c^0$、$k^0$，即作出组合体的基透视 $a^0e^0b^0c^0k^0d^0$，如图 9-59（b）所示。

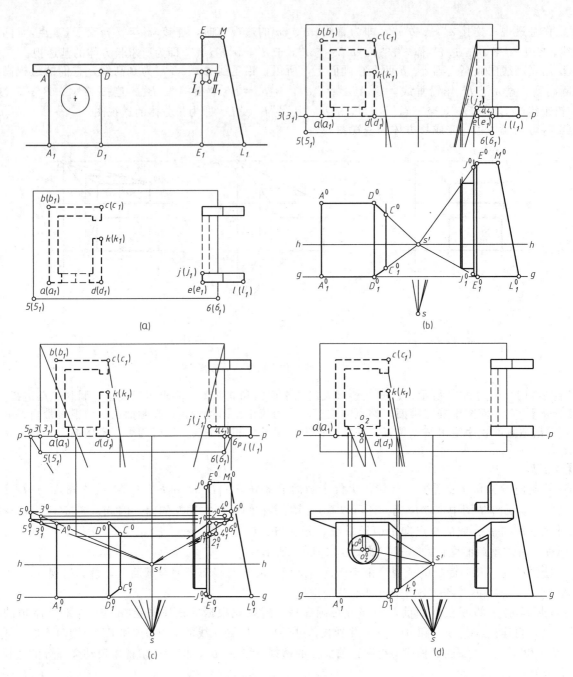

图 9-58　视线法作大门建筑的一点透视

　　③ 立高作透视图　根据棱线的高，过 $a^0$ 作铅垂线 $a^0A^0=Z$、$a^0T=Z_1$（因棱线 $Aa$ 在画面上，所以，其透视 $A^0a^0$ 高度不变）；连 $TF_2$，与过 $e^0$、$b^0$ 的铅垂线交于 $E_2^0$、$B^0$；连直线 $A^0F_2$、$A^0F_1$，与过 $e^0$、$d^0$ 所作的铅垂线交于 $E_1^0$、$D^0$，连直线 $D^0F_2$、$E_1^0F_1$、$B^0F_1$ 等，然后，将组合体的可见轮廓线画成粗实线，即完成组合体的透视图，如图 9-59（b）所示。

　　【例 9-13】　如图 9-60（a）所示，已知房屋的平面图和立面图，用视线法求其两点透视。

　　【分析】　为了充分利用图纸画面，把基面放在画面上方，且使建筑主立面与画面成 30°夹角。按照选择视点的原则定出站点的位置，选取画面使其通过建筑一个墙角的棱线，由此确定 $p$-$p$ 位置。在适当位置作 $g$-$g$ 线，根据视高确定 $h$-$h$ 线，由于视高较小，基透视中的交点位置不易准确确定，为此，降低基面做 $g_1$-$g_1$ 线，如图 9-60（b）所示。房屋的正立面图画在图纸右侧，并坐落在 $g$-$g$ 线上。

　　【作图】

　　① 求主向灭点　在 $h$-$h$ 上作出平面图中两个主向灭点 $F_1$ 和 $F_2$。

　　② 求房屋基透视　在 $g$-$g$ 线和 $g_1$-$g_1$ 线上分别定出相对于 $a$ 点的 $a^0$ 和 $a_1^0$ 后，连 $F_1a_1^0$ 和 $F_2a_1^0$，得

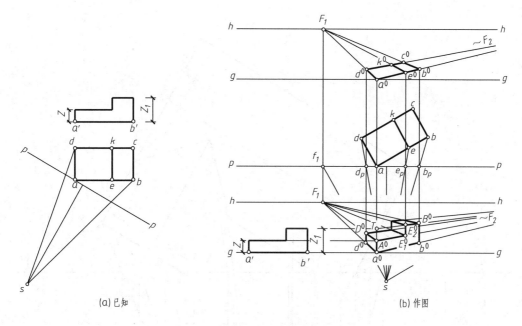

(a) 已知

(b) 作图

图 9-59　视线法求组合体的两点透视

长、宽两直线的全长透视。连接房屋平面图上 $sb$、$se$，并经它们与 $p$-$p$ 线的交点向下引铅垂线，分别与 $F_1a_1^0$ 和 $F_2a_1^0$ 交得外墙轮廓转折点的基透视 $b_1^0$、$e_1^0$，自 $sc$ 与 $g$-$g$ 的交点向下引铅垂线，与 $b_1^0F_2$ 的延长线交得 $c_1^0$，同理可求得 $d_1^0$。连接 $d_1^0F_2$ 和 $e_1^0F_1$ 以完成外墙轮廓的基透视。

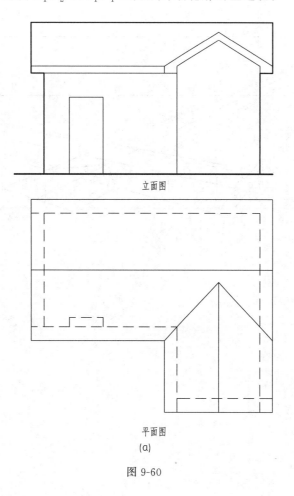

立面图

平面图

(a)

图 9-60

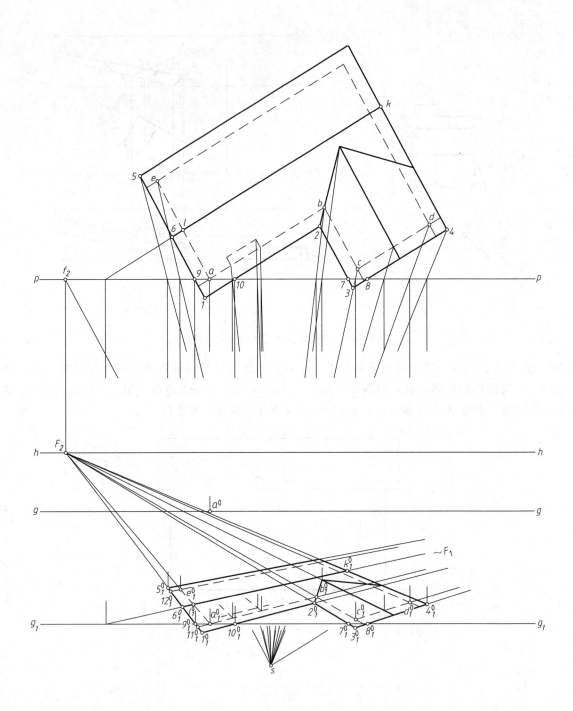

(b)

(c)

图 9-60

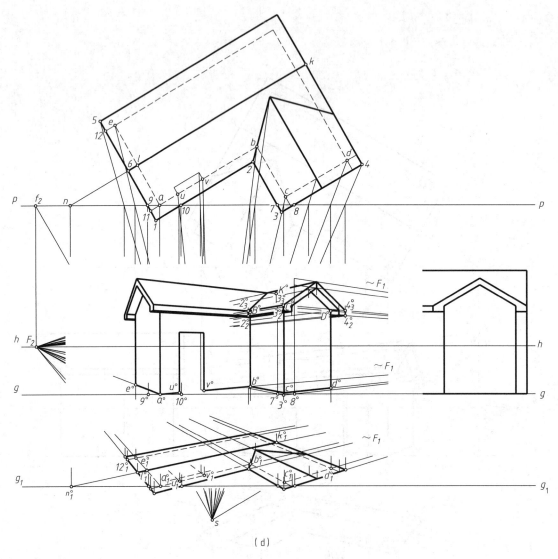

图 9-60　视线法求房屋轮廓的两点透视

作屋顶轮廓的基透视时，先由点 7、8、9、10 在基线 $g_1$-$g_1$ 上定出 $7_1^0$、$8_1^0$、$9_1^0$、$10_1^0$，连接 $7_1^0F_2$、$9_1^0F_2$ 和 $8_1^0F_1$、$10_1^0F_1$，它们相交得出位于画面前的点 $1_1^0$、$3_1^0$ 和拐角 $2_1^0$。同理，作出其余点的基透视，如图 9-60 (b) 所示。

③ 求房屋左边部分透视图　由 g-g 线上的点 $a^0$ 分别连接 $F_1$ 和 $F_2$，再由基透视中的点 $b_1^0$、$e_1^0$ 向上作垂线，分别交出 $b^0$、$e^0$。由 $b^0$ 引线至 $F_2$，在其延长线上确定 $c^0$ 后，再由 $c^0$ 引线至 $F_1$ 并定出 $d^0$。在点 $a^0$ 处向上量取墙角的真高线 $a^0A^0$，并由点 $A^0$ 分别引线至 $F_1$ 和 $F_2$，以确定点 $B^0$ 和 $E^0$，如图 9-60 (c) 所示。

④ 求左边屋顶部分的透视　由 $9_1^0$ 和 $10_1^0$ 分别向上引垂线，并从 g-g 起在垂线上直接量取屋檐和檐口的高度得 $9_3^0$、$9_2^0$ 和 $10_3^0$、$10_2^0$ 点。由 $9_3^0$、$9_2^0$ 点引线至 $F_2$，与过点 $1_1^0$、$11_1^0$ 和点 $5_1^0$、$12_1^0$ 的铅垂线交得屋檐和檐口转角处的透视。由 $10_3^0$、$10_2^0$ 点引线至 $F_1$，与过 $2_1^0$ 点的铅垂线交得屋檐阴角处的透视 $2_3^0$、$2_2^0$。

⑤ 求左边屋脊的透视　在基透视中过 $n_1^0$ 引铅垂线，在此线上自 $n^0$ 向上量取屋脊高度和屋顶厚度分别得 $N^0$ 和 $N_1^0$，由此二点引线至 $F_1$，即可与引自 $6_1^0$、$l_1^0$ 和 $k_1^0$ 的铅垂线交出屋脊的透视 $6_3^0$、$6_2^0$、$K^0$ 和山墙顶点的透视 $L_1^0$。由 $5_2^0$、$11_2^0$、$12_2^0$ 分别引线至 $F_1$，即可交出剩余檐口线的透视。

⑥ 求门洞口的透视　在 $a^0$ 处向上量取门洞的真高线 $a^0A_2^0$，并由 $A_2^0$ 引线至 $F_1$，与过点 $u_1^0$、$v_1^0$ 所

作的铅垂线交出外墙面上门洞口的透视高度 $u^0U^0$ 和 $v^0V^0$。连接 $v^0F_2$ 和 $V^0F_2$ 与过相应基透视所作的铅垂线相交，从而完成门洞厚度的透视。

⑦ 连接各可见部分透视轮廓线，即完成了房屋左半部分的透视，如图 9-60（c）所示。右半部分透视的画法与左侧相同，图中画出了剩余部分必要的作图线，自行补全即可，如图 9-60（d）所示。

### 9.3.5.2 量点法

【例 9-14】 如图 9-61（a）所示，已知房屋平面图和立面图，用量点法求作其两点透视图。

【分析】 按照选择视点的原则定出站点的位置，使画面通过建筑一个柱子的棱线，并与建筑主立面的夹角为 30°。以地面位置作为基面，由于给定的视高较小，基透视中的交点位置不易准确确定，为此，降低基面做 $g_1$-$g_1$ 线以方便作图。

【作图】

① 求灭点和量点 过平面图中柱子的角点 $a$ 作基线 $p$-$p$，并确定站点 $s$，在立面图上确定视平线高度，在平面图中求出 $f_1$、$f_2$ 和 $m_1$、$m_2$，如图 9-61（a）所示。将基线降低至 $g_1$-$g_1$，并在其上定出 $a_1$，在视平线 $h$-$h$ 上定出灭点 $F_1$、$F_2$ 和量点 $M_1$、$M_2$，如图 9-61（b）所示。

② 作基透视 将 $X$ 轴方向尺寸及其分点7、8、9、10 量在 $g_1$-$g_1$ 线上点 $a_1$ 之左，得 $7_1$、$8_1$、$9_1$、$10_1$，使 $a_17_1=a7$，$a_18_1=a8$，$a_19_1=a9$，$a_110_1=a10$。同理，将 $Y$ 轴方向尺寸及其分点2、3、4、5 量在 $g_1$-$g_1$ 线上点 $a_1$ 之右，得 $2_1$、$3_1$、$4_1$、$5_1$。

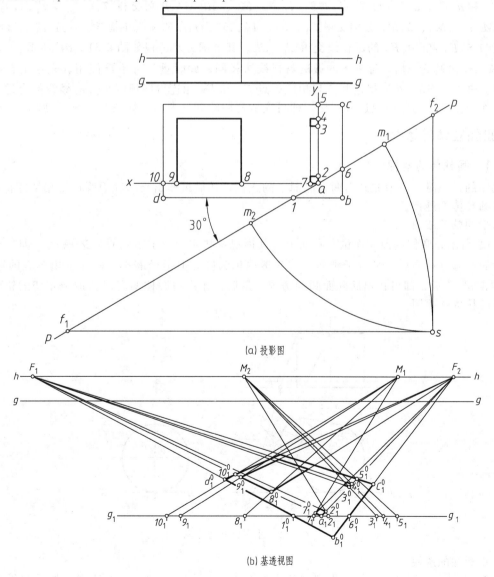

(a) 投影图

(b) 基透视图

图 9-61

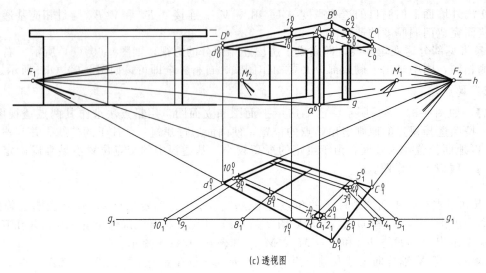

(c) 透视图

图 9-61　量点法求房屋轮廓的两点透视

连 $a_1F_1$ 和 $a_1F_2$，$a_1F_1$ 与 $7_1M_1$、$8_1M_1$、$9_1M_1$、$10_1M_1$ 分别交得 $7_1^0$、$8_1^0$、$9_1^0$、$10_1^0$；$a_1F_2$ 与 $2_1M_2$、$3_1M_2$、$4_1M_2$、$5_1M_2$ 分别交得 $2_1^0$、$3_1^0$、$4_1^0$、$5_1^0$。1 点和 6 点在基线上，连 $1_1^0F_1$ 和 $6_1^0F_2$ 交得 $b_1^0$，它们又与 $5_1^0F_1$ 和 $10_1^0F_2$ 的延长线交得 $c_1^0$、$d_1^0$。其余部分基透视如图 9-61（b）所示。

③ 立高　作出基透视后，透视图的做法与视线法相同。此时量点可不再使用。先定出真高线 $a^0A^0$，迹点 $1_0^0$、$1_2^0$ 和 $6_0^0$、$6_2^0$，然后将这些点与相应灭点 $F_1$ 和 $F_2$ 相连得屋顶两个方向檐线的全透视，再过基透视上各点作铅垂线，与相应全透视相交，即可完成房屋轮廓透视图，如图 9-61（c）所示。

## 9.3.6　曲面立体的透视

### 9.3.6.1　圆柱体的透视

作圆柱体的透视时，一般先画出两端底面圆的透视，然后再作出与两底面圆透视相切的轮廓素线的透视，即完成圆柱体的透视。

（1）水平圆柱的透视

如图 9-62 所示，圆柱的前底面位于画面上，其透视反映实形；定出圆心的透视 $o_1^0$，即作出前底面圆的透视。后底面圆在画面后，平行于画面，故其透视仍为圆，但半径缩小。同样求出圆心的透视 $o_2^0$、半径 $o_2a$ 的透视 $o_2^0a^0$ 后，即可作出后底面圆的透视。最后，作出与圆柱两底面圆透视相切的轮廓素线的透视，即完成圆柱的透视图。

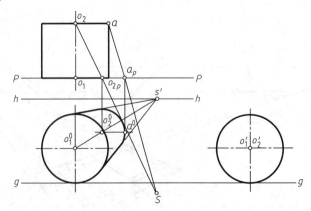

图 9-62　水平圆柱的透视

（2）铅垂圆柱的透视

如图 9-63 所示，应用基面上圆的两点透视中的八点法，先作出底面圆的透视，然后利用 $a$ 在画面上其透视高度应反映真高的性质，自 $a^0$ 作真高线 $a^0A^0 =$ 柱高，得 $A^0$。再用八点法作出顶面圆的透视。因

为素线垂直于 $H$ 面，故作两条竖直线与两底圆透视相切，即完成圆柱的透视。两底圆不可见部分可以不画，也可用虚线画出。

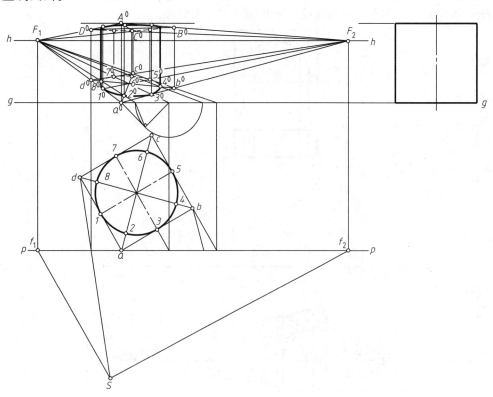

图 9-63 铅垂圆柱的透视

【例 9-15】 如图 9-64（a）所示，已知拱门的 $H$ 面和 $V$ 面投影，作圆拱门的一点透视。

【分析】 拱门前表面位于画面上，其透视为其本身，半圆拱的透视仍为半圆形。

【作图】

① 利用量点法作出基透视。

② 作出圆拱门前表面的透视。

③ 连接 $s'O_I^0$ 与过 $o_2^0$ 所作的铅垂线交于圆拱门后表面拱圆圆心的透视 $O_{II}^0$，过 $O_{II}^0$ 作水平线与过 $2^0$ 和 $4^0$ 所作的铅垂线交于圆拱门后表面拱圆与铅垂棱线的交点的透视 $II^0$ 和 $IV^0$。

④ 以 $O_{II}^0$ 为圆心，$O_{II}^0 II^0$（或 $O_{II}^0 IV^0$）为半径作半圆，完成圆拱后表面透视。

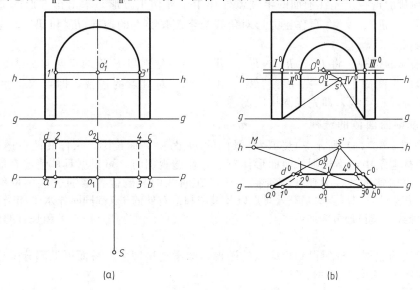

(a)                    (b)

图 9-64 圆拱门的一点透视

【例9-16】 如图9-65（a）所示，已知圆拱门的 H 面和 V 面投影，求作其两点透视。

【分析】 这里主要解决拱门前、后两个半圆弧的透视作图问题，且仍采用八点法。为使拱门的透视图更清晰，用降低基线 $g_1$-$g_1$ 作拱门的基透视，使基透视和透视分开。

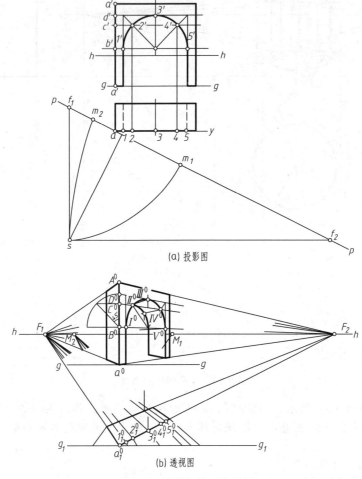

(a) 投影图

(b) 透视图

图 9-65　圆拱门的两点透视

【作图】

① 用量点法作出拱门的基透视并完成拱门外轮廓的透视。

② 作前面半圆弧的透视。先在前面的半圆弧外作半个外切正方形，求出正方形的透视，即得到圆弧上三个点的透视 $I^0$、$III^0$、$V^0$，再作正方形对角线与半圆弧交点的透视 $II^0$ 和 $IV^0$，光滑连接五点，即得前面半圆弧的透视。

③ 作后面半圆弧的透视。将 $I^0$、$II^0$、$III^0$、$IV^0$、$V^0$ 分别与 $F$ 连线，与自后表面相应点的基透视所作的铅垂线交得后半圆周上与 $I^0$、$II^0$、$III^0$、$IV^0$、$V^0$ 对应点的透视，即可求得拱门后半个透视椭圆。将可见轮廓线画成粗实线，即完成圆拱门的透视。

#### 9.3.6.2 不规则曲面体的透视

【例9-17】 如图9-66（a）所示，已知园林景门的 H 面和 V 面投影，求作其两点透视。

【分析】 在园林建筑中，不规则的曲面形体较多，作透视图时，可根据具体情况在曲线的一些特殊点处同时作水平和竖直的辅助线，为使作图准确，还可在曲线的一般位置增加一些辅助线。如图9-66中，在曲线拐角处 $III$、$IV$、$V$、$VI_1$点和最高处$VII$点以及最左和最右处的 $I$点都同时作水平和竖直的辅助线。为增加作图准确度，在曲线段较长处再增加一些点，如$II$、$II_1$、$IV_1$点，过这些点作水平和竖直的辅助线，如图9-66（a）所示。

求出这些辅助线的透视，进而得到相应点的透视，圆滑连接即可。后面可见部分采用同样方法，即可完成全部作图，如图9-66（b）所示。

【作图】 略。

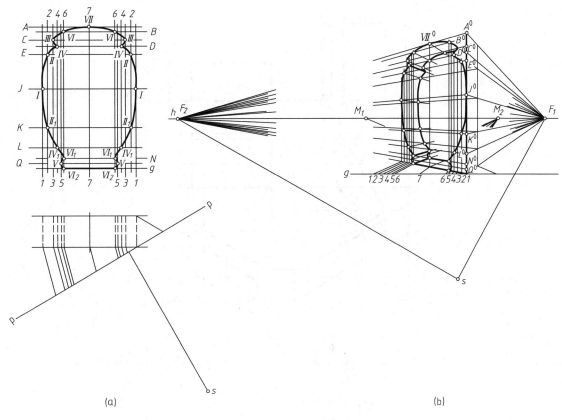

图 9-66  园林景门的透视

# 9.4  群体景物的透视

在建筑设计、园林规划设计和城市规划设计中，经常要表达群体景物的透视效果，由于群体景物表达的内容较多，不仅平面形状复杂，而且它们的透视轮廓往往不是向一个或两个灭点消失，所以用前述方法绘制其透视图很不方便，甚至是不可能的。为此，通常采用网格法来绘制。

利用网格法绘制群体景物透视的步骤：

（1）将群体景物的平面图放入一个方格网中，参照平面曲线的网格法，画出群体景物的基透视。

（2）利用集中真高线法求出群体景物各部分的透视高度，即得群体景物的透视。

## 9.4.1  一点透视网格作群体景物透视

【例 9-18】  图 9-67（a）所示，已知一小区局部平面图和立面图，利用网格法求作其一点透视。

【作图】

① 参照平面曲线透视中的网格法绘制小区内建筑和道路的基透视，如图 9-67（b）所示。

② 求左侧建筑透视高度。在基线的任一位置立集中真高线 $nN$，在其上量取各建筑物真高，得点 $T_1$、$T_2$，在 $h$-$h$ 线上适当位置定出灭点 $F_0$，连线 $nF_0$、$T_1F_0$、$T_2F_0$。过墙脚线 $Aa$ 的基透视 $a^0$ 作水平线，与 $nF_0$ 交于点 $a_n$，然后由 $a_n$ 作铅垂线，与 $T_1F_0$ 交于 $a_t$，再过 $a_t$ 点作水平线，与由 $a^0$ 所作的铅垂线相交于 $A^0$ 点，$a^0A^0$ 即为 $Aa$ 的透视高度。

为求墙脚线 $Bb$ 的透视高度，延长 $a^0b^0$，与 $h$-$h$ 线交于点 $F_{ab}$，$F_{ab}$ 也是 $A^0B^0$ 的灭点，所以连接 $A^0F_{ab}$，与过 $b^0$ 所作铅垂线的交点即为 $B^0$。用同样的方法可求得墙脚线 $Cc$、$Dd$、$Ee$、$Ff$ 的透视高度，如图 9-67（c）所示。

③ 求右侧建筑透视高度。（略）

④ 连接相关点以完成建筑物的透视。

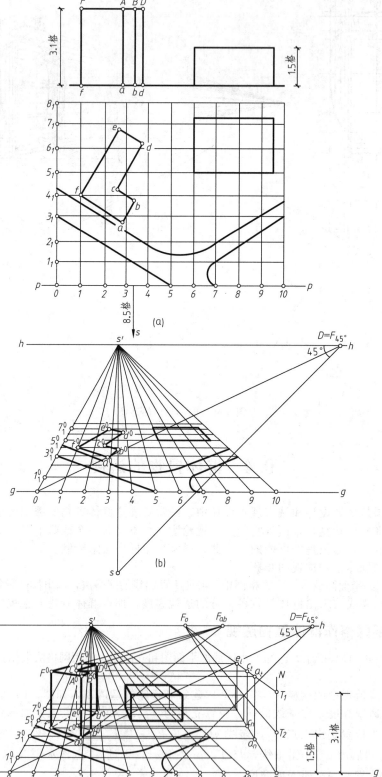

图 9-67　一点透视网格作群体景物的透视

## 9.4.2 两点透视网格作群体景物透视

**【例9-19】** 如图9-68（a）所示，已知一庭院平面图和立面图，利用网格法求作其两点透视。

**【作图】**

① 用网格法绘制庭院内建筑和绿地基透视，如图9-68（b）所示。

② 求左侧建筑透视高度。参照例9-18求得墙角线 $Aa$ 的透视高度 $a^0A^0$。

由于建筑物的两个水平方向分别与网格线两个方向平行，所以为求墙脚线 $Bb$ 的透视高度，连接 $A^0F_y$，与过 $b^0$ 所作铅垂线的交点即为 $B^0$。而连接 $A^0F_x$，与过 $d^0$ 所作铅垂线的交点即为 $D^0$。同理可求得墙脚线 $Cc$ 的透视高度，如图9-68（c）所示。

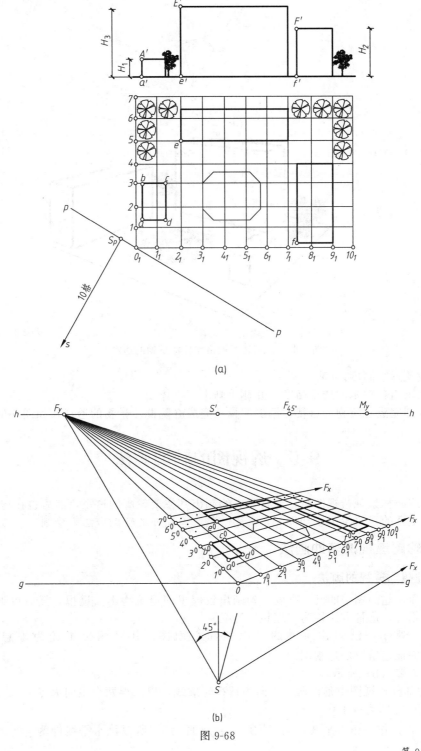

(a)

(b)

图 9-68

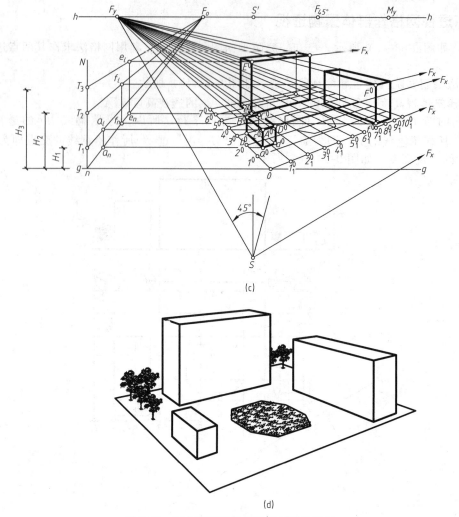

(c)

(d)

图 9-68　两点透视网格作群体景物的透视

③ 求另两座建筑透视高度。（略）

④ 用相同方法求出各乔木的透视高度，并徒手画出其立体图。

⑤ 连接相关点即完成建筑物的透视，添加配景，完成庭院群体景物的透视，如图 9-68（d）所示。

## 9.5　透视图的辅助画法

在绘制建筑物或园林景观透视图时，通常是先绘制出其主要轮廓的透视，然后再在透视轮廓上直接加绘细部透视。对于复杂的建筑轮廓或细部，常采用一些快速简便的辅助方法来绘制。

### 9.5.1　建筑外轮廓透视的辅助画法

#### 9.5.1.1　"理想"透视的画法

先根据建筑平面、立面图中的已知高度，勾画出较理想的建筑物正面透视，然后再画出侧面的透视，并使之与已知条件相符，这种方法称为"理想"透视画法。

如图 9-69（a）所示，已知建筑物的平面图和立面图，并且画出了较为理想的主立面透视 $A^0B^0C^0D^0$，要求完成建筑物的透视图。

作图步骤如图 9-69（b）所示：

① 从已画好的部分透视图中延伸两个方向的透视轮廓线，以求得两个主向灭点 $F_x$、$F_y$。

② 连线 $F_x$、$F_y$，即为视平线 $h$-$h$。

③ 过 $B^0$（或 $A^0$）作一条水平线，因 $A^0B^0=n_z$（真高），所以该水平线即为 $g$-$g$ 线。在 $g$-$g$ 线上

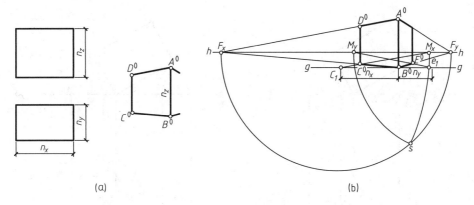

图 9-69　理想透视作图

$B^0$ 点向左量取 $n_x$ 得到 $c_1$ 点，连 $c_1 C^0$ 并延长，交 $h\text{-}h$ 于 $M_x$，即为 $X$ 方向的量点。

④ 当两主向灭点 $F_x$、$F_y$ 距离不太远时，以 $F_x F_y$ 为直径作半圆。

⑤ 以 $F_x$ 为圆心，$F_x M_x$ 为半径画弧与半圆交于站点 $s$。

⑥ 再以 $F_y$ 为圆心，$s F_y$ 为半径画弧，交 $h\text{-}h$ 于 $M_y$，即为 $Y$ 方向的量点。

⑦ 在 $g\text{-}g$ 线上 $B^0$ 点的另一边，量取 $n_y$ 得到 $e_1$ 点。

⑧ 连 $e_1 M_y$，与 $B^0 F_y$ 交于 $E^0$ 点，过 $E^0$ 作铅垂线，即完成建筑物侧立面的透视。

当两主向灭点 $F_x$、$F_y$ 距离较远时，画半圆不方便，可以按照图 9-70 的方法求出量点。

① 在主立面透视的适当高度画一水平线 $h_1\text{-}h_1$，交 $A^0 F_x$、$A^0 F_y$ 于 $F_{x1}$、$F_{y1}$ 两点。

② 以 $F_{x1} F_{y1}$ 为直径画半圆。

③ 重复上面的步骤，在 $h_1\text{-}h_1$ 上求得 $M_{x1}$ 和 $M_{y1}$。

④ 连接 $A^0 M_{x1}$ 和 $A^0 M_{y1}$ 并延长，与视平线 $h\text{-}h$ 交于 $M_x$ 和 $M_y$。

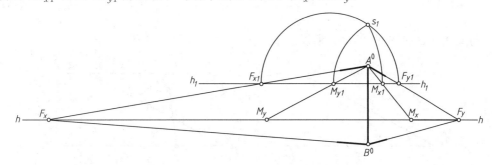

图 9-70　两灭点较远时量点的求法

### 9.5.1.2　灭点在图板外时的透视画法

在绘制透视图时，经常会遇到灭点在图板外的情况，此时可采用如下方法解决。

① 利用心点 $s'$　图 9-71（a）中灭点 $F_1$ 在图板外，作主立面透视时，可过 $d$ 作 $p\text{-}p$ 的垂线 $de$ 交画面于 $e$ 点，则 $de$ 的灭点即心点。在画面上过 $e^0$ 立真高线 $e^0 E^0$ 等于建筑物实际高度 $a^0 A^0$，再过 $ds$ 与 $p\text{-}p$ 的交点作铅垂线，与 $e^0 s'$ 和 $E^0 s'$ 分别交于 $d^0$ 和 $D^0$，$d^0 D^0$ 即为 $d$ 处墙角线的透视，连 $a^0 d^0$ 和 $A^0 D^0$ 即得主立面的透视。

② 利用现有主向灭点　图 9-71（b）中，延长 $cd$ 交 $p\text{-}p$ 于 $e$ 点，则 $de$ 的灭点为在图板内的主向灭点 $F_2$。在画面上过 $e^0$ 立真高线 $e^0 E^0$ 等于建筑物实际高度 $a^0 A^0$，再过 $ds$ 与 $p\text{-}p$ 的交点作铅垂线，与 $e^0 F_2$ 和 $E^0 F_2$ 分别交于 $d^0$ 和 $D^0$，$d^0 D^0$ 即为 $d$ 处墙角线的透视，连 $a^0 d^0$ 和 $A^0 D^0$ 即得主立面的透视。

## 9.5.2　建筑细部透视的简捷画法

在绘制建筑物或园林景观的细部透视时，由于部分细部尺寸较小，运用前述视线法或量点法，不仅作图繁杂，而且误差较大，所以往往借助于初等几何的知识在透视图上用简捷作图法直接画出细部的透视。下面介绍几种常用的简捷作图方法。

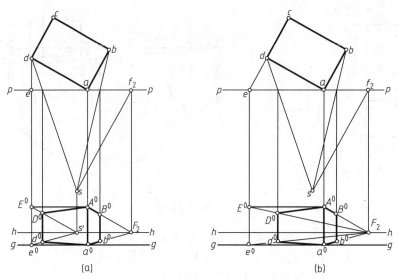

图 9-71　灭点在图板外时的透视画法

### 9.5.2.1　直线的分割

（1）基面平行线的分割

如图 9-72（a）所示，已知基面平行线 $AB$ 的透视 $A^0B^0$，要求以 $1:2:3$ 的比例分割 $AB$，求各分点的透视 $C^0$、$D^0$。作图时，先自 $A^0B^0$ 的任一端点如 $A^0$ 作一水平线，并在其上以适当长度为单位，自 $A^0$ 向右截得分点 $C_1$、$D_1$ 和 $B_1$，使 $A^0C_1:C_1D_1:D_1B_1=1:2:3$，连接 $B_1B^0$ 并延长使之与 $h$-$h$ 交于点 $F_1$，再从 $F_1$ 向各分点 $C_1$、$D_1$ 连线，由于 $F_1C_1$、$F_1D_1$ 和 $F_1B_1$ 相交于视平线上同一灭点，所以它们是一组相互平行的基面平行线的透视，因此这些连线与 $A^0B^0$ 的交点即为 $AB$ 上所求分点的透视 $C^0$、$D^0$。

等分方法与此相同，如图 9-72（b）所示。

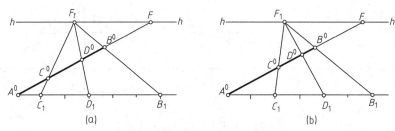

图 9-72　基面平行线的分割

（2）画面平行线的分割

由于画面平行线的透视与它本身平行，因此，直线上各线段的长度之比，在透视图中不变。利用这个特性，可在画面平行线的透视上，应用等比法直接作出直线上各段的透视。

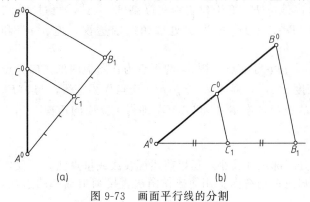

（a）　　　　　　（b）

图 9-73　画面平行线的分割

如图 9-73（a）所示，已知画面平行线 $AB$ 的透视 $A^0B^0$，要求以 $3:2$ 的比例分割 $AB$，求其分点的透视 $C^0$。作图时，先自 $A^0B^0$ 的任一端点如 $A^0$ 作任一直线，并在其上以适当长度为单位，自 $A^0$ 截得分点 $C_1$ 和 $B_1$，使 $A^0C_1:C_1B_1=3:2$，连接 $B_1B^0$，过 $C_1$ 点作 $B_1B^0$ 的平行线，与 $A^0B^0$ 的交点即为所求分点的透视 $C^0$。如图 9-73（b）所示为等分 $AB$ 的作法。

### 9.5.2.2　矩形的分割

（1）两等分矩形

如图 9-74（a）所示，要将矩形 $ABCD$ 的透视 $A^0B^0C^0D^0$ 分割成两个全等小矩形的透视，首先作 $A^0B^0C^0D^0$ 的对角线，过对角线的交点 $O^0$ 作两铅垂边的平行线 $E^0F^0$，$E^0F^0$ 即将 $A^0B^0C^0D^0$ 竖向分割成两个全等小矩形 $ABFE$ 和 $EFCD$ 的透视 $A^0B^0F^0E^0$ 和 $E^0F^0C^0D^0$；如果连接 $FO^0$ 并延长使之与两铅垂边相交，则 $E^0F^0$ 将 $A^0B^0C^0D^0$ 横向分割成两个全等小矩形 $AEFD$ 和 $BCFE$ 的透视 $A^0E^0F^0D^0$ 和 $B^0C^0F^0E^0$。图 9-74（b）为两点透视。

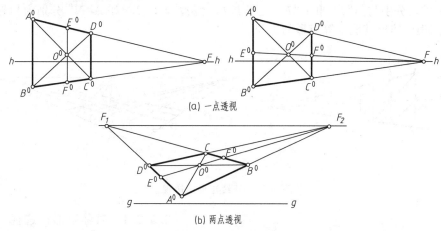

(a) 一点透视

(b) 两点透视

图 9-74　两等分矩形的透视

（2）多等分矩形

要将矩形 $ABCD$ 的透视 $A^0B^0C^0D^0$ 竖向分割成三个全等小矩形的透视，作图步骤如图 9-75（a）所示：①在铅垂边 $A^0B^0$ 上，以适当长度为单位自 $B^0$ 向上截取三个等分点 1、2、3；②连接 $3F$ 与 $C^0D^0$ 交于 $E^0$，连接 $B^0E^0$；③连接 $1F$ 和 $2F$，它们与 $B^0E^0$ 的交点 4 点和 5 点即为等分点；④过 4 点和 5 点分别作铅垂边的平行线，即得竖向三等分矩形的一点透视。图 9-75（b）为两点透视。

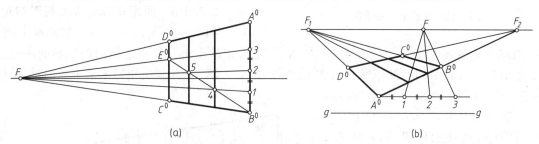

(a)

(b)

图 9-75　多等分矩形的透视

（3）按比例分割矩形

若将 $A^0B^0C^0D^0$ 竖向分割成宽度比为 2：3：1 的三个小矩形的透视，作图方法与图 9-75 基本相同，只是在铅垂边上截取的三段长度之比应为 2：3：1。图 9-76（b）为两点透视。

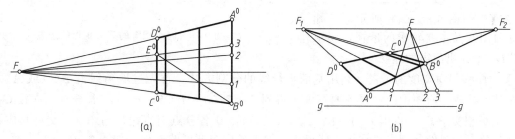

(a)

(b)

图 9-76　按比例分割矩形的透视

### 9.5.2.3　连续矩形的透视

（1）利用中点作连续矩形的透视

图 9-77（a）为一铅垂矩形的透视 $A^0B^0C^0D^0$，要求连续作出三个与之全等的矩形的透视。

先作 $A^0B^0$ 的中点 $M^0$，连 $M^0F$ 交 $C^0D^0$ 于 $N^0$，连 $A^0N^0$ 并延长交 $B^0C^0$ 的延长线于 $E^0$，过 $E^0$ 作铅垂线 $E^0L^0$，即得到一连续矩形的透视 $C^0D^0L^0E^0$，按相同的方法可以得到所需要的连续矩形的透视。

（2）利用对角线作连续矩形的透视

图 9-77（b）为矩形的两点透视 $A^0B^0C^0D^0$，要求在纵横两个方向连续作出三个全等矩形的透视。首先作出 $A^0B^0C^0D^0$ 的对角线 $B^0D^0$，并找出它的灭点 $F$，利用连续等大矩形的对角线相互平行的原理，连直线 $C^0F$ 和 $A^0F$，分别与 $A^0F_2$ 和 $C^0F_1$ 交于点 $E^0$ 和 $N^0$，$C^0E^0$ 和 $A^0N^0$ 分别为相邻两个全等矩形对角线的透视。同理可作出其他全等矩形透视。

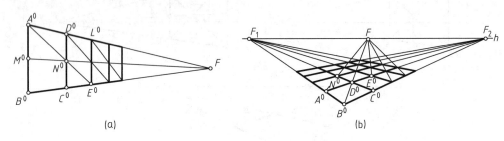

(a)    (b)

图 9-77　连续矩形的透视

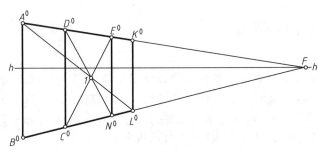

图 9-78　对称矩形的透视

### 9.5.2.4　对称矩形的透视

图 9-78 所示为矩形 $ABCD$ 和 $CDEN$ 的透视 $A^0B^0C^0D^0$ 和 $C^0D^0E^0N^0$，要求作与 $ABCD$ 相对称于 $CDEN$ 的矩形 $ENLK$ 的透视。首先作出 $C^0D^0E^0N^0$ 的两条对角线的交点 $1$，连线 $A^01$ 并延长，与 $B^0F$ 交于点 $L^0$，自 $L^0$ 作铅垂线 $L^0K^0$，则 $E^0N^0L^0K^0$ 即为矩形 $ENLK$ 的透视。

### 9.5.2.5　间距相等的等大矩形的透视

如图 9-79 所示为一宽一窄的两个相连矩形

$ABCD$ 和 $CDEN$ 的透视 $A^0B^0C^0D^0$ 和 $C^0D^0E^0N^0$，要求连续作出几组与之相同的矩形的透视。首先，按图 9-78 作出与 $ABCD$ 相对称的矩形 $ENLK$ 的透视 $E^0N^0L^0K^0$，并画出矩形水平中线的透视 $1F$，$1F$ 与铅垂线 $E^0N^0$、$K^0L^0$ 相交于 $2$、$3$ 两点，连线 $A^02$、$D^03$ 并延长，与 $B^0F$ 交于 $Q^0$、$R^0$ 两点，过此两点分别作铅垂线 $Q^0J^0$、$R^0U^0$，即得到一宽一窄两个矩形的透视。以此类推，可连续作出几组相同矩形的透视。

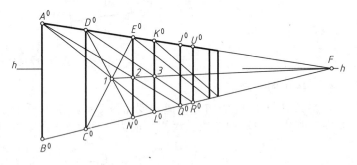

图 9-79　间距相等的等大矩形的透视

## 9.5.3　应用实例

【例 9-20】　如图 9-80（a）所示，已知房屋的正立面图及其主要轮廓的透视，要求在 $A^0B^0C^0D^0$ 上作出门窗的透视。

【作图】　① 作门窗宽度的透视　利用基面平行线的分割方法，首先过墙角线上 $B^0$（或 $A^0$）点作水平线，并在其上截取立面图中门窗洞等的宽度，得到 $1$、$2$、$3$、$4$、$5$、$6$、$C_1$ 各分点。连接 $C_1C^0$ 并延长，使之与 $h$-$h$ 相交于 $F_1$，再由 $F_1$ 向 $1$、$2$、$3$、$4$、$5$、$6$ 各分点引直线，与 $B^0C^0$ 交得相应各分点的透视，由这些分点透视处分别引铅垂线，即得正立面上各门窗宽度的透视，如图 9-80（b）所示。

② 作门窗高度的透视　利用画面平行线的分割方法，墙脚线 $AB$ 在画面上，则 $AB$ 的透视 $A^0B^0$ 就是墙脚线的实际高度，可直接在此墙角线上作出各高度分点 $1_0^0$、$2_0^0$、$3_0^0$、$4_0^0$、$5_0^0$、$6_0^0$ 等，然后过这些分点，分别与相应的主向灭点引直线，即得到各层门窗高度的透视。如主向灭点位置较远，为方便起见，可通过点 $C_1$ 作铅垂线 $C_1D_1$，并在其上截取各层门窗的高度，然后由这些分点分别向 $F_1$ 引直线，

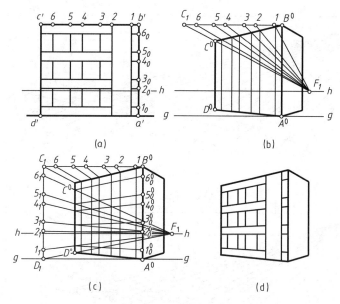

图 9-80 建筑立面上门窗的透视

并与 $C^0 D^0$ 相交，过这些交点再分别与 $A^0 B^0$ 上各高度分点 $1_0^0$、$2_0^0$、$3_0^0$、$4_0^0$、$5_0^0$、$6_0^0$ 连线，即得正立面上各层门窗高度的透视，如图 9-80 (c) 所示。

③ 擦除多余图线，即得带门窗房屋的透视，如图 9-80 (d) 所示。

# 9.6 透视图在园林设计中的应用

## 9.6.1 常视高园林景观透视图

在园林规划设计中，常视高透视图主要用于小型园林景观或局部透视效果表现，它能给游人以亲切、自然和身临其境的感觉。

图 9-81 (a) 为一园林门洞的平面图和立面图，图 9-81 (b)～(d) 为其在常视高下的两点透视作图过程。

图 9-82 (a)～(d) 为部分常视高园林景观透视图示例，供参考。

## 9.6.2 园林景观鸟瞰图

鸟瞰图主要用于表现大型园林景观或群体景物的透视效果，可使人对整体景观有较全面的了解。

图 9-83 (a) 为一公园局部的平面图，图 9-83 (b) 为其鸟瞰图（一点透视）作图过程。

图 9-84 (a)、(b)、(c) 为部分园林景观鸟瞰效果图示例，供参考。

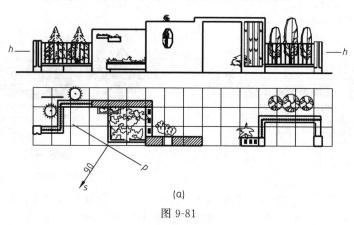

图 9-81

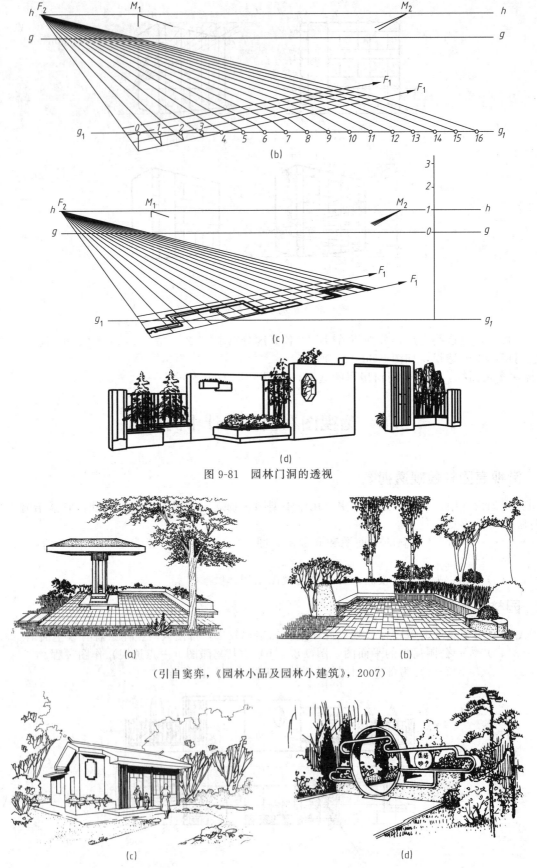

(b)

(c)

(d)

图 9-81  园林门洞的透视

(a)

(b)

（引自窦弈，《园林小品及园林小建筑》，2007）

(c)

(d)

（引自和红星，陈明土等，《小型建筑设计图选》，1987）　　（引自黄晓鸾，《园林绿地与建筑小品》，1996）

图 9-82  常视高园林景观透视图示例

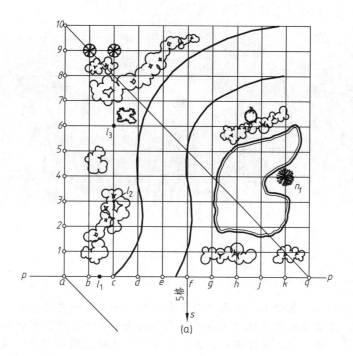

(a)

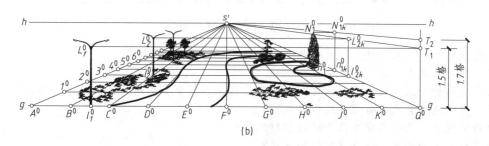

(b)

图 9-83 公园局部透视图

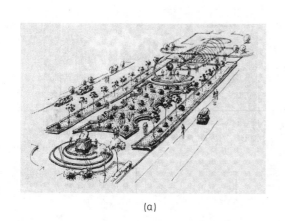

(a)

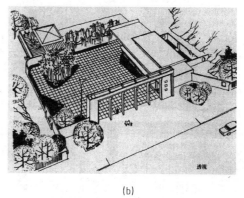

(b)

（引自黄晓鸾,《园林绿地与建筑小品》,1996）

图 9-84

(c)

图 9-84　园林景观鸟瞰图示例

=== 本 章 小 结 ===

　　本章在阐明透视基本知识的基础上，重点介绍了点、线、面等几何要素及基本形体、组合体以及群体景物的透视图绘制方法。应透彻理解透视的基本术语及其相互关系、各种位置直线的透视特性及其作图方法。掌握透视高度的确定方法。熟练掌握视点、画面位置等的选择原则和方法以及平面立体、曲面立体和群体景物透视的常用作图方法和步骤。能熟练运用辅助方法和简捷画法绘制透视图。

=== 思 考 题 ===

1. 简述透视图的形成及其特点；简述透视的类型及其特点。
2. 透视作图的基本术语有哪些？
3. 什么是直线的迹点、灭点、全透视？什么是真高线和集中真高线？如何运用真高线求透视高度？
4. 不同位置的点和直线各有哪些透视特性？
5. 如何确定视点、画面及建筑物之间的相对位置？
6. 如何用视线法和量点法绘制建筑物的透视？
7. 透视图有哪些分类？分别适用于哪些园林环境的景观表达？

# 第10章
# 园林设计图的绘制与阅读

　　园林设计图是园林设计人员根据投影原理和有关园林专业知识并按照国家颁布的有关标准和规范所绘制的专业图纸，园林设计人员可以通过它表达自己的设计思想和要求，园林施工技术人员也可以通过它形象地理解设计者的设计意图，并想象出它所表现的园林绿地的艺术效果，然后依照园林设计图纸进行施工，从而创造出符合设计意图的优美的园林景观，因此园林设计图被称为园林工程界的技术语言，同时也是园林生产施工和管理的重要依据。

　　园林设计图的绘制和阅读是前述各章投影理论和图示方法的综合应用，是园林工程技术人员必须掌握的基本技能。

## 10.1　园林设计图的基本知识

### 10.1.1　园林设计图的特点

　　（1）涵盖内容广

　　园林设计图涉及面广，涵盖了所有构成园林的主要要素，如山石、水体、园林植物、园林建筑等，这是它区别于建筑设计图和机械设计图的主要特点。

　　（2）表达的对象种类繁多，形态各异

　　园林设计图所表达的对象中，大都没有统一的形状和尺寸，特别是自然湖池、山岳奇石及园林植物更是形态各异，很难使用绘图仪器作图。为了满足园林工程图自然美观、图线流畅的要求，徒手绘图就成为园林设计图绘制的重要方法。

　　（3）涉及多门学科，具有较强的综合性

　　园林设计图是以自然景观为基础，经过人为艺术加工和工程技术手段，创造出的符合一定要求的园林景观。因此，它综合了美学、艺术、建筑、绘画、文学等多学科理论，具有较强的综合性。

### 10.1.2　园林设计图的类型

#### 10.1.2.1　根据园林设计阶段分类

　　① 总体规划设计图　　总体规划设计图是在分析现状环境的基础上，根据园林性质，明确设计方案主题及概念，安排分区、景物，进行多方案比较讨论后所做出的规划设计图。

　　② 园林初步设计图　　初步设计图是在总体规划设计图的设计文件得到批准及待定问题得到解决后所做出的设计图样。

　　③ 园林施工图　　施工图是在初步设计批准后所绘制的图样，它是指导园林工程施工的技术性图样。

　　④ 园林竣工图　　竣工图是按工程完成后的实际情况所绘制的图样，它是园林验收与结算的依据。如果竣工后的实际情况与原设计图纸变动不大，则只需在原来设计图的基础上增补有出入的部分即可。

#### 10.1.2.2　根据设计图的内容和作用分类

　　① 总平面图　　主要反映各造园要素的平面位置、大小及周边环境等内容，它是园林工程定点放线的依据，也是园林施工建设最基本的图样。

　　② 竖向设计图　　利用等高线及高程标注的方法，主要表示用地范围内各园林要素在垂直方向上的位置高低及地面的起伏变化情况等。

　　③ 种植设计图　　主要反映园林植物配置的方法、种植形式、种植点位置以及园林植物品种、数量

等内容。

④ 园林建筑设计图　主要用来反映建筑物的形状、大小和周围环境等内容。

⑤ 园林设施设计图　主要反映园林水景（湖、池、瀑布、喷泉等）、假山置石等设施的平、立面形状、大小及内部结构等内容。

⑥ 管线设计平面图　主要反映地下、地上各种管线的位置和标高，如给水、排水、雨水、煤气、热力管道和电缆、地上架空线的位置以及闸门井、检查井、雨水井的位置和标高。

#### 10.1.2.3　根据设计图的表达形式分类

① 平面图　以水平正投影形式表示的园林工程图，主要表示园林要素的平面位置、形状、大小和相对关系。包括总平面图、局部平面图。

② 立面图　表示园林素材外部横向方位及竖向高低、层次关系的图样。

③ 剖面图、断面图　表示园林素材在剖切平面上的横向方位及竖向高低、层次关系的图样。其中断面图可表示经垂直于地形的剖切平面切割后，剖切面上呈现的物像图。而剖面图不仅可以表示出剖切面上的物像，亦能表示出剖切面后的物像。

④ 详图　将局部工程的结构部分扩大并详细地绘制，达到更精确清晰地表达设计内容的图样。

⑤ 效果图　具有立体感和远近感的效果图。包括透视图和轴测图。

实际设计阶段所需的图纸，需要根据工程项目的复杂程度、甲方的要求等情况确定。不同阶段的图纸，只是表达内容的范围、深度及详细程度不同，图示原理和绘制方法是一致的。

本章重点介绍常用的园林总平面设计图、竖向设计图、种植设计图、园林建筑设计图、假山设计图、驳岸和水池设计图以及园路和广场等设计图的绘制和阅读方法。

# 10.2　园林总平面设计图的绘制与阅读

## 10.2.1　总平面设计图的内容和作用

园林总平面设计图，简称总平面图。它是表现规划范围内的各种造园要素（如地形、山石、水体、建筑及植物等）布局位置的水平投影图，它是反映园林工程总体设计意图的主要图纸，也是绘制其他图纸及造园施工放线的依据。

由于总平面图要说明的是总体设计的内容，且范围较大，所以，对于较复杂的工程项目，还需分别绘出各子项工程总平面图，如建筑总平面图、园路总平面图、绿化总平面图等，必要时还可画出总立面图、整体或重要景区的局部鸟瞰透视图等。

## 10.2.2　总平面设计图的绘制方法和步骤

#### 10.2.2.1　根据设计项目的用地范围和总体布局，确定绘图比例

绘图比例主要根据设计项目的用地范围大小和总体布局的内容来确定。如用地范围较大而总体布局较简单，可采用较小比例；如用地范围较小但总体布局较为复杂，或用地范围大且施工工程项目多，则应采用较大的比例。一般较为常用的比例是 1：500、1：1000、1：2000 等。

#### 10.2.2.2　选择图纸幅面，进行图面布局

绘图比例确定后，根据图形大小选择图纸幅面并布局。布局时应充分考虑图面上的图形、文字说明、标题等内容所占用的图纸空间大小，以使图面匀称美观、布局合理。

#### 10.2.2.3　标注定位尺寸或坐标网格

在总平面图中一般应标注出新设计的建筑、道路、场地和其他园林设施的外形尺寸和定位尺寸。

园林总平面图中定位方式有两种：一种是根据原有景物定位，标注新设计的主要景物与原有景物之间的相对距离；另一种是采用直角坐标网定位。直角坐标网又分为建筑坐标网和测量坐标网两种标注方式：建筑坐标网是以工程范围内的某一点为零点，再按照一定距离画出网格，垂直方向为 $A$ 轴，水平方向为 $B$ 轴，来确定网格坐标；测量坐标网是根据造园所在地的测量基准点的坐标确定网格坐标，垂直方向为 $X$ 轴，水平方向为 $Y$ 轴。坐标网格用细实线绘制，可画成 50m×50m 或 100m×100m，也可根据实际需要画成 5m×5m 或者 10m×10m 的坐标网。

#### 10.2.2.4　绘制图中各造园要素的水平投影

由于园林设计总平面图的比例较小，设计方案中的各种造园要素不可能按其真实形状绘制于图纸上，而是采用国家标准中的"图例"或一些约定俗成的简单而形象的图形来概括表达。常用总平面图图例见附录3。

总平面图中常用造园要素的绘制要求如下。

① 地形　地形的高低变化及其分布情况用等高线表示。设计地形等高线用细虚线表示，原地形等高线用细实线表示。

② 水体　水体一般用两条线表示，外面一条为驳岸线，用粗实线绘制；里面一条为等深线，用细实线绘制。

③ 山石　山石均采用其水平投影轮廓线概括表示，用粗实线绘出边缘轮廓，用细实线绘出褶皱。

④ 园林建筑及构筑物　原有建筑物、构筑物、道路、围墙等的外轮廓线用细实线表示。新设计的构筑物、道路、桥涵、边坡、围墙等的外轮廓线用中粗线绘制，新设计的道路路肩、人行道、花坛用细线绘制，新设计的建筑物用粗实线绘制其外轮廓线。

⑤ 植物　园林植物图例图形应形象概括，除应区分出乔木、灌木、绿篱、花卉、草坪、水生植物等外，还应区分出针叶树、阔叶树；常绿树、落叶树等。树冠的投影，要按成龄以后的树冠大小绘制。

⑥ 管线　采用有关图例及按现行有关标准代号规定标注。

#### 10.2.2.5　编制图例表并注写设计说明

图中所用图例，都应在图面适当位置编制图例表说明其代表含义。设计说明是用文字对设计思想和艺术效果进行进一步的表达，或作为图纸内容的补充，对于图中需要强调或未尽事宜也可用文字加以说明，如总体规划布局的有关说明；工程情况的有关说明；施工技术要求和做法说明；影响园林设计而图中没有反映出来的当地土壤状况、地下水位、地理、人文情况等。

#### 10.2.2.6　绘制指北针或风玫瑰图，注写比例尺，填写标题栏、会签栏

风玫瑰图是风向频率玫瑰图的总称，是表示该地区风向情况的示意图，是根据该地区多年统计的各个方向（一般用12个或16个罗盘方位表示）风吹次数的平均百分数值，再按一定比例绘制的。各方位端点指向中心的方向为吹风方向，最长线段表示当地主导风向。实线表示全年风频情况，虚线表示夏季风频情况。指北针常与风玫瑰图合画在一起，并用箭头表示北向。

图10-1为某游园总平面设计图。

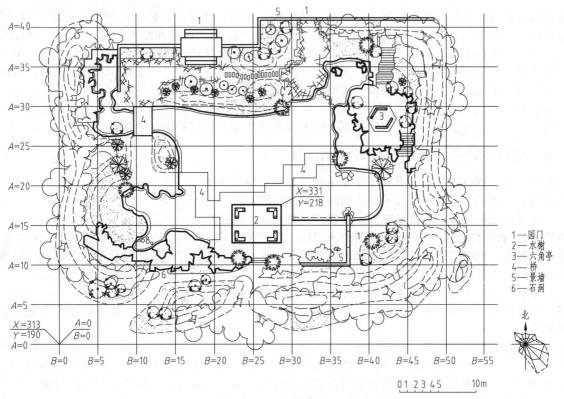

图10-1　某游园总平面设计图

对于面积较大的施工区域，为了提高施工放线的精确度，除了绘制总平面图之外，还要绘制分区施工放线图和局部放线详图，它们与总平面图的绘制要求和方法相似，只是在某些方面略有差别，如为使图面清晰、便于阅读，分区施工放线图和局部放线详图一般不绘制植物，仅将道路、园林小品等绘制出来。

### 10.2.3 总平面设计图的阅读

#### 10.2.3.1 看图名、比例、风玫瑰图、指北针及设计说明

了解园林设计项目的性质和设计意图以及设计范围及朝向等。如图 10-1 是一个东西长约 50m、南北宽约 40m 的小游园，主入口位于游园北侧。

#### 10.2.3.2 看等高线和水位线

了解地形变化和水体布置情况。从图 10-1 中可以看出，水池设在游园的中部，东、南、西侧地势较高，形成一个外高内低的半封闭空间。

#### 10.2.3.3 看图例和文字说明

明确新建景物的平面位置，了解总体布局情况。从图 10-1 中可以看出，该园布局以水池为中心，主要建筑为南部的水榭和东北部石山上的六角亭，水池西侧设拱桥一座，水榭由曲桥与两侧岸体相连，北部和水榭东侧设有景墙和园门，西南角布置石山、壁泉和石洞各一处，水池东北和西南角布置汀步两处，桥头、驳岸处散点山石，入口处园路以冰纹路为主，点以步石，六角亭南、北侧设台阶和山石蹬道，南部布置小径通向园外。

园中的植物配置方式是外围以阔叶树群为主，内部点缀孤植树和灌木。

#### 10.2.3.4 看坐标和尺寸

根据坐标或尺寸查找施工放线的依据。

# 10.3 竖向设计图的绘制与阅读

## 10.3.1 竖向设计图的内容和作用

竖向设计是指从园林的实用功能出发，对园林地形、地貌、建筑、道路、广场等进行综合竖向设计，统筹安排园内各种景点、设施、地貌以及景观之间的关系，使地上设施和地下设施之间、园内与园外之间、山水之间在高程上有合理的关系。竖向设计图主要表达竖向设计所确定的各种造园要素的坡度和各点高程，如各景点、景区的主要控制标高；主要建筑群的室内控制标高；室外地坪、水体、山石、道路、桥涵、各出入口和地表的现状和设计高程，地面排水方向和雨水口的位置及标高等。

竖向设计图包括竖向设计平面图、立面图、剖面图及断面图等，必要时还要绘出土方调配图。

竖向设计图主要为土方工程的调配预算、地形改造的施工方法与要求提供依据。

## 10.3.2 竖向设计平面图的绘制方法和步骤

（1）根据设计项目的用地范围和图样复杂程度，确定绘图比例

竖向设计平面图一般选用与总平面图相同的绘图比例。

（2）选择图纸幅面并进行图面布局，标注定位尺寸或坐标网格

这些内容与园林设计总平面图的绘制要求相同。为方便起见，可将总平面图中的坐标网格以及道路系统、广场、建筑、园林设施的位置直接描绘在图纸上，为了图面清晰，在竖向设计平面图中一般将园林植物隐去不画，对于较简单的小型园林设计项目，竖向设计平面图不单独画出而用总平面图代替。

（3）根据设计地形的起伏变化情况选择等高距，绘制等高线

城市园林的设计地形大多为微地形，等高距一般情况下多采用 1m，也可根据地形起伏变化大小及绘图比例确定。

在竖向设计平面图中，地形的起伏变化用等高线表示，并在等高线上标注高程。原地形等高线用细实线绘出，设计地形等高线用细虚线绘出。高程数字处的等高线应断开，高程数字的字头应朝向上坡方向，且数字排列要整齐。确定某一平整场地相对高程为 ±0.00，高于地面为正，数字前"＋"省略；低于地面为负，数字前应注写"－"。高程单位为 m，要求保留两位小数。

（4）标注标高和排水方向

建筑物应标注首层室内地坪标高。山石应标注最高部位的标高。道路高程，一般标注于交汇、转向、变坡处，设计高程的标注位置以⬦表示，现状高程的标注位置以○表示，并在其上方标注高程数字。当水体湖底为缓坡时，用细虚线绘出湖底设计等高线并标注高程，原湖底等高线用细实线绘出；当湖底为平面时，用标高符号标注湖底高程，标高符号下面应加画短横线和45°斜线表示湖底。

根据坡度，用箭头标注排水方向。

（5）编写设计说明

简要说明施工技术要求及做法，如施工放线依据、夯实程度、工程要求的地形处理及客土处理等。

（6）绘制指北针或风玫瑰图，注写比例尺，填写标题栏

### 10.3.3 竖向设计断面图的绘制

为使设计地形、地貌更加形象、明了，在竖向设计图的重点区域、地形变化较复杂的地段，还应根据需要绘出剖面图或断面图，以便更直观地表达该处地形竖向变化情况。

图10-2为某游园竖向设计平面图和断面图。

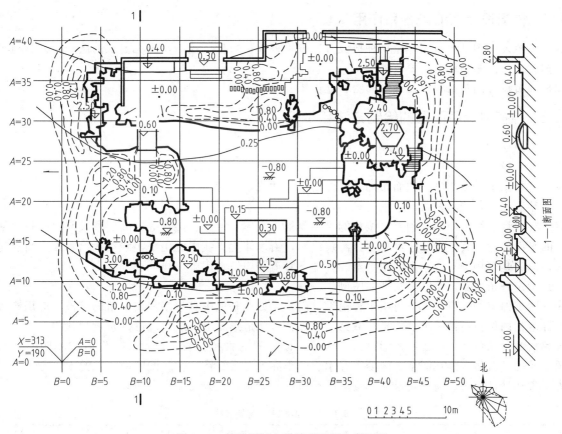

图10-2  某游园竖向设计平面图和断面图

### 10.3.4 竖向设计图的阅读

（1）看图名、比例、指北针、文字说明

主要了解工程名称、设计内容、工程所处方位和设计范围。

（2）看等高线的分布及变化

看等高线的分布情况及高程标注，了解地形高低变化、水体深度。通过与原地形对比，了解地形改造施工的基本要求。由图10-2可知，该园水池居中，近方形，常水位为－0.20m，池底平整，标高为－0.80m。游园的东、西、南部分布坡地土丘，高度在0.60～2.00m，以东北角为最高，结合原地形的高程可以看出，中部挖方量较大，东北角填方量较大。

（3）看建筑、山石和道路的高程情况

了解主要建筑的位置、高度；桥面、假山的高度；道路高程变化等情况。通过图 10-2 可以看出，游园中的六角亭置于标高为 2.40m 的石山上，亭内地面标高为 2.70m，成为全园最高景观。水榭地面标高为 0.30m，拱桥桥面最高点为 0.60m，曲桥桥面标高为 ±0.00。园内布置假山三处，高度在 0.80～3.00m 之间，其中西南角假山最高。园中道路较平坦，除南部、西部部分路面略高以外，其余均为 ±0.00。

（4）看排水方向

通过图 10-2 中所标示的箭头和坡度可以看出该园主要是利用自然坡度排除雨水，大部分雨水流入中部水池，四周流出园外。

（5）看坐标，确定施工放线的依据

# 10.4 种植设计图的绘制与阅读

## 10.4.1 种植设计图的内容和作用

园林种植设计图是表示园林植物种植位置、植物种类、数量、规格及施工要求的图样，是种植施工组织和养护管理、编制预算的重要依据。

园林种植设计图包括种植设计平面图、立面图及效果图等。

## 10.4.2 种植设计平面图的绘制方法和步骤

（1）选择绘图比例

园林种植设计平面图的比例一般不宜小于 1：500，否则无法清晰表达植物种类及其特点。

（2）选择图纸幅面并进行图面布局，标注定位尺寸或坐标网格

（3）绘制图中各造园要素的水平投影

在园林设计总平面图的基础上，按比例绘出建筑、水体、道路、山石等造园要素及其他园林设施和地下管线的平面位置，其中水体边界线用粗实线绘制，沿水体边界线内侧用细实线表示出水面，新建建筑用粗实线，原有建筑用细实线，道路用细实线，地下管道和构筑物用中虚线绘制。

（4）确定种植位置，绘制植物平面图例

先标明需保留的现有植物，再绘出种植设计内容。如在基地中有较多需要保留的植被，应用测量仪器测出设计范围内保留植被种植点的坐标数据，叠加在现状地形图上，绘出准确的植物现状图。

现状树的种植位置，用小三角形"△"表示；设计树的种植位置，可用"＋"号或小圆圈"○"表示，树冠的图例符号应能在图纸上区分大乔木、中小乔木、常绿针叶树、阔叶树、花灌木等。

为了表达设计效果，通常树冠大小按成龄后冠幅来绘制，冠幅的大小参照表 10-1。

表 10-1 园林树木成龄冠幅　　　　　　　　　　　　　　　　　　　　　单位：m

| 树种 | 孤植树 | 高大乔木 | 中小乔木 | 常绿大乔木 | 锥形幼树 | 花灌木 | 绿篱 |
|------|--------|----------|----------|------------|----------|--------|------|
| 冠幅 | 10～15 | 5～10 | 3～7 | 4～8 | 2～3 | 1～3 | 宽 0.5～1.5 |

（5）标注树种名称和数量，编制苗木统计表

为了便于区别树种，计算株数，简单的设计可将树种名称注写在树冠线附近，如图 10-3 所示为某道路种植设计平面图。对于较复杂的种植设计，可将不同树种统一编号，相同的树种在可能的情况下尽量用直线连接起来，然后在苗木统计表中根据编号说明植物的名称（必要时还应注明拉丁文名称）、单位、数量、规格、出圃年龄、备注等。图 10-4 为某游园种植设计平面图，表 10-2 为其苗木统计表。

（6）标注株行距和定点放线依据

植物种植形式一般可分为点状种植（包括行列式种植和自然式种植）、片状种植和草皮种植三种类型，不同种植形式可用不同方法进行标注。

① 行列式种植　对行列式种植（如行道树、树阵等），可直接用尺寸标注出株行距（一般只标注出几

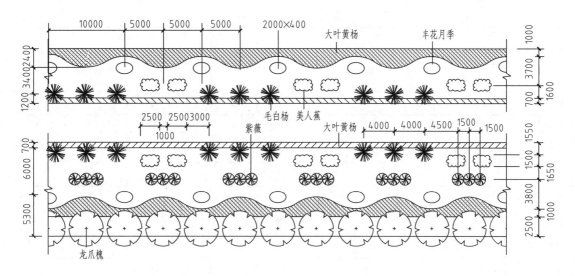

图 10-3　某道路种植设计平面图

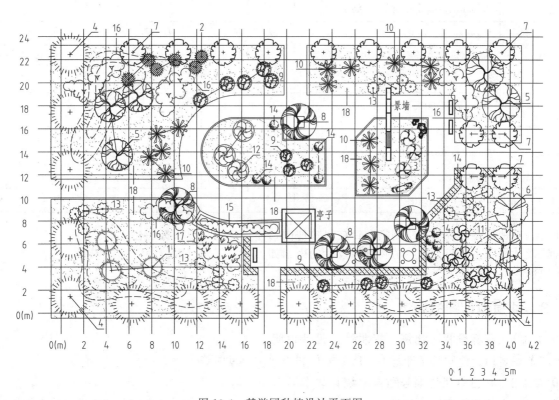

图 10-4　某游园种植设计平面图

处即可，其他可省略）、始末树种植点与参照物的距离，如图10-3所示。

②自然式种植　对于自然式种植的孤植树，一般标出其种植点与主要地上物的距离，其他则用直角坐标网直接确定，如图10-4所示。

③片植、丛植　对成片和成丛种植的植物，用细实线绘出其种植范围边界线。对于边缘线成规则几何形状的片状种植，可用尺寸标注方法标注；对于边缘线不规则的片状种植，则由直角坐标网确定。

④草皮种植　草皮一般用小圆点表示，且小圆点的绘制应疏密有致，凡在道路、建筑物、山石、水体等边缘处应密集一些，然后逐渐稀疏。

（7）绘制植物种植详图

必要时按照苗木统计表中的编号绘制种植详图，说明某一树种在种植时对挖坑、覆土、施肥、支撑等的种植施工要求。

表 10-2　苗木统计表

| 编号 | 树种 | | 单位 | 数量 | 规格 | | 出圃年龄 | 备注 |
|---|---|---|---|---|---|---|---|---|
| | 中文名 | 拉丁名 | | | 胸径 $D$/cm 基径 $D_基$/cm | 高度/m | | |
| 1 | 油松 | *Pinus tabulaeformis* | 株 | 3 | | 2.5～3.0 | | |
| 2 | 桧柏 | *Sabina chinensis* | 株 | 6 | | 1.5～1.8 | | |
| 3 | 龙柏 | *Sabina chinensis cv. kaizuka* | 株 | 3 | | 1.5～1.8 | | |
| 4 | 垂柳 | *Salix babylonica* | 株 | 13 | $D=8$ | | | |
| 5 | 合欢 | *Albizia julibrissin* | 株 | 5 | $D=7$ | | | |
| 6 | 香花槐 | *Robinia pseudoacacia* | 株 | 3 | $D=5$ | | | |
| 7 | 龙爪槐 | *Sophra jrponica L. cv. pendula* | 株 | 13 | $D=6$ | | | |
| 8 | 国槐 | *Sophra jrponica* | 株 | 5 | $D=7～8$ | | | |
| 9 | 花石榴 | *Punica granatum* | 株 | 12 | $D_基=4$ | | | 基径 |
| 10 | 紫叶李 | *Prunus cerasifera cv. Atropurpurea* | 株 | 14 | $D_基=5～7$ | | | 基径 |
| 11 | 西府海棠 | *Malus micromalus* | 株 | 5 | $D=5$ | | | |
| 12 | 碧桃 | *Punica persica Batsch. var. duplex Rehd* | 株 | 3 | $D_基=5$ | | | 基径 |
| 13 | 木槿 | *Hibiscus syriacus* | 株 | 19 | $D_基=2$ | | | 基径、独干 |
| 14 | 大叶黄杨 | *Buxus megistophylla* | 株 | 387 | | | | 30cm×40cm |
| 15 | 丰花月季 | *Rosa hybrida* | 株 | 70 | | | 3 | |
| 16 | 连翘 | *Forsythia suspense* | 株 | 280 | | | 3 | 每丛 7 株 |
| 17 | 早园竹 | *Phyllostachys propinqua Mcclure* | 墩 | 83 | | | | |
| 18 | 野牛草 | *Buchloe dactyloides* | m² | 814 | | | | 分栽 |

（8）编写种植设计说明，绘制指北针或风玫瑰图，注写比例，填写标题栏

种植设计说明主要包括影响植物种植设计的因素如土壤、气候、水位等情况的说明，以及选用苗木要求、非植树季节施工要求等。

## 10.4.3　种植设计图的阅读

### 10.4.3.1　看标题栏、比例、指北针、设计说明

了解工程名称、性质及设计范围，所处方位和当地主导风向等。

### 10.4.3.2　看图中植物编号和苗木统计表

根据图纸中的植物编号，对照苗木统计表及技术说明，了解植物应用的种类、数量、苗木规格和配置方式。如图 10-4 所示，游园内植物采用自然式种植，绿地外围以大乔木垂柳、合欢、香花槐、油松等为主，内侧点缀西府海棠、木槿、紫叶李、石榴、连翘等观赏树种，形成春（连翘、西府海棠、碧桃、丰花月季）、夏（木槿、石榴、合欢、香花槐）、秋（木槿）、冬（油松、桧柏、竹子、黄杨球）四季季相景观，以及外高内低内聚式的疏林绿地空间。

### 10.4.3.3　看植物种植定位尺寸

明确植物种植的具体位置及定点放线的基准。游园内各种植物的种植位置均可由坐标网格定位，作为施工放线的依据。

### 10.4.3.4　看种植详图

明确具体的种植要求，以便合理地组织施工。

# 10.5 园林建筑设计图的绘制与阅读

## 10.5.1 建筑制图基本知识

### 10.5.1.1 建筑的分类及组成

建筑物按使用功能一般可分为民用建筑（包括居住建筑、公共建筑）、工业建筑（各种生产和生产辅助用房）、农业建筑（饲养牲畜、贮藏农具、农业机械用房）。园林建筑是指在园林中既具有造景功能，同时又能供人游览、观赏、休息的各类建筑物，属于民用建筑。

园林建筑和其他建筑物一样，都是由基础、墙（柱子）、梁、楼（地）板、屋顶、楼梯、门窗等部分组成，如图 10-5 所示。

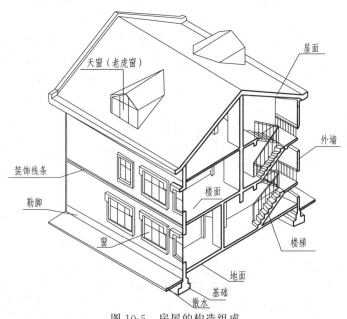

图 10-5　房屋的构造组成

### 10.5.1.2 建筑设计常用图例

国标规定的图例是一种图形符号，用来表示建筑物的位置、配件、建筑材料及设计意图等。建筑设计中常用图例包括总平面图图例、常用建筑图例、常用建筑材料图例等，具体画法及要求见附录 2～附录 4。

### 10.5.1.3 定位轴线及其编号

在建筑设计图中通常将建筑的基础、墙、柱和屋架等重要构件，用画出的轴线为其定位，并对其进行编号，以便于施工时定位放线和查阅图纸，这些轴线称为"定位轴线"。定位轴线应用细单点长画线绘制并编号，编号应注写在轴线端部的圆内。圆应用细实线绘制，直径为 8～10mm，定位轴线圆的圆心应在定位轴线的延长线或延长线的折线上。一般平面上定位轴线的编号，宜标注在图样的下方或左侧。横向用阿拉伯数字从左向右、竖向用大写拉丁字母自下而上进行编号，如图 10-6 所示。但 I、O、Z 三个字母不得作为轴线编号，避免与数字 1、0、2 混淆。当字母数量不够使用时，可增用双字母或单字母加数字注脚。

次要承重部位应设置附加轴线，编号用分数表示，分母表示前一轴线的编号，分子表示前一轴线后附加的第几条轴线。1 或 A 轴前的附加轴线分母用 01 或 0A 表示。

圆形与弧形平面图中定位轴线的编号，径向轴线应用阿拉伯数字从左下角开始，逆时针顺序编写；环向轴线用大写

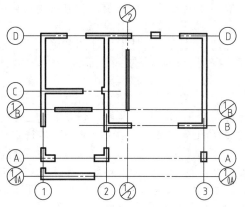

图 10-6　一般平面图定位轴线编号

拉丁字母自外向内顺序编写，如图10-7所示。

折线平面图中定位轴线的编写可按图10-8的形式编写。

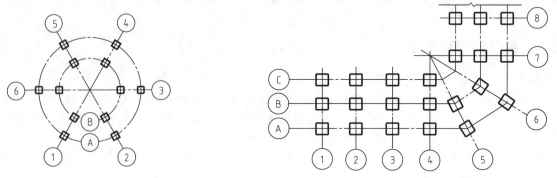

图10-7　圆形平面图定位轴线编号　　　　　　图10-8　折线平面图定位轴线编号

较复杂的平面图中的定位轴线，也可采用分区编号，编号的形式应为"分区号-该区编号"，如图10-9所示。

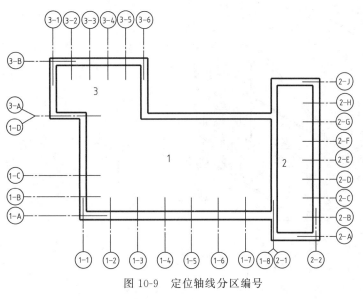

图10-9　定位轴线分区编号

### 10.5.1.4　建筑图的图示特点

建筑图中的平面图、立面图和剖面图，都是用正投影法绘制的，除了它们各自都应符合正投影规律外，它们之间还应符合投影关系中的"三等关系"。在图幅大小允许的情况下，一般将平、立、剖面图按照"三等关系"绘制在同一张图纸上，以便于阅读。如果图幅过小，平、立、剖面图可分别单独画出。

建筑物形体较大，一般用1：50、1：100或1：200的较小比例绘制。为了反映建筑物的细部构造及具体做法，还配有较大比例的详图，并用文字和符号加以说明。

图中需要利用不同形式和粗细的线条来表达建筑物不同部位的用途及建筑轮廓线的不同层次，以便内容表达更充分、图面更清晰。

### 10.5.1.5　建筑的设计程序及建筑图的分类

建筑设计一般要经过初步设计、技术设计和施工图设计三个阶段。

① 初步设计　根据项目任务书及建设方提供的各项条件，进行反复构思并提出方案，说明建筑的平面布置、立面造型、结构造型等内容，为以后的技术设计和施工图设计提供依据。

② 技术设计　在初步设计的基础上进一步解决构建造型、布置及综合建筑、结构、设备等各工程之间的相互配合等技术问题，对方案进行修改，绘出技术设计图。

③ 施工图设计　根据已批准的初步设计图，绘制出符合施工具体要求的图纸，并提供有关的技术资料。

初步设计图、技术设计图和施工设计图在图示原理和绘图方法上是一致的，只是在图纸数量、表达内容的深度上有所区别。

一套施工图，根据其内容和作用的不同，一般可分为以下三种：

① 建筑施工图（简称建施）　主要表达建筑设计的内容，包括建筑物的总体布局、内部房间布置、外部形状及细部构造、装修、设备和施工要求等。基本图纸包括建筑总平面图、建筑立面图、建筑剖面图和构造详图等。如图10-10为某公园接待室建筑平、立、剖面及详图。

② 结构施工图（简称结施）　主要表达结构设计的内容，包括建筑物各承重结构的形状、大小、布置、内部构造和使用材料等。基本图纸包括结构布置平面图、各承重构件详图等。

③ 设备施工图（简称设施）　主要表达设备设计的内容，包括各专业的管道、设备的布置及构造。基本图纸包括给排水（水施）、采暖通风（暖通施）、电气照明（电施）等设备的平面布置图、系统轴测图和

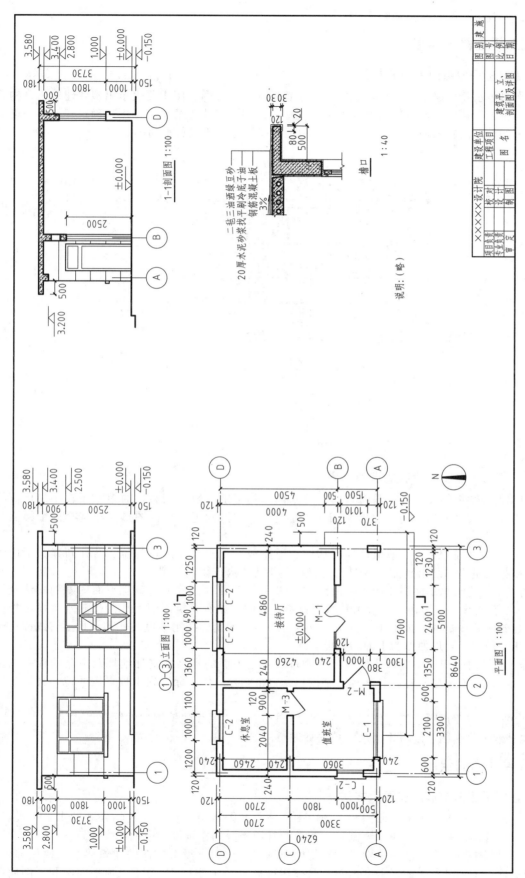

图 10-10　某公园接待室建筑平、立、剖面图及详图

详图等。

本章重点介绍建筑施工图的绘制和阅读。

## 10.5.2 建筑总平面图的绘制

### 10.5.2.1 建筑总平面图的内容和作用

建筑总平面图是表示新建建筑物所在基地内总体布置的水平投影图。图中要表示出拟建建筑物、构筑物等的平面形状、位置、朝向以及室外场地、道路、地形、地貌、绿化等情况，是用来确定建筑与环境关系的图纸，为以后的设计及施工提供依据。图 10-11 为某公园接待室建筑总平面图。

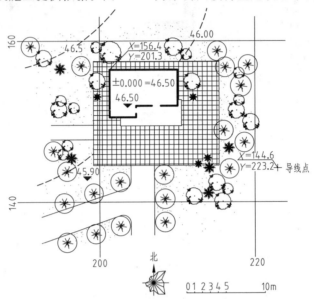

图 10-11　某公园接待室建筑总平面图

### 10.5.2.2 建筑总平面图的绘制要求和步骤

① 选择绘图比例和图纸幅面，进行图面布局　总平面图的范围一般都较大，通常采用较小的比例绘制，如 1：500、1：1000、1：2000 等，且常采用线段比例尺。比例确定后根据图形大小选择图纸幅面并进行合理布局。

② 新建工程的定位　新建工程一般根据原有房屋、道路或其他永久性建筑定位。若在新建范围内无参照标志，则可根据测量坐标绘出坐标方格网，确定建筑及其他构筑物的位置。

③ 绘制图例　由于建筑总平面图比例小，所绘图样采用图例表示，常用建筑总平面图图例画法及线型要求见附录 3。如新建建筑物用粗实线绘出其水平投影外轮廓，原有建筑用细实线绘出其水平投影外轮廓，计划扩建的建筑物和构筑物、预留地、道路、桥涵、围墙等的轮廓线用中虚线。如有地下管线或构筑物，图中也应画出它的位置，以便作为平面布置的参考。

④ 标注高程　建筑总平面图中应标注拟建建筑物首层室内地面的标高、室外地坪及道路的标高以及地形等高线的高程。总平面图中的标高和高程数字均以米（m）为单位，标注到小数点后两位，且均为绝对高程。

⑤ 编写设计说明　简要说明建筑的位置选择、与周围环境的关系、建筑周边的绿化形式等。

⑥ 绘制指北针或风玫瑰图，注写比例尺，填写标题栏。

## 10.5.3 建筑平面图的绘制

### 10.5.3.1 建筑平面图的形成和图示方法

建筑平面图有两种表现形式：顶平面图和平剖面图。顶平面图相当于整个建筑物外观的水平正投影，仅作出建筑物屋顶的轮廓线和屋面交线，绘制较为简单，常用于园林建筑设计中的起脊建筑。

建筑平剖面图是假想用一水平的切平面沿建筑物门窗洞口的位置（没有门窗的建筑要过支撑柱部位）水平剖切后对切平面以下部分所做的水平剖面图，简称建筑平面图。图 10-12 为建筑顶平面图和平剖面图的形成和图示方法。

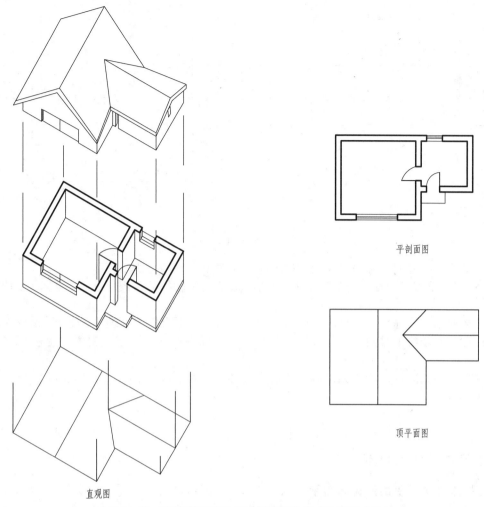

平剖面图

顶平面图

直观图

图 10-12　建筑顶平面图和平剖面图的形成和图示方法

一般来说，建筑物有几层就应画出几个平面图，并分别标注图名，如底层平面图、二层平面图等。

### 10.5.3.2　建筑平面图的内容和作用

建筑平面图主要用以表现建筑物的平面形状、房间布置以及墙、柱、门、窗、楼梯、台阶、花池等位置，标注必要的尺寸、标高以及有关说明。

建筑平面图是设计中最基本的图样之一，是进行施工放线、砌筑墙体和安装门窗等的依据。

### 10.5.3.3　建筑平面图的绘制要求

① 选择比例，布置图面　建筑平面图一般采用1∶100、1∶200的比例绘制，根据确定的比例和图形大小，选用适当的图幅，并留出尺寸标注、轴线编号等所需位置，力求图面布置匀称。

② 线型和图例　被剖切平面剖切到的主要断面轮廓线用粗实线绘制，如墙、柱等；被剖切到的次要构造的轮廓线及未被剖切的可见轮廓线用中实线绘制，如窗台、台阶、楼梯、阳台等；尺寸线、索引符号等用细实线绘制；门、窗等用规定的图例表示，见附录4。

③ 尺寸标注　在建筑平面图中一般需标注三道外部尺寸，第一道尺寸为外轮廓的总尺寸，表示建筑物从一端外墙边到另一端外墙边的总长或总宽尺寸；第二道尺寸为轴线间距尺寸，说明各房间的开间和进深尺寸；第三道尺寸为细部尺寸，表示门、窗、墙柱等细部的大小和位置、窗间墙宽等详细尺寸。内部尺寸一般标注表示室内门窗洞、孔洞、墙厚和固定设备（如厕所、盥洗室、工作台等）的大小与位置的尺寸，以及室内楼地面的相对标高，一般以底层室内地面为标高零点（注写为±0.000）。

④ 注写图名、绘制指北针等，编写设计说明。

### 10.5.3.4　建筑平面图的绘制步骤

现以图10-10所示公园接待室为例，介绍建筑平面图的绘制步骤。

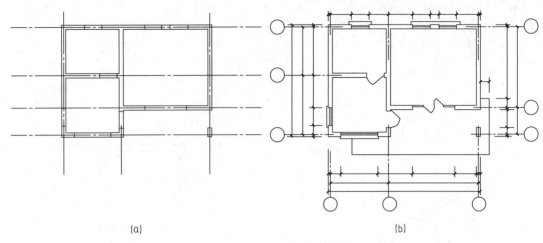

(a)                                    (b)

图 10-13　建筑平面图绘制步骤

① 画定位轴线　按开间、进深尺寸画定位轴线，如图 10-13（a）所示。

② 画出墙、柱轮廓线　根据墙身厚度和柱子大小以及它们与轴线的关系，画出其轮廓线，如图 10-13（a）所示。

③ 画出房屋的细部。如窗台、台阶、楼梯、雨篷、阳台、室内固定设备等，如图 10-13（b）所示。

④ 布置标注。对轴线编号圆、尺寸标注、门窗编号、标高符号、文字说明等位置进行安排调整，如图 10-13（b）所示。

⑤ 检查并加深图线　认真检查无误后，擦去多余的作图线，整理图面，按国家标准要求加深、加粗图线，如图 10-10 所示。

⑥ 标注尺寸，注写文字说明　注写的内容有：门窗代号、轴线编号、房间名称、详图索引、图名等文字。底层平面图需要画出指北针或风玫瑰图、剖切符号及其编号等，如图 10-10 所示。

## 10.5.4　建筑立面图的绘制

### 10.5.4.1　建筑立面图的形成和图示方法

建筑立面图是在与建筑立面平行的投影面上所作的正投影图，简称立面图，如图 10-14 所示。建筑物的立面图可以有多个，其中反映主要出入口或显著反映建筑外貌特征的立面图称为正立面图，其余的立面图相应地称为背立面图和左、右侧立面图。也可按建筑物的朝向命名，如东立面图、西立面图、南立面图、北立面图。还可以按轴线编号来命名，如①—④立面图或Ⓐ—Ⓓ立面图等。

平面形状曲折的建筑物，画立面图时，可将其不平行于投影面的部分展开到与投影面平行的位置后，再以正投影法绘制，但应在其图名后标注出"展开"二字。

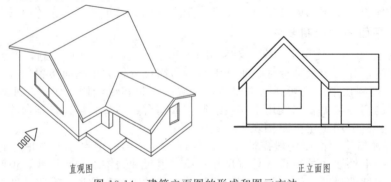

直观图                                正立面图

图 10-14　建筑立面图的形成和图示方法

### 10.5.4.2　建筑立面图的内容和作用

建筑立面图主要用于表现建筑物的外观和立面装修的做法，门窗在外立面上的分布、外形，屋顶、阳台、窗台、雨篷、台阶等的外形和位置，室内外地坪、窗台、窗顶、檐口等各部位的相对标高及详图索引符号等。

建筑立面图能够充分表现其外观造型效果，为室外装修提供做法要求和依据。

### 10.5.4.3 建筑立面图的绘制要求

① 选择比例　建筑立面图的比例一般应与平面图相同。

② 线型和图例　为了加强图面效果，使建筑外形清晰、重点突出和层次分明，在立面图中往往选用各种不同线型。一般建筑立面图中屋面和外墙等最外轮廓线用粗实线绘制；主要部位轮廓线用中实线绘制，如门窗洞口、台阶、阳台、雨篷、檐口、花池等；次要部位的轮廓线用细实线绘制，如门窗的分格线、栏杆、墙面分格线等；地坪线用特粗实线绘制。

立面图用图例和文字说明外墙面的装修材料及做法。立面图上的门窗按照国家标准规定的图例绘制，见附录4。

③ 尺寸标注　立面图中一般不标注线性尺寸，只标注主要部位的标高，如首层室内地面、室外地坪、台阶、窗台、阳台、檐口、屋顶等处的标高。标注时注意要排列整齐，力求图面清晰，首层室内地面标高为±0.000。

如果需要标注线性尺寸，可标注两道高度方向尺寸：一道是建筑的总高度，另一道是门窗高度和门窗间墙的高度等。

④ 绘制配景　为了衬托园林建筑的艺术效果，根据总平面图的环境条件，在建筑物的两侧和后部绘出一定的配景，如花草树木、山石、人物等。绘制时可以采用概况画法，力求比例协调、层次分明。

⑤ 注写图名、比例、文字说明等　文字说明一般包括建筑外墙的装饰材料名称、规格、颜色、构造做法等。

### 10.5.4.4 建筑立面图的绘制步骤

现以图10-10所示某公园接待室为例，介绍建筑立面图的绘制步骤。

① 画出室外地坪线和外墙轮廓线　根据平面图画首尾定位轴线及外墙轮廓线，并画出室外地坪线，如图10-15（a）所示。

② 依据层高等高度尺寸画各层楼面线、檐口、女儿墙轮廓、屋面等横线，如图10-15（a）所示。

③ 画房屋的细部　如门窗洞口、窗线、窗台、室外阳台、柱子、雨水管、外墙面分格等细部的可见轮廓线，如图10-15（b）所示。

④ 布置标注　布置标高符号、尺寸标注、索引符号及文字说明的位置等，只标注外部尺寸，对外墙轴线进行编号，如图10-15（b）所示。

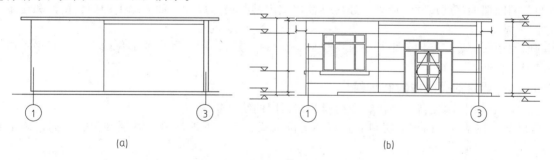

　　　　　　（a）　　　　　　　　　　　　　　　　　（b）

图10-15　建筑立面图绘制步骤

⑤ 检查无误后整理图面，按要求加深、加粗图线。书写尺寸数字、图名等文字，如图10-10所示。

## 10.5.5 建筑剖面图的绘制

### 10.5.5.1 建筑剖面图的形成和图示方法

用一个或多个假想的铅垂剖切平面把建筑物剖开后所画出的剖面图，称为建筑剖面图，简称剖面图，如图10-16所示。

### 10.5.5.2 建筑剖面图的内容和作用

建筑剖面图主要表示建筑内部的空间布置、分层情况，结构、构造形式和关系，装修要求和做法，使用材料及建筑各部分高度等。

建筑剖面图与平面图、立面图相配合，是建筑施工的重要依据。

### 10.5.5.3 建筑剖面图的绘制要求

① 选择比例　建筑剖面图通常采用与平面图相同的比例绘制。

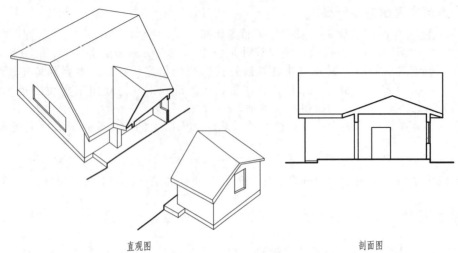

直观图                                                    剖面图

图 10-16　建筑剖面图的形成和图示方法

② 剖面图数量和剖切位置的选择　剖面图的数量是根据建筑的具体情况和实际需要而决定的。剖面图的剖切位置，应选择在能显露出建筑内部主要的和复杂的构造处，一般应通过门、窗等有代表性的典型部位。剖切平面一般横向（即平行于侧面），但也可纵向（即平行于正面）。为了方便看图，要求必须在平面图中明确地表示出剖切符号，且剖面图的图名应与平面图中所标注的剖切符号的编号一致，如 1—1 剖面图。

③ 线型　被剖切到的断面轮廓线（如墙身、地面层、楼板层、屋面层、梁、雨篷、楼梯等）用粗实线绘制；没有被剖切到的主要可见轮廓线（窗台、台阶、雨篷、屋檐、花池等）用中实线绘制；其余（如栏杆、墙面分格线等）用细实线绘制。地坪线用极粗实线绘制。剖面图一般不画出地面以下的基础部分，而是在基础部位用折断线断开，基础部分由结构图中的基础详图表示。

④ 尺寸标注　建筑剖面图应标注建筑物高度方向的尺寸和主要部位的标高。建筑物外围一般标注三道高度尺寸：最外一道为室外地面以上的总尺寸；中间一道是层高尺寸及室内外地面高差尺寸；最里一道是门窗洞及洞间墙的高度尺寸。此外，还应标注出室内某些局部尺寸，如内墙上的门、窗洞和设备等的位置和尺寸。

在剖面图中还应标注室内外地坪、室内楼面、窗台、檐口、屋顶等主要部位的标高，其中室内首层地面的标高为 ±0.000。

### 10.5.5.4　建筑剖面图的绘制步骤

现以图 10-10 中公园接待室为例，介绍建筑剖面图的绘制步骤。

① 画出图形控制线　如被剖切到的和首尾定位轴线、室内外地坪线、各层楼面、屋面，确定墙体厚度等，如图 10-17（a）所示。

② 画被剖切到的墙体、屋面、梁等断面及未剖切到的墙体、屋面等轮廓　如图 10-17（a）所示。

③ 画细部　如被剖切到的门窗洞口、屋面女儿墙、檐口断面，并画出其它未被剖切到但可见部分的轮廓，如门窗、梁柱、雨篷及墙面装饰线等，如图 10-17（b）所示。

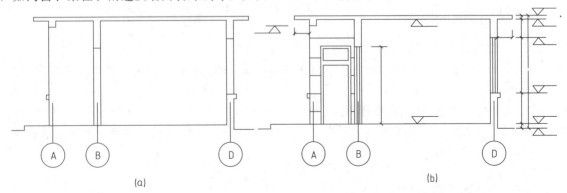

(a)                                                        (b)

图 10-17　建筑剖面图的绘制步骤

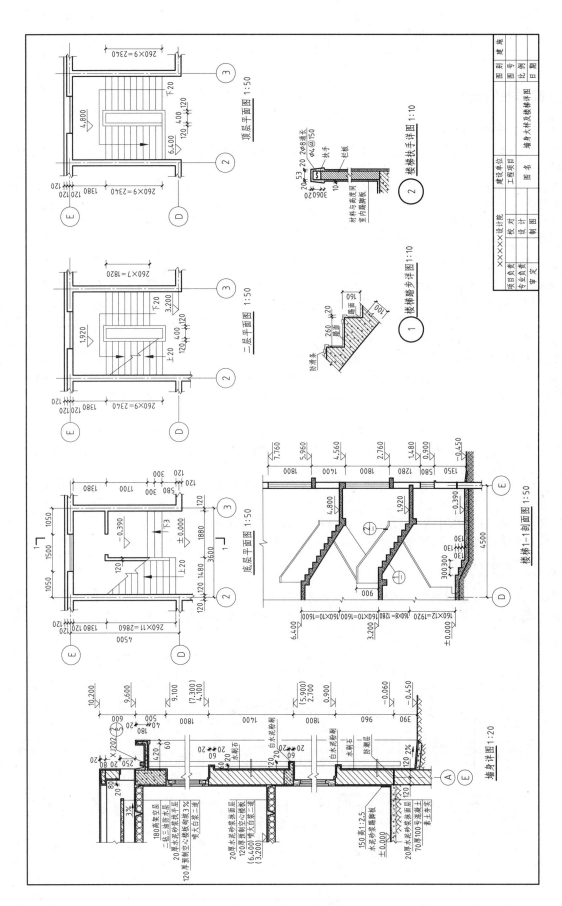

图 10-18　某建筑墙身大样及楼梯详图

第 10 章　园林设计图的绘制与阅读 **189**

④ 标注标高和尺寸　标注室外地坪、楼地面、阳台、檐口、女儿墙、台阶等处的标高,标注索引符号并注写文字说明等,标注外部高度方向的三道尺寸,如图 10-17 (b) 所示。

⑤ 检查无误后整理图面,按要求加深、加粗图线,画出材料图例　注写图名、比例及有关说明等,如图 10-10 所示。

## 10.5.6　建筑详图的绘制

### 10.5.6.1　建筑详图的内容和作用

对建筑物的细部或构配件用较大的比例将其形状、大小、材料和做法,按正投影法详细画出的图样,称为建筑详图,简称详图。

建筑详图包括平面详图、立面详图、剖面详图和断面详图,具体的表示方法应根据细部的构造复杂程度而定。有的只需一个剖面详图就能表达清楚 (如墙身剖面图);有的还需另加平面详图 (如楼梯间、卫生间等) 或立面详图 (如门窗图)。而对于套用标准图或通用详图的建筑构配件和节点,只需注明所套用图集的名称、编号或页码,不必将详图绘出。

### 10.5.6.2　建筑详图的绘制要求

① 选择比例　建筑详图一般选用1∶1、1∶2、1∶5、1∶10、1∶20、1∶25、1∶30 和1∶50 等比例,具体由图样的复杂程度和要表达的细部及构配件的大小决定。

② 线型和图例　建筑构造详图中被剖切到的断面轮廓线用粗实线,未被剖切到的轮廓线用中实线,抹灰层的面层线用中实线。断面轮廓线内应画出材料图例,见附录 2。

建筑构配件详图的外轮廓线用粗实线,一般轮廓线用中实线。

③ 尺寸标注　详图应标注完成面标高和高度方向的尺寸、构件的定位尺寸或轴线尺寸、构件的大小尺寸和详细的构造尺寸等,并应将抹灰层、面层的尺寸与结构的尺寸分开注写,分层结构用引出线标注出各层的名称和厚度。

④ 图名注写、文字说明等　详图可以与有关视图 (如平、立、剖面图) 绘制在同一张图纸上,也可以画在不同的图纸上。为方便查阅详图,除了要在有关视图需要画详图的部位标注索引符号外,还应在所绘详图的下方标注详图符号并写明详图名称。

建筑构配件的详图,一般只需在所绘详图上写明该构配件的名称或型号,不必在平、立、剖面图中标注索引符号。

对建筑构配件或构造层次的用料、做法、颜色和施工要求等应详细注明。

如图 10-18 为某建筑墙身大样及楼梯详图。

## 10.5.7　建筑透视图的绘制

为了更形象、直观地表达园林建筑的外貌特征及设计效果,常常配以建筑透视图作为辅助用图。建筑透视图主要表现建筑物及配景的空间透视效果,能够充分表达设计者的意图。图 10-19 为某公园接待室透视图。

图 10-19　公园接待室透视图

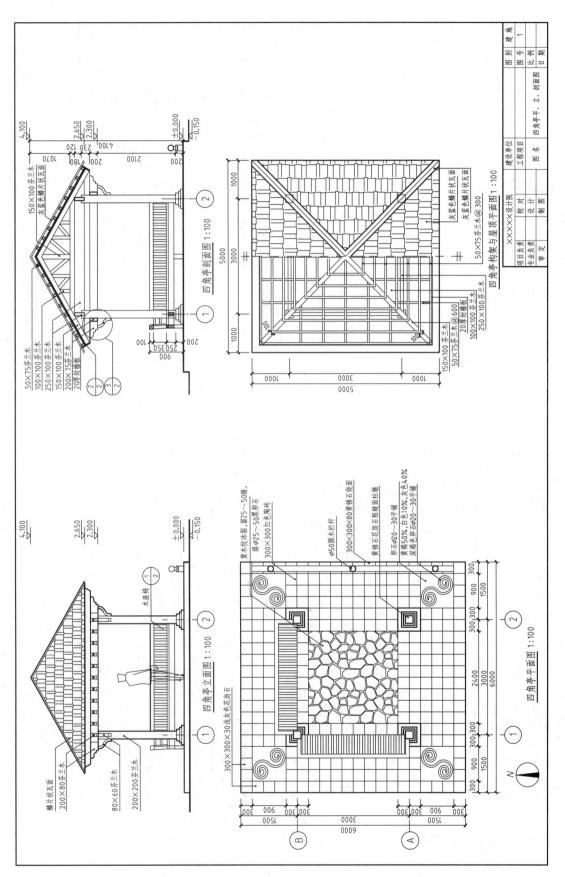

图 10-20　园亭施工图（一）

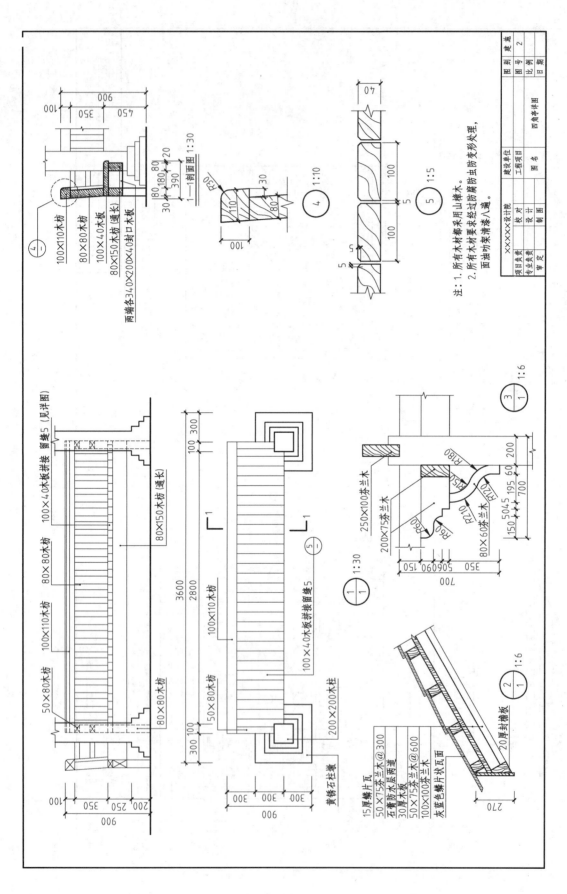

图 10-21 园亭施工图（二）

建筑透视图所表达的内容应该以建筑为主，配景为辅。配景应以总平面图中的环境为依据来绘制，为避免遮挡建筑物，配景可以有所取舍。

## 10.5.8　园林建筑设计图的阅读

阅读建筑设计图，应先看总平面图，了解该建筑所在位置及其周围的环境情况，再看平、立、剖面图和详图。

下面以图 10-20 所示园亭为例，说明建筑平、立、剖面图和详图的阅读方法。

### 10.5.8.1　建筑平面图的阅读

了解该图的比例及建筑的方位，明确建筑的平面形状和大小、轴线尺寸、柱子的布置及断面形状、座椅的位置、室内地面装修等。从图中可以看出，该亭的平面为方形，柱子中心距为 3.00m，方柱边长为 0.2m，座椅设置在相邻两面的柱间，亭内采用冰裂纹木地面，亭外台座地面采用陶砖和花岗石铺砌，并于四角有卵石镶嵌的图案装饰。台座长、宽均为 6.00m，朝向为坐北朝南。该图比例为 1∶100。

### 10.5.8.2　建筑立面图的阅读

了解图名、比例尺，明确建筑的外观形状及立面主要部位的标高。由图中可见，该图为亭子南立面图，也是①～②轴立面图，该亭为四坡顶方亭，梁下饰有挂落，柱间有木座椅。台座标高为 ±0.000m，台下地坪标高为 −0.150m。亭顶标高为 4.100m，檐口标高为 2.650m。各部分装修见引出说明。立面图与平面图的比例相同。

### 10.5.8.3　建筑剖面图的阅读

了解图名、比例尺，明确建筑的内部构造情况及主要部位的标高。由图中可见，剖面图是在亭子南北方向的中心线位置剖切得到的。该亭结构形式为木结构瓦屋面，由柱、梁、屋顶承重，柱高为 2.730m。屋顶各构件断面大小及用料见图中引出说明。剖面图比例与平、立面图的比例相同。

### 10.5.8.4　屋顶平面及构架图的阅读

明确屋面及屋顶的形状和构造形式。由图可见，屋面瓦片为鳞片状排列，屋脊位于对角线上并伸至最外端。由构架图中可以看出柱和各道梁的构造层次。

### 10.5.8.5　建筑详图的阅读

了解图名、比例尺，明确各细部的形状、大小及构造做法。读详图时要根据详图符号对照平、立、剖面图中的索引符号，找到所指部位，对照读图。

从图 10-21 中 1 号详图与 1—1 剖面图中可看出，座椅设于两柱之间，坐板宽 0.36m、厚 0.04m，坐板与靠背之间由断面为 80×80 的木枋连接。靠背用断面为 100×110 的木枋制作，与柱连接。坐板高 0.45m，靠背高 0.35m。

2 号详图为檐口及屋面板大样，表示檐口及屋顶各层构造及做法。

3 号详图表示挂落的形状和尺寸，挂落由芬兰木加工成曲线形状。

4 号详图表示座椅靠背断面形状和详细尺寸。

5 号详图表示座椅的木板坐面拼接留缝的形状和尺寸。

# 10.6　假山设计图的绘制与阅读

## 10.6.1　假山设计图的内容和作用

假山是用土、石或人工材料，人工构筑的模仿自然山景的构筑物。

假山工程施工图包括平面图、立面图、剖（断）面图、基础平面图，对于要求较高的细部，还应绘制详图。

### 10.6.1.1　假山平面图

假山平面图主要表示假山的平面布局、各部分的平面形状（特别是底面和顶面的水平面形状特征）和相互位置关系、周围的地形地貌、假山的占地面积、范围，如图 10-22 所示。假山平面图的比例可取（1∶20）～（1∶50），单位为 mm。

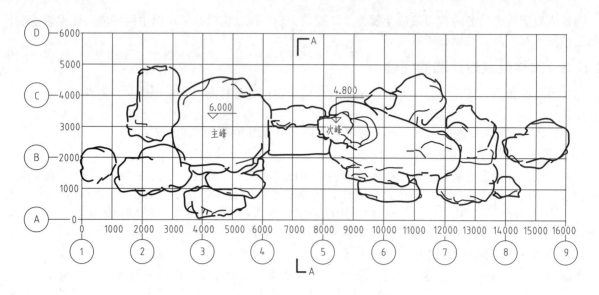

图 10-22　假山平面图

### 10.6.1.2　假山立面图

立面图主要表现假山的立面造型及主要部位高度，与平面图配合，可反映假山的峰、峦、洞、壑的相互位置关系。为了完整地表现山体各面形态，便于施工，一般应绘出前、后、左、右四个方向的立面图，如图 10-23 为假山正立面图。

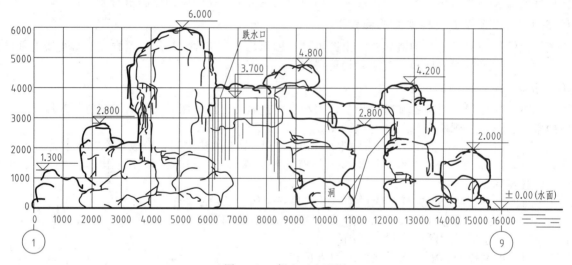

图 10-23　假山正立面图

### 10.6.1.3　假山剖面图

剖面图表示假山某处内部构造及结构形式、断面形状、材料、做法、有关管线的位置及管径的大小等，如图 10-24 为假山 A—A 剖面图。

剖面图的数量及剖切位置，应根据假山形状结构、造型复杂程度以及要表达的内容决定，一般从以下几个部位进行剖切：

① 有内部结构需要表达的部位，如山石洞结构的表示。

② 断面外形较典型的部位，如瀑布成型地势造型及跌水成型地势造型等。

③ 山石造型形状较复杂，对断面造型尺寸有特殊要求的部位。

④ 需要表示内部分层材料做法的部位，如推石手法、接缝处理、基础做法等，必要时对上述内容还可采用详图表达。

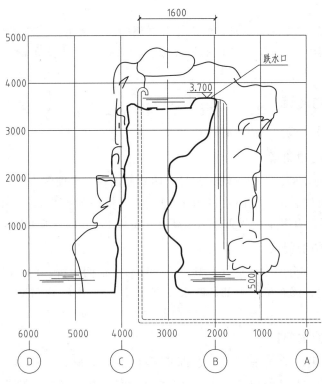

图 10-24  假山 A—A 剖面图

## 10.6.2  假山设计图的绘制方法和步骤

由于山石素材的形状特征比较复杂，没有一定的规则，所以在假山工程施工图中，没有必要也不可能将各部尺寸精确地注明。一般采用坐标方格网来直接确定尺寸，而只标注一些设计要求较高的尺寸和必要的标高。网格的大小根据所需精度确定，网格坐标的比例应与图中比例一致。

### 10.6.2.1  假山平面图的绘制方法和步骤

① 画定位轴线  画出定位轴线和直角坐标网格，为绘制各高程位置的水平面形状及大小提供绘图控制基准。

② 画平面形状轮廓线  根据标高投影法绘制假山底面、顶面及其间各高程位置的水平面形状。

③ 检查底图  按山石的表示方法加深图形。

④ 注写数字及文字说明  标注坐标网格的尺寸数字和有关高程，编注轴线编号、剖切符号，注写图名、比例及其他有关文字说明等内容。

### 10.6.2.2  假山立面图的绘制方法和步骤

① 画定位轴线  根据立面图的方向画出定位轴线，并画出以长度方向为横坐标、以高度方向为纵坐标的直角坐标网格，作为绘图的控制基准。

② 画假山立面基本轮廓  首先绘制整体轮廓线，再利用切割或垒叠的方法，逐步画出各部分基本轮廓。

③ 画出皴纹，加深图线  根据假山的形状特征、前后层次及阴阳背向，依据轮廓画出皴纹，检查无误后描深图线。

④ 注写数字及文字  注写坐标网格的尺寸数字、轴线编号、图名、比例及有关文字说明。

### 10.6.2.3  假山剖面图的绘制方法和步骤

① 画出图形控制线  图中有定位轴线的先画出定位轴线，再画直角坐标网格；不便标注定位轴线的，则直接画出直角坐标网格。

② 画出剖切到的断面轮廓线。

③ 画出其他细部结构。

④ 检查底图，加深图线　加深图线时，断面轮廓线用粗实线表示，其他用细实线表示。

⑤ 标注尺寸及文字说明　注写坐标网格的尺寸数字和必要的尺寸及标高，标注轴线编号、图名、比例及有关文字说明。

### 10.6.3　假山设计图的阅读

假山工程施工图的阅读一般按下面步骤进行。

#### 10.6.3.1　假山平面图的阅读

从平面图中了解该图的比例、方位、轴线编号，明确假山在总平面图中的位置、平面形状和大小以及周围地形等。从图 10-22 可以看出，该图比例为 1∶100，方格网为 1000mm×1000mm，假山长约 16m，宽约 5m，呈狭长形，中部设有瀑布，两侧分别为高度 6m 和 4.8m 的主峰和次峰，平面曲折变化。

#### 10.6.3.2　假山立面图的阅读

从立面图中了解山体各部分的立面形状及其高度，结合平面图辨析其前后层次及布局特点，领会造型特征。从图 10-23 可以看出，瀑布位于中部，跌水口高约 3.7m；次峰右侧设有高约 2.8m 的洞穴，形成动、奇、幽的景观效果。

#### 10.6.3.3　假山剖面图的阅读

对照平面图的剖切位置、轴线编号，了解断面形状、结构形式、材料、做法及各部分高度。从图 10-24 可以看出，该剖面图是在假山主次峰之间的跌水口处剖切后向右侧投影而形成的。山洞门前散置山石，使其更加幽深。

# 10.7　驳岸、水池设计图的绘制与阅读

## 10.7.1　驳岸设计图

园林中为提高水体边界的稳定性，维持地面和水面一定的面积比例，防止陆地被淹或水岸坍塌，在水体边缘一般都建造驳岸或护坡。驳岸设计图主要包括平面图、剖面图、断面详图。

#### 10.7.1.1　驳岸平面图

驳岸平面图表示驳岸线（即水体边界线）的位置及形状。对构造不同的驳岸应进行分段（分段线为细实线，应与驳岸垂直），并逐段标注详图索引符号。由于驳岸线平面形状多为自然曲线，无法标注各部尺寸，为便于施工，一般采用方格网控制。方格网的轴线编号应与总平面图相符。

#### 10.7.1.2　驳岸断面图

断面图主要用于表示驳岸某一区段向水一侧的纵向坡度的形状、结构、大小尺寸、建造材料、施工方法与要求，以及主要部位（如岸顶、常水位、最高水位、最低水位、基础底面）的标高等。

图 10-25 为某公园驳岸的平面图和断面图。从平面图可见，驳岸划分为 9 个区段，三种结构类型，三种驳岸均采用条石压顶，中部为毛石，混凝土作基础，只是断面形状和尺寸不同。三种驳岸岸顶地面标高均为 −0.100m，常水位标高为 −0.500m，最高水位标高为 −0.300m，最低水位标高为 −0.900m。驳岸背水一侧填砂，以防驳岸受冻胀破坏。

## 10.7.2　水池设计图

水池在园林造景中被广泛使用，它与形态各异的山石、造型独特的小桥等配景，更易于突出造园效

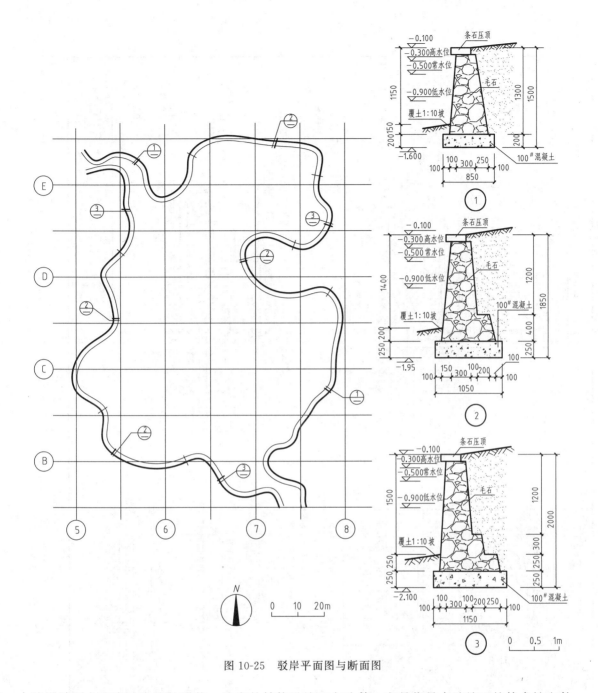

图 10-25 驳岸平面图与断面图

果。水池设计图主要表达水池的形状、池底的结构及施工方法等，它是指导水池施工的技术性文件。

### 10.7.2.1 水池平面图

水池平面图主要表现水池的平面形状及布局。形状规则的水池应标注出其轮廓尺寸及与周围环境设施的相对位置尺寸；自然式水池可用直角坐标网格控制其轮廓。若为喷水池或种植池，则还须表示出喷头和种植植物的平面位置。

### 10.7.2.2 水池断面图

水池断面图主要表现池岸、池底结构；表层（防护层）、防水层的施工做法；池底铺砌及池岸的断面形状、材料和施工方法及要求；池岸与山石、绿地、树木结合部的做法等。

图 10-26 为某游园水池平面和断面详图。从图中可以看出，该水池池岸分为两种构造类型，三个断面详图分别表示了三个不同位置池岸的构造做法及尺寸。

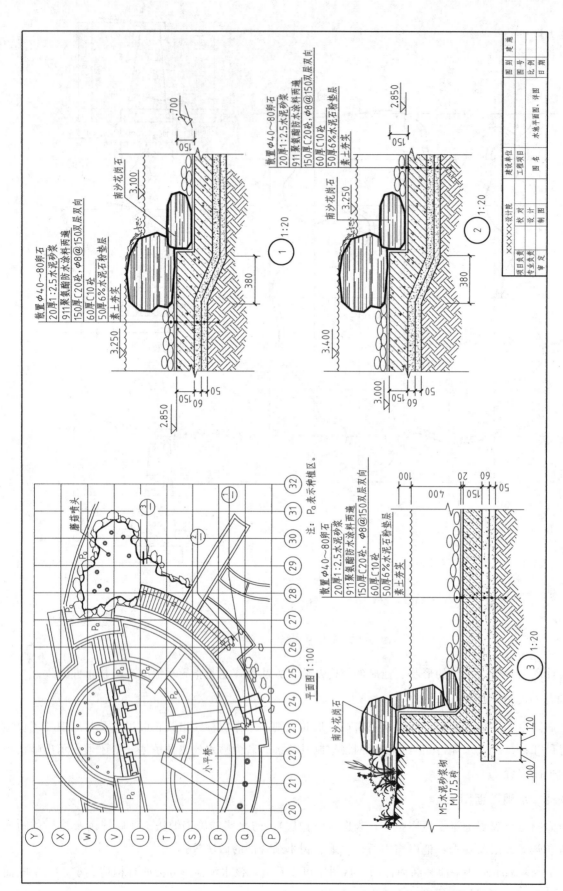

图 10-26 某游园水池平面和断面详图

# 10.8 园路、场地设计图的绘制与阅读

## 10.8.1 园路、场地设计图的内容和作用

园路、场地设计图是指导园林道路与场地施工的技术性图纸，能够清楚地反映园林路网和场地布局及铺装材料、施工方法和要求等。

## 10.8.2 园路、场地设计图的绘制方法

园路、场地工程施工图一般包括平面图、断面图和详图。

### 10.8.2.1 园路与场地平面图的绘制

平面图主要表示园路、场地的平面布置情况（如形状、线型、位置、铺设状况）及其周围的地形地貌，具体包括以下内容：

① 表示路面宽度及细部尺寸，场地总尺寸及细部尺寸。

② 表明根据不同功能所确定的路面的线型、场地的轮廓，表面铺装材料及其形状、大小、图案、花纹、色彩、铺排形式和相互位置关系。

③ 标明路面、场地的高程。

④ 表明与周围地形、地貌的关系。

在平面图中，一般用直角坐标网格控制园路和场地的平面形状，图形的比例同总平面图。

### 10.8.2.2 园路与场地断面图的绘制

园路、场地的立面形状一般用断面图表示。断面图有纵断面图和横断面图。纵断面图主要以其水平方向表示路段的长度，铅垂方向表示地面及设计路基边缘的标高；横断面图主要表示路面或场地的面层结构，即表层、基础做法，分层情况，材料及施工方法和要求。

### 10.8.2.3 园路与场地详图的绘制

对园路、场地的重点结合部和花纹图案等，一般用详图表示。

## 10.8.3 园路、场地设计图的阅读

阅读园路、场地施工图，重点了解如下内容：

① 道路宽度、场地外轮廓的具体尺寸，放线用基准点、基准线坐标。

② 场地中心部位和四周标高，回转中心标高、高处标高。

③ 路面、场地表面的铺装情况。

④ 根据标高和等高线高程，了解排水方向及雨水口位置等内容。

如图 10-27 为某公园园路和场地铺装平面施工图，图 10-28 为部分断面和详图，请自行阅读。

======= 本章小结 =======

本章在介绍园林设计图特点和类型的基础上，主要介绍了园林总平面设计图、竖向设计图、种植设计图、园林建筑设计图以及假山、驳岸和水池、园路和广场等设计图的绘制和阅读方法。应重点掌握各种园林设计图的内容、作用、绘制、标注和阅读方法，以使其更好地表达设计者的设计意图，据此创造出优美的园林景观。

======= 思 考 题 =======

1. 园林设计图的类型有哪些？

2. 园林总平面设计图、竖向设计图、种植设计图各有哪些绘制要求？如何阅读这些设计图？

3. 简述园林建筑平面图、立面图和剖面图的绘制要求及步骤。

4. 园林建筑总平面图中应主要绘制哪些内容？

5. 假山、驳岸、水池、园路和广场等设计图的绘制和阅读方法有哪些？

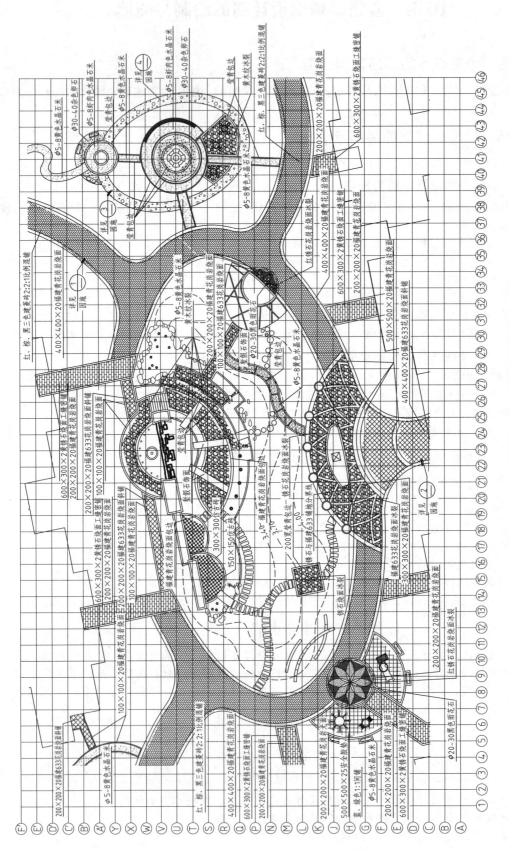

图 10-27　某公园园路和场地铺装平面施工图

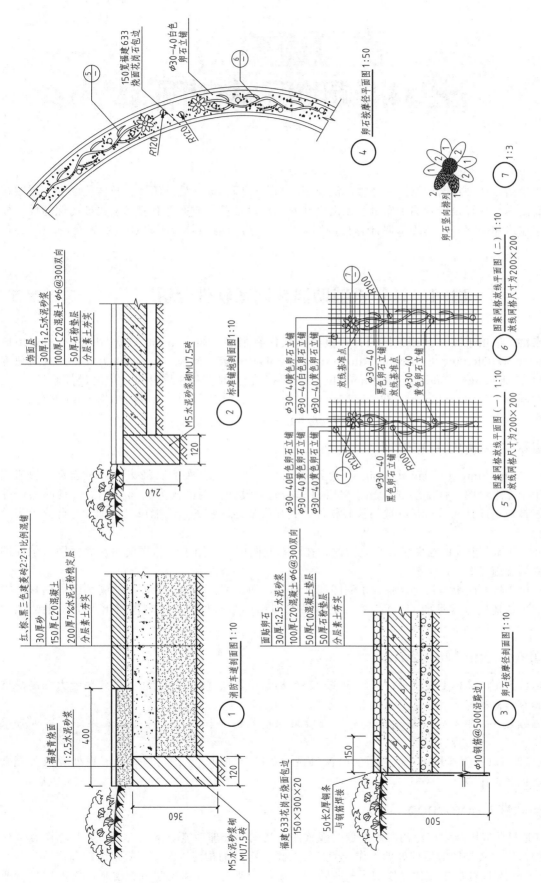

图 10-28　某公园园路和场地的部分断面和铺装施工详图

# 第11章
# 计算机辅助园林制图

利用计算机绘图软件进行园林制图已经被广泛应用在当前的园林规划设计领域。与传统的手工制图相比，计算机辅助制图在减轻设计者的工作量、提高设计效率和设计质量方面都有着无法比拟的优越性，如易于修改、便于输出和保存等。熟练掌握计算机制图，已经成为当前园林规划设计从业人员的一门必备技能。

## 11.1　计算机辅助园林制图软件介绍

从技术上来讲，适用于园林制图领域的计算机绘图软件有很多，如：AutoCAD、3ds Max、Sketchup、Photoshop、CoreIDRAW、Freehand、Illustrator、Adobe image、Maya 等。但从实用和普及的角度来看，AutoCAD、Sketchup、3ds Max 和 Photoshop 绘图软件仍是目前用于园林设计中的最佳软件组合。在效果图建模的制作过程中，Sketchup 和 3ds Max 运用最多，相比之下，3ds Max 比 Sketchup 效果更真实，所以本书主要介绍 AutoCAD、3ds Max 和 Photoshop 绘图软件。

### 11.1.1　绘图软件 AutoCAD 2017

AutoCAD（Auto Computer Aided Design）是美国 Autodesk 公司首次于 1982 年生产的自动计算机辅助设计软件，用于二维绘图、详细绘制、设计文档和基本三维设计。现已成为国际上广为流行的绘图软件，在目前的园林规划设计领域也是首选的核心软件，其强大的绘图和编辑功能可以帮助设计师充分表达其设计意图。

由于 AutoCAD 具有很高的绘图精确性，因此，在园林制图中主要用来绘制平面图、立面图、剖面图等以线条为主的园林施工图。

AutoCAD 2017 与以往版本相比，整合了制图和可视化，加快了任务的执行，能够满足个人用户的需求和偏好，能够更快地执行常见的 CAD 任务，更容易找到那些不常见的命令，同时增加了设限绘图的功能。

### 11.1.2　绘图软件 3ds Max 2012

3ds Max 是目前在计算机上使用最为广泛的一种三维场景制作软件，它具有很强的建模能力和高品质的渲染功能，具有丰富的材质、贴图、灯光和合成器。

在园林制图领域中，3ds Max 被用于园林三维效果图场景的制作，如园林立面效果图、透视效果图等。

3ds Max 2012 与以往版本相比，增强了实时窗口显示功能，同时，新的材质管理器在处理极其复杂场景时，会显著提高工作效率。

### 11.1.3　绘图软件 Photoshop CS6

Photoshop 是目前应用非常广泛的二维图像处理软件，其图像处理功能非常强大，在园林制图领域中主要用于平面图渲染和效果图的后期处理工作，如色彩校正、环境的构建以及提高效果图的品质等。

Photoshop CS6 与以往版本相比，增加了一些特别功用，如支持 3D 和视频流、动画、深度图像分析等。同时增加了工具箱，操作更加人性化。

# 11.2 AutoCAD 2017（中文版）应用基础

## 11.2.1 AutoCAD 2017（中文版）基本知识

### 11.2.1.1 AutoCAD 2017 的启动

双击 AutoCAD 2017 图标即可运行 AutoCAD。也可以点击屏幕左下方（缺省位置）的"开始"按钮显示菜单，利用任务条运行 AutoCAD，还可选择"程序"项打开程序文件夹，并选择 AutoCAD 2017 文件夹显示 AutoCAD 程序，然后选择 AutoCAD 2017 启动 AutoCAD。

### 11.2.1.2 AutoCAD 2017 的工作界面

工作界面主要由标题栏、菜单栏、工具栏、绘图窗口、命令行与文本窗口、状态栏等元素组成，如图 11-1 所示。

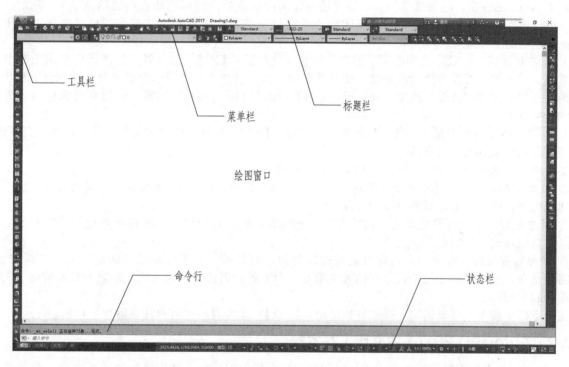

图 11-1 AutoCAD 2017 工作界面

（1）标题栏

标题栏位于应用程序窗口的最上面，用于显示当前正在运行的程序名及文件名等信息，单击标题栏右端的按钮，可以最小化、最大化或关闭应用程序窗口。

（2）菜单栏

菜单栏几乎包括了 AutoCAD 中全部的操作命令，共列有 12 项菜单项。通过鼠标单击每一个菜单项可以显示下拉菜单，下拉菜单中还可以有次级菜单，每个菜单项目对应一个 AutoCAD 命令，鼠标单击可以执行相应的命令。

通过按住"Alt 键＋菜单项"名称后面括号内的字母，可以快速打开和执行菜单项。

（3）工具栏

工具栏是应用程序调用命令的另一种方式，它包含许多由图标表示的命令按钮。在 AutoCAD 中，系统共提供了二十多个已命名的工具栏。默认情况下，"标准""属性""绘图"和"修改"等工具栏处于打开状态。

如果要显示当前隐藏的工具栏，可在任意工具栏上右击，此时将弹出一个快捷菜单，通过选择命令可以显示或关闭相应的工具栏。

（4）绘图窗口

在 AutoCAD 中，绘图窗口是用户绘图的工作区域，所有的绘图结果都反映在这个窗口中。可以根据需要关闭其周围和里面的各个工具栏，以增大绘图空间。如果图纸比较大，需要查看未显示部分时，可以单击窗口右边与下边滚动条上的箭头，或拖动滚动条上的滑块来移动图纸。

在绘图窗口中除了显示当前的绘图结果外，还显示了当前使用的坐标系类型以及坐标原点、$X$ 轴、$Y$ 轴、$Z$ 轴的方向等。默认情况下，坐标系为世界坐标系（WCS）。

绘图窗口的下方有"模型"和"布局"选项卡，单击其标签可以在模型空间和图纸空间之间来回切换。

（5）命令行与文本窗口

"命令行"窗口位于绘图窗口的下方，用于接收用户输入的命令，并显示 AutoCAD 提示信息。在 AutoCAD 2017 中，"命令行"窗口可以拖放为浮动窗口。

"AutoCAD 文本窗口"是记录 AutoCAD 命令的窗口，是放大的"命令行"窗口，它记录了已执行的命令，也可以用来输入新命令。在 AutoCAD 2017 中，可以选择"视图"/"显示"/"文本窗口"命令或按 F2 键来打开 AutoCAD 文本窗口，它记录了对文档进行的所有操作。

（6）状态栏

位于 AutoCAD 窗口的最底部一行，最左端所显示的数值是当前鼠标所在位置的 $X$、$Y$、$Z$ 的三维坐标值，中间依次显示捕捉、栅格、正交等辅助工具的设置按钮，合理利用这些按钮可以简化点的坐标输入，提高绘图的工作效率。

① 栅格和捕捉　在状态栏中按下"栅格"按钮（快捷键：【F7】）可以看到绘图区中显示出来具有指定间距的点，这些点可以为绘图区提供一种参考作用，其本身并不是图形的组成部分，也不会被输出。

在状态栏中按下"捕捉"按钮（快捷键：【F9】）即可启用"捕捉"功能。此时移动鼠标时，光标只停留在栅格点上。

② 正交　在状态栏中按下"正交"按钮（快捷键：【F8】）即可启用"正交"功能。打开正交按钮后，光标只能沿水平或垂直方向移动。

要快速绘制水平或垂直的直线，一般采用正交模式。

③ 极轴追踪　在状态栏中按下"极轴追踪"按钮（快捷键：【F10】）即可启用"极轴追踪"功能。应用该功能可以快速绘制指定倾斜角度的直线。

④ 对象捕捉　利用对象捕捉工具可以快速、准确地获取已有图像对象的特征点位置，如圆心点、对象交点、直线端点、象限点等。

⑤ 对象捕捉追踪　对象捕捉追踪与极轴追踪类似，也是沿一条追踪路径，确定一个点坐标的方法。追踪路径是在对象捕捉点上沿平行坐标轴或极轴方向引出的，因此对象捕捉追踪需要与对象捕捉、极轴角设置配合起来使用。

在状态栏中按下"对象追踪"按钮（快捷键：【F11】）即可启用"对象捕捉追踪"功能。

## 11.2.2　AutoCAD 2017（中文版）基本操作

AutoCAD 基本操作可以通过点击工具栏和菜单栏中相应的图标、使用快捷菜单或在命令行输入命令等方式来完成，下面针对 AutoCAD 2017 的基本操作进行介绍。

### 11.2.2.1　常用文件操作

（1）保存图形文件

对于绘制的图形文件要注意随时进行保存。

选择"文件"/"保存"命令，或在"标准"工具栏中单击"保存"按钮，以当前使用的文件名保存图形；也可以选择"文件"/"另存为"命令，将当前图形以新的名称保存。

（2）打开图形文件

选择"文件"/"打开"命令，或在"标准"工具栏中单击"打开"按钮，可以打开已有的图形文件，此时将打开"选择文件"对话框。选择需要打开的图形文件，在右面的"预览"框中将显示出该图形的预览图像。默认情况下，打开的图形文件格式为".dwg"。

（3）新建图形文件

选择"文件"/"新建"命令，或在"标准"工具栏中单击"新建"按钮，可以创建新图形文件，此时将打开"选择样板"对话框。

（4）多文档操作

AutoCAD 具有多文档操作特性，可以同时打开多个图形文件，每个图形文件占有独立的窗口。鼠标单击菜单栏中的“窗口”下拉菜单，在展开的下拉菜单底部有当前所有打开的图形文件的名称，其中前面带有“√”标记的文件是当前绘图窗口中显示的图形文件，鼠标单击“√”选其中的一个图形文件名称，可将其窗口置为当前窗口，从而实现多个图形文件之间的切换显示。

（5）转换文件

① AutoCAD 转换到 Microsoft Office 文件中　最简单的方法就是直接拷贝再粘贴，具体方法就是在 AutoCAD 操作界面中，选中要拷贝的内容，按键盘中“Ctrl+C”，进入 Microsoft Office 程序窗口，直接按“Ctrl+V”，就可以将图形拷贝至对应的文件中。

② AutoCAD 输入 Photoshop　将 AutoCAD 中的图形文件传输到 Photoshop 可以采用的方法主要有三种，即屏幕拷贝法、文件菜单输出法和虚拟打印法。屏幕拷贝法主要通过复制粘贴，输出的图片分辨率比较低；文件菜单输出法是执行 AutoCAD 菜单栏中的“文件”/“输出”命令，可以将图形文件输出为（*.eps）、（*.bmp）等格式的图形文件，这种输出方法具有较大的灵活性和易编辑性，可以满足不同分辨率的出图要求，但对于曲线较多的图形，会出现曲线移位现象；虚拟打印法是目前最常用的方法，通过设置虚拟打印机，并设置打印尺寸，可以自由地控制输出的图像达到所需要的精度和大小。

（6）关闭图形文件

选择“文件”/“关闭”命令，或在绘图窗口中单击“关闭”按钮，可以关闭当前图形文件。

#### 11.2.2.2　基本图形绘制

利用 AutoCAD 的基本图形绘制命令，能够进行直线、圆、椭圆、圆弧、矩形、正多边形、多段线、样条曲线等图形的绘制。所有图形绘制命令都集中在“绘图工具条”以及“绘图下拉菜单”中，如图 11-2 所示。

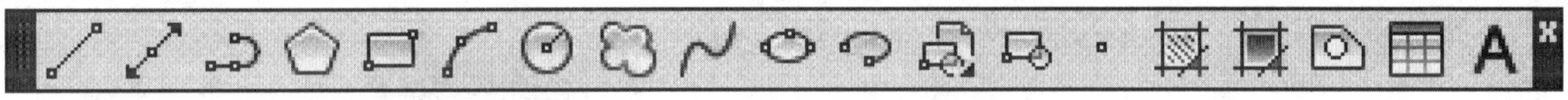

图 11-2　基本图形绘图工具条

（1）直线

“直线”是各种绘图中最常用、最简单的一类图形对象，只要指定了起点和终点即可绘制一条直线。在 AutoCAD 中，可以用二维坐标（$x$，$y$）或三维坐标（$x$，$y$，$z$）来指定端点，也可以混合使用二维坐标和三维坐标。如果输入二维坐标，AutoCAD 将会用当前的高度作为在 $z$ 轴坐标值，默认值为 0。

选择“绘图”/“直线”命令，或在“绘图”工具栏中单击“直线”按钮，即可以绘制直线，如图 11-3 所示。

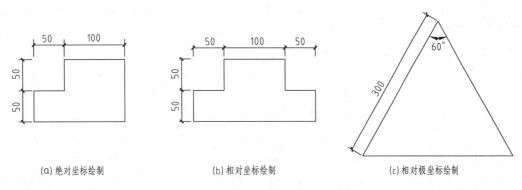

50
100
50
50
50
100
50
50
50
60°
300
(a) 绝对坐标绘制
(b) 相对坐标绘制
(c) 相对极坐标绘制

图 11-3　利用“直线”命令绘制图形

（2）构造线

构造线为两端可以无限延伸的直线，没有起点和终点，可以放置在三维空间的任何地方，主要用于绘制辅助线。选择“绘图”/“构造线”命令，或在“绘图”工具栏中单击“构造线”按钮，都可绘制构造线，如图 11-4 所示。

（3）多段线

多段线是一条由连续的直线段、弧线段或者两者组合而成的单一实体。既可以把多个线段作为一个实体处理，又可以单独定义每一段线段的起始和终止的宽度。

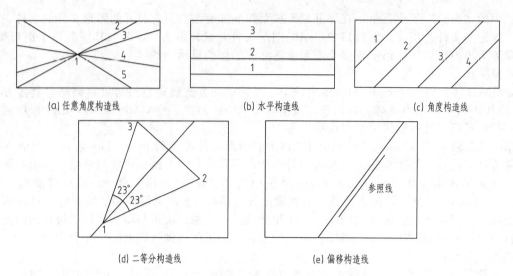

(a) 任意角度构造线　　　　　(b) 水平构造线　　　　　(c) 角度构造线

(d) 二等分构造线　　　　　　(e) 偏移构造线

图 11-4　利用"构造线"命令绘制图形

　　选择"绘图"/"多段线"命令，或在"绘图"工具栏中单击"多段线"按钮，可以绘制多段线，如图 11-5 所示。

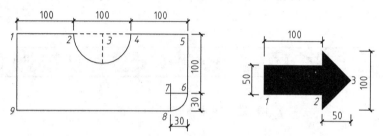

图 11-5　利用"多段线"命令绘制图形

（4）正多边形

　　选择"绘图"/"正多边形"命令，或在"绘图"工具栏中单击"正多边形"按钮，可以绘制边数为 3～1024 的正多边形。

（5）矩形

　　选择"绘图"/"矩形"命令，或在"绘图"工具栏中单击"矩形"按钮，即可绘制出直角矩形、圆角矩形、倒角矩形等多种矩形，如图 11-6 所示。

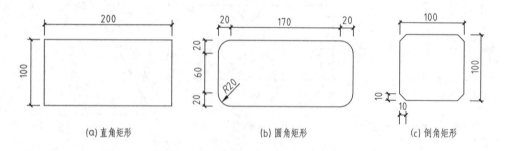

(a) 直角矩形　　　　　(b) 圆角矩形　　　　　(c) 倒角矩形

图 11-6　利用"矩形"命令绘制图形

（6）圆弧

　　选择"绘图"/"圆弧"命令中的子命令，或在"绘图"工具栏中单击"圆弧"按钮，即可绘制圆弧，如图 11-7 所示。

（7）圆

　　选择"绘图"/"圆"命令中的子命令，或在"绘图"工具栏中单击"圆"按钮，即可绘制圆。在 AutoCAD 2017 中，可以使用 6 种方法绘制圆，如图 11-8 所示。

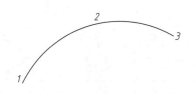

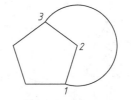

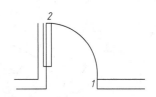

(a) 指定三点绘制圆弧          (b) 指定"起点,圆心,端点"绘制圆弧     (c) 指定"起点,圆心,角度"绘制圆弧

图 11-7　利用"圆弧"命令绘制图形

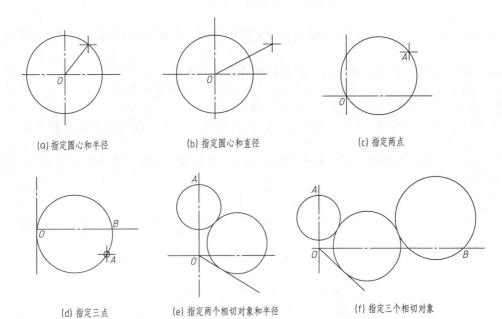

(a) 指定圆心和半径          (b) 指定圆心和直径          (c) 指定两点

(d) 指定三点          (e) 指定两个相切对象和半径          (f) 指定三个相切对象

图 11-8　利用"圆"命令绘制图形

（8）修订云线

在园林设计中常用来绘制乔木和灌木树丛。

选择"绘图"/"修订云线"命令，或在"绘图"工具栏中单击"修订云线"按钮，即可用来创建一条由连续圆弧组成的云线型多段线，如图 11-9 所示。

（9）样条曲线

利用样条曲线可以绘制形状不规则的光滑曲线，如园林中的自然式绿地、水面、游步道等。

选择"绘图"/"样条曲线"命令，或在"绘图"工具栏中单击"样条曲线"按钮，即可绘制样条曲线。

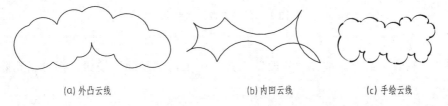

(a) 外凸云线          (b) 内凹云线          (c) 手绘云线

图 11-9　利用"修订云线"命令绘制图形

（10）椭圆

选择"绘图"/"椭圆"子菜单中的命令，或在"绘图"工具栏中单击"椭圆"按钮，即可绘制椭圆。可以选择"绘图"/"椭圆"/"中心点"命令，指定椭圆中心、一个轴的端点（主轴）以及另一个轴的半轴长度绘制椭圆；也可以选择"绘图"/"椭圆"/"轴，端点"命令，指定一个轴的两个端点（主轴）和另一个轴的半轴长度绘制椭圆，如图 11-10 所示。

（11）椭圆弧

选择"绘图"/"椭圆"/"圆弧"命令，或在"绘图"工具栏中单击"椭圆弧"按钮，都可绘制椭圆弧。

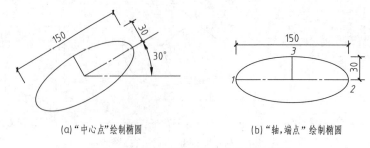

| (a)"中心点"绘制椭圆 | (b)"轴,端点"绘制椭圆 |

图 11-10　利用"椭圆"命令绘制的图形

在 AutoCAD 2017 中，椭圆弧的绘图命令和椭圆的绘图命令都是 ELLIPSE，但命令行的提示不同。

（12）点

在 AutoCAD 2017 中，点对象有单点、多点、定数等分和定距等分 4 种。

① 选择"绘图"/"点"/"单点"命令，可以在绘图窗口中一次指定一个点。

② 选择"绘图"/"点"/"多点"命令，可以在绘图窗口中一次指定多个点，最后可按 Esc 键结束。

③ 选择"绘图"/"点"/"定数等分"命令，可以在指定的对象上绘制等分点或者在等分点处插入块，如图 11-11（a）所示。

④ 选择"绘图"/"点"/"定距等分"命令，可以在指定的对象上按指定的长度绘制点或者插入块，如图 11-11（b）所示。

| (a) 定数等分 | (b) 定距等分 |

图 11-11　利用"点"命令绘制图形

### 11.2.2.3　基本图形编辑

图形绘制与图形编辑是相辅相成的，借助图形编辑功能一方面可以简化图形绘制过程，满足各种复杂图形的绘制工作，另一方面还可以迅速完成相同或相近图形的绘制，大大提高作图效率。

AutoCAD 的"修改"菜单中包含了大部分编辑命令，通过选择该菜单中的命令或子命令，可以帮助用户合理地构造和组织图形，保证绘图的准确性，简化绘图操作。主要包括删除、复制、镜像、偏移、阵列、移动、旋转、对齐、修剪、延伸、缩放等命令，如图 11-12 所示。

图 11-12　"修改"工具条

（1）删除

选择"修改"/"删除"命令，或在"修改"工具栏中单击"删除"按钮，都可以删除图形中选中的对象。

（2）复制

选择"修改"/"复制"命令，或在"修改"工具栏中单击"复制"按钮，即可复制已有对象的副本，并放置到指定的位置。

（3）镜像

选择"修改"/"镜像"命令，或在"修改"工具栏中单击"镜像"按钮，即可将对象以镜像线对称复制。

在 AutoCAD 2017 中，使用系统变量 MIRRTEXT 可以控制文字对象的镜像方向。如果 MIRRTEXT 的值为 1，则文字对象完全镜像，镜像出来的文字变得不可读；如果 MIRRTEXT 的值为 0，则文字对象方向不镜像。

（4）偏移

在实际应用中，常利用"偏移"命令的特性创建平行线或等距离分布图形。

选择"修改"/"偏移"命令，或在"修改"工具栏中单击"偏移"按钮，即可对指定的直线、圆弧、圆等对象作同心偏移复制。默认情况下，需要指定偏移距离，再选择要偏移复制的对象，然后指定偏移方向，以复制出对象。

（5）阵列

选择"修改"/"阵列"命令，或在"修改"工具栏中单击"阵列"按钮，都可在对话框中设置以矩形阵列或环形阵列方式多重复制对象。

① 矩形阵列复制　在"阵列"对话框中，选择"矩形阵列"单选按钮，可以以矩形阵列方式复制对象。

② 环形阵列复制　在"阵列"对话框中，选择"环形阵列"单选按钮，可以以环形阵列方式复制对象。

（6）移动

选择"修改"/"移动"命令，或在"修改"工具栏中单击"移动"按钮，可以在指定方向上按指定距离移动对象，对象的位置发生了改变，但方向和大小不改变。

要移动对象，首先选择要移动的对象，然后指定位移的基点和位移矢量。

（7）旋转

选择"修改"/"旋转"命令，或在"修改"工具栏中单击"修改"按钮，可以将对象绕基点旋转指定的角度。

执行该命令后，从命令行显示的"UCS 当前的正角方向：ANGDIR＝逆时针 ANGBASE＝0"提示信息中，可以了解到当前的正角度方向（如逆时针方向），零角度方向与 X 轴正方向的夹角（如：0°）。

（8）对齐

选择"修改"/"三维操作"/"对齐"命令，可以使当前对象与其他对象对齐，它既适用于二维对象，也适用于三维对象。

（9）修剪

选择"修改"/"修剪"命令，或在"修改"工具栏中单击"修剪"按钮，可以以某一对象为剪切边修剪其他对象。

可以作为剪切边的对象有直线、圆弧、圆、椭圆或椭圆弧、多段线、样条曲线、构造线、射线以及文字等。剪切边也可以同时作为被剪边。默认情况下，选择要修剪的对象（即选择被剪边），系统将以剪切边为界，将被剪切对象上位于拾取点一侧的部分剪切掉。如果按下 Shift 键，同时选择与修剪边不相交的对象，修剪边将变为延伸边界，将选择的对象延伸至与修剪边界相交。

（10）延伸

选择"修改"/"延伸"命令，或在"修改"工具栏中单击"延伸"按钮，可以延长指定的对象与另一对象相交或外观相交。

延伸命令的使用方法和修剪命令的使用方法相似，不同之处在于：使用延伸命令时，如果在按下 Shift 键的同时选择对象，则执行修剪命令；使用修剪命令时，如果在按下 Shift 键的同时选择对象，则执行延伸命令。

（11）缩放

选择"修改"/"缩放"命令，或在"修改"工具栏中单击"缩放"按钮，可以将对象按指定的比例因子相对于基点进行尺寸缩放。

（12）拉伸

选择"修改"/"拉伸"命令，或在"修改"工具栏中单击"拉伸"按钮，就可以移动或拉伸对象，操作方式根据图形对象在选择框中的位置决定。执行该命令时，可以使用"交叉窗口"方式或者"交叉多边形"方式选择对象，然后依次指定位移基点和位移矢量，将会移动全部位于选择窗口之内的对象，而拉伸（或压缩）与选择窗口边界相交的对象。

（13）拉长

选择"修改"/"拉长"命令，或在"修改"工具栏中单击"拉长"按钮，即可修改线段或者圆弧的长度。

（14）倒角

选择"修改"/"倒角"命令，或在"修改"工具栏中单击"倒角"按钮，即可为对象绘制倒角使其以平角相接。

（15）圆角

选择"修改"/"圆角"命令，或在"修改"工具栏中单击"圆角"按钮，即可为对象用圆弧修圆角使其以圆角相接。

修圆角的方法与修倒角的方法相似，在命令行提示中，选择"半径（R）"选项，即可设置圆角的半径大小。

（16）打断

使用"打断"命令既可部分删除对象或把对象分解成两部分，也可将对象在一点处断开成两个对象。

① 打断对象　选择"修改"/"打断"命令，或在"修改"工具栏中单击"打断"按钮，即可部分删除对象或把对象分解成两部分。执行该命令需要选择将被打断的对象。

② 打断于点　在"修改"工具栏中单击"打断于点"按钮，可以将对象在一点处断开成两个对象，它是从"打断"命令中派生出来的。执行该命令时需要选择将被打断的对象，然后指定打断点，即可从该点打断对象。

（17）合并

如果需要连接某一连续图形上的两个部分，或者将某段圆弧闭合为整圆，可以选择"修改"/"合并"命令，也可以单击"修改"工具栏中的"合并"按钮。

（18）分解

对于矩形、块等由多个对象组成的组合对象，如果需要对单个成员进行编辑，就需要先将它分解开。选择"修改"/"分解"命令，或在"修改"工具栏中单击"分解"按钮，选择需要分解的对象后按 Enter 键，即可将选中的图形对象分解成多个单独的图形对象。

### 11.2.2.4　图块与图案填充操作

合理利用图块可以快速提高作图效率，正确使用图案填充则有利于图纸的美化和设计意图的表达，而通过创建工具选项板可以实现图块与图案填充在不同图纸间的快速拖拽，达到提高作图效率的目的。

（1）图块

块，是指一个或多个对象集合，是一个整体即单一的对象。在制图过程中，如果一组图形对象需要重复多次，例如园林设计图中的标题栏、树木符号等，一般将其定义为图块。图块分为两种，一种是保存在当前文件中的块称为内部块，另一种是保存在其他文件中的块称为外部块。

① 创建块　选择"绘图"/"块"/"创建"命令，打开"块定义"对话框，可以将已绘制的对象创建为块，该方法创建的为内部块，如图 1-13 所示。

② 插入块　选择"插入"/"块"命令，可以在图形中插入块或其他图形，并且在插入块的同时还可以改变所插入块或图形的比例与旋转角度，如图 11-14 所示。

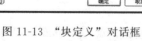

图 11-13　"块定义"对话框

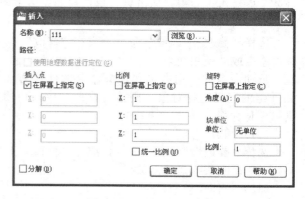

图 11-14　"插入"对话框

③ 存储块　使用 WBLOCK 命令可以打开"写块"对话框，将块以文件的形式写入磁盘，如图 11-15 所示。

④ 利用绘点命令插入块　绘点命令中的定数等分和定距等分在命令执行过程中均有一个插入图块的选项。在园林制图中，经常利用该选项进行曲线道路行道树的种植。

⑤ 创建带属性的块　块属性就是块的各种信息，是附着于块上的文字。要创建带属性的块，首先要创建描述属性特征的属性定义，然后在定义图块时将它一起选中。插入此块时，AutoCAD 就会用在属性定义中指定的文字提示用户输入属性值，且每次插入该块时，都可以指定不同的属性值。

选择"绘图"/"块"/"定义属性"命令，可以给图块定义属性，如图11-16所示。

⑥ 在图形中插入带属性定义的块　在创建带有附加属性的块时，需要同时选择块属性作为块的成员对象。带有属性的块创建完成后，就可以使用"插入"对话框，在文档中插入该块。

图11-15　"写块"对话框　　　　　　　　　　　图11-16　"属性定义"对话框

⑦ 修改属性定义　选择"修改"/"对象"/"文字"/"编辑"命令或双击块属性，打开"编辑属性定义"对话框。使用"标记""提示"和"默认"文本框可以编辑块中定义的标记、提示及默认值属性。

⑧ 利用"快速选择"命令统计苗木数量　在园林平面设计图中，不同的树种通常是用不同的树木符号来表示的。如果这些树木符号已经被定义为图块而且被分别命名，则可以利用快速选择命令迅速统计出图中某一树种的数量。

选择下拉菜单："工具"/"快速选择"打开快速选择对话框。

应用到（Y）：选择"整个图形"，则对全图范围进行统计。

对象类型（B）：选择"块参照"项。

运算符（O）：选择"＝等于"。

值（V）：选择要统计的树木符号名称，如"白蜡"。

点击"确定"按钮后，命令行提示"已选定＊个项目"表示统计结果。

（2）图案填充

选择"绘图"/"图案填充"命令，或在"绘图"工具栏中单击"图案填充"按钮，打开"图案填充和渐变色"对话框的"图案填充"选项卡，可以设置图案填充时的类型和图案、角度和比例等特性。

① 类型和图案　可以设置图案填充的类型和图案本身的样式，主要选项的功能如下：

◆ "类型"下拉列表框：设置填充的图案类型，包括"预定义""用户定义"和"自定义"3个选项。

◆ "图案"下拉列表框：设置填充的图案，当在"类型"下拉列表框中选择"预定义"时该选项可用。

◆ "样例"预览窗口：显示当前选中的图案样例，单击所选的样例图案，也可打开"填充图案选项板"对话框选择图案。

◆ "自定义图案"下拉列表框：选择自定义图案类型时该选项可用。

② 角度和比例　可以设置用户定义类型的图案填充的角度和比例等参数，主要选项的功能如下：

◆ "角度"下拉列表框：设置填充图案的旋转角度，每种图案在定义时的默认旋转角度都为零。

◆ "比例"下拉列表框：设置图案填充时的比例值，每种图案在定义时的默认比例为1，可以根据需要放大或缩小。在"类型"下拉列表框中选择"用户自定义"时该选项不可用。

◆ "双向"复选框：当在"图案填充"选项卡中的"类型"下拉列表框中选择"用户定义"选项时，选中该复选框，可以使用相互垂直的两组平行线填充图形；否则为一组平行线。

◆ "相对图纸空间"复选框：设置比例因子是否为相对于图纸空间的比例。

◆ "间距"文本框：设置填充平行线之间的距离，当在"类型"下拉列表框中选择"用户自定义"时，该选项才可用。

◆ "ISO笔宽"下拉列表框：设置笔的宽度，当填充图案采用ISO图案时，该选项才可用。

③ 其他选项功能　在"选项"选项组中，"关联"复选框用于创建其边界时随之更新的图案和填充；"创建独立的图案填充"复选框用于创建独立的图案填充；"绘图次序"下拉列表框用于指定图案填充的绘图顺序，图案填充可以放在图案填充边界及所有其他对象之后或之前。

此外，单击"继承特性"按钮，可以将现有图案填充或填充对象的特性应用到其他图案填充或填充对象；单击"预览"按钮，可以使用当前图案填充设置显示当前定义的边界，单击图形或按 Esc 键返回对话框，单击、右击或按 Enter 键接受图案填充。

### 11.2.2.5　文字、表格与尺寸标注

文字、表格主要用于表达园林施工要求和绘制苗木表等。尺寸标注是对图纸中各个图形对象的真实大小和相互位置进行准确标定。

(1) 文字

在 AutoCAD 中有专门的文字工具栏用来进行文字控制。

① 创建文字样式　文字样式包括文字"字体""字型""高度""宽度系数""倾斜角""反向""倒置"以及"垂直"等参数。

选择"格式"/"文字样式"命令，打开"文字样式"对话框（图 11-17）。利用该对话框可以修改或创建文字样式，并设置文字的当前样式。

② 创建单行文字　选择"绘图"/"文字"/"单行文字"命令，或在"文字"工具栏中单击"单行文字"按钮，可以创建单行文字对象。

③ 编辑单行文字　编辑单行文字包括编辑文字的内容、对正方式及缩放比例，可以选择"修改"/"对象"/"文字"子菜单中的命令进行设置。

④ 创建多行文字　选择"绘图"/"文字"/"多行文字"命令，或在"绘图"工具栏中单击"多行文字"按钮，然后在绘图窗口中指定一个用来放置多行文字的矩形区域，将打开"文字格式"工具栏和文字输入窗口。利用它们可以设置多行文字的样式、字体及大小等属性。

⑤ 编辑多行文字　选择"修改"/"对象"/"文字"/"编辑"命令，并单击创建的多行文字，打开多行文字编辑窗口，然后参照多行文字的设置方法，修改并编辑文字。也可以在绘图窗口中双击输入的多行文字，或在输入的多行文字上右击，从弹出的快捷菜单中选择"重复编辑多行文字"命令或"编辑多行文字"命令，打开多行文字编辑窗口。

图 11-17　"文字样式"对话框

(2) 表格

表格使用行和列以一种简洁清晰的形式提供信息，常用于一些组件的图形中。表格样式控制一个表格的外观，用于保证标准的字体、颜色、文本、高度和行距。用户可以使用默认的表格样式，也可以根据需要自定义表格样式。

① 新建表格样式　选择"格式"/"表格样式"命令，打开"表格样式"对话框。单击"新建"按钮，可以使用打开的"创建新的表格样式"对话框创建新表格样式，如图 11-18 所示。

② 设置表格的数据、列标题和标题样式　在"新建表格样式"对话框中，可以使用"数据""列标题"和"标题"选项卡分别设置表格的数据、列标题和标题对应的样式。

③ 创建表格　选择"绘图"/"表格"命令，打开"插入表格"对话框，如图 11-19 所示。在"表格样式设置"选项组中，可以从"表格样式名称"下拉列表框中选择表格样式，或单击其后的按钮，打开"表格样式"对话框，创建新的表格样式。在该选项组中，还可以在"文字高度"下面显示当前表格样式的文字高度，在预览窗口中显示表格的预览效果。

(3) 尺寸标注

利用 AutoCAD 提供的尺寸标注命令和尺寸标注修改命令，可以对图形对象自动测量并添加尺寸文本。

① 尺寸标注组成　一个完整的尺寸标注应由标注文字、尺寸线、尺寸界线、尺寸起止符号四个元素组成如图 11-20 所示。

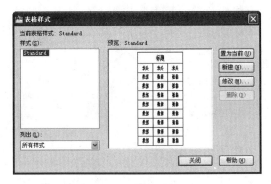

图 11-18 "表格样式"对话框

图 11-19 "插入表格"对话框

② 创建标注样式  选择"格式"/"标注样式"命令，打开"标注样式管理器"对话框，如图 11-21 所示，单击"新建"按钮，在打开的"创建新标注样式"对话框中即可创建新标注样式。

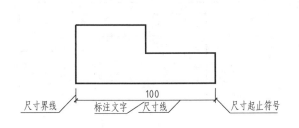

图 11-20  尺寸标注组成要素

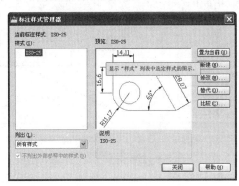

图 11-21 "标注样式管理器"对话框

③ 尺寸标注类型

◆ 线性标注：选择"标注"/"线性"命令，或在"标注"工具栏中单击"线性"按钮，可创建用于标注用户坐标系 $XY$ 平面中的两个点之间的距离测量值，并通过指定点或选择一个对象来实现，如图 11-22 所示。

◆ 对齐标注：用于斜向距离的标注。选择"标注"/"对齐"命令，或在"标注"工具栏中单击"对齐"按钮，可以对对象进行对齐标注，如图 11-23 所示。

◆ 弧长标注：选择"标注"/"弧长"命令，或在"标注"工具栏中单击"弧长"按钮，可以标注圆弧线段或多段线圆弧线段部分的弧长，如图 11-24 所示。

◆ 坐标标注：选择"标注"/"坐标"命令，或在"标注"工具栏中单击"坐标标注"按钮，可以标注相对于用户坐标原点的坐标，如图 11-25 所示。

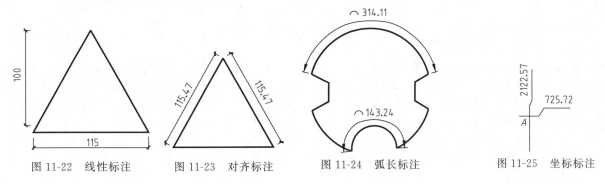

图 11-22  线性标注       图 11-23  对齐标注       图 11-24  弧长标注       图 11-25  坐标标注

◆ 半径标注：选择"标注"/"半径"命令，或在"标注"工具栏中单击"半径"按钮，可以标注圆或圆弧的半径，如图 11-26 所示。

◆ 直径标注：选择"标注"/"直径"命令，或在"标注"工具栏中单击"直径标注"按钮，可以标注圆或圆弧的直径，如图 11-27 所示。

◆ 角度标注：选择"标注"/"角度"命令，或在"标注"工具栏中单击"角度"按钮，可以标注圆或圆弧的角度、两条直线间的角度，或者三点间的角度，如图 11-28 所示。

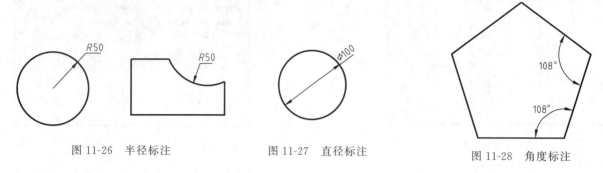

图 11-26　半径标注　　　　　　　图 11-27　直径标注　　　　　　　图 11-28　角度标注

◆ 基线标注：选择"标注"/"基线"命令，或在"标注"工具栏中单击"基线"按钮，可以创建一系列由相同的标注原点测量出来的标注，如图 11-29 所示。

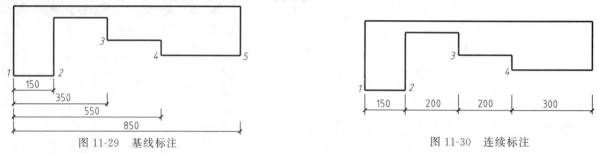

图 11-29　基线标注　　　　　　　　　　　　　图 11-30　连续标注

◆ 连续标注：选择"标注"/"连续"命令，或在"标注"工具栏中单击"连续"按钮，可以创建一系列端对端放置的标注，每个连续标注都从前一个标注的第二个尺寸界线处开始。

在进行连续标注之前，必须先创建（或选择）一个线性、坐标或角度标注作为基准标注，以确定连续标注所需要的前一尺寸标注的尺寸界线，然后进行标注，如图 11-30 所示。

◆ 引线标注：在图形绘制过程中经常需要对一些图形对象进行注释，这时就需要绘制指引线。指引线一般由箭头、一条直线或样条曲线、一条水平线组成。指引线不测量尺寸。选择"标注"/"引线"命令，或在"标注"工具栏中单击"快速引线"按钮，都可以创建引线和注释，而且引线和注释可以有多种格式。

④ 创建尺寸标注的基本步骤

第一步：选择"格式"/"图层"命令，在打开的"图层特性管理器"对话框中创建一个独立的图层，用于尺寸标注。

第二步：选择"格式"/"文字样式"命令，在打开的"文字样式"对话框中创建一种文字样式，用于尺寸标注。

第三步：选择"格式"/"标注样式"命令，在打开的"标注样式管理器"对话框中设置标注样式。

第四步：使用对象捕捉和标注等功能，对图形中的元素进行标注。

### 11.2.2.6　图形打印输出操作

在 AutoCAD 中绘制的图形，一般都需要通过打印机或绘图机进行输出。图形的打印输出可以在模型空间中进行。但如果要输出多个视图、添加标题栏等，则应在布局（图纸）空间中进行。

所谓模型空间就是 AutoCAD 中所对应的黑色绘图区域，所有图形文件的绘制和编辑工作都是在模型空间里进行的。模型空间可以看作是无限大，因此在模型空间中绘制的图形通常是以真实尺寸即 1∶1 的比例绘制。所谓布局空间就是一张定义了大小的图纸，在布局空间中可以对图形的输出进行布置。通过点击"模型"/"布局"选项卡中的相关按钮，可以实现模型空间和布局空间的快速切换。

（1）在模型空间打印、输出图形

在模型空间打印、输出图形文件的具体操作步骤如下。

① 绘制图形

◆ 按 1∶1 的比例绘制图形文件。

◆ 先确定图形文件的打印比例，再根据打印比例推算出图纸的打印幅面。

◆ 利用插入块的方法，在模型空间插入一个已绘制好的标准图框，将图形文件移动到图框中的合适位置。

◆ 输入文本，并将文本按打印比例缩放相应的倍数。

◆ 如果要在图纸上进行尺寸标注，则在设置标注样式时，按照实际图纸打印输出后的大小设置各尺寸要素，然后将标注样式的"调整"选项卡中的"使用全局比例"值设定为相应的放大倍数。

② 打印图形

◆ 启动打印命令。

在命令行输入命令"PLOT"或在下拉菜单"文件"/"打印"执行此命令，然后弹出"打印/模型"对话框。

◆ 设置打印参数。

打印机/绘图机：在名称下拉列表中选择已经配置好的打印机型号。

图纸尺寸（Z）：在下拉列表中选择图纸尺寸。

打印区域：在下拉列表中选择"窗口"选项，打印对话框消失，返回到绘图区域。

打印比例：将"布满图纸"勾选项去掉，再将比例设置为换算好的比例。

打印偏移：在该组中选择"居中打印"选项。

打印样式表（笔指定）（G）：用于定义打印图纸的色彩模式。

◆ 单击"预览"按钮，可以预览打印效果，点击"确定"按钮，则图形即可打印。

（2）在布局空间中打印、输出图形

布局即代表一张要输出的设计图纸，布局环境称为图纸空间。可以在一个图形文件中创建多个布局，每个布局都可以包含不同的打印设置和图纸尺寸。

在布局中可以创建并设置视口，视口显示图形的模型空间对象，即在"模型"选项卡上创建的对象。一个布局中可以创建多个视口，每个视口都可以指定视口比例显示模型空间对象。

① 创建新布局　在"模型"/"布局"选项卡中，默认生成布局1和布局2两个布局。要创建新的布局，可以在命令行输入"Layout"或在下拉菜单中选择"插入"/"布局"/"新建布局"。

② 设置布局　选择某个布局，可以设置该布局的图纸尺寸、打印比例、打印样式等参数。参照前述"打印"/"模型"对话框的设置方法设置"页面设置"/"布局1"选项卡的各项参数。完成各项页面设置以后，点击"确定"按钮，关闭页面设置管理器。

③ 插入图框　首先选择删除命令，将布局1中自动创建的视口删除，此时布局1是一个空白视图。执行插入块命令，将已绘制好的图框插入到布局中。

④ 在布局中创建视口　创建视口命令集中在"视口"工具栏，以及"视图"/"视口"下拉菜单中。

⑤ 设置视口大小与比例　在视口内双击鼠标，视口的外框线变为粗线，该视口成为当前视口。执行"平移""缩放"命令将当前视口内的图形移动、缩放到合适位置和大小。然后在视口框外双击鼠标，所有的视口边框恢复原状即重新进入布局中。单击视口的边框，该视口显示夹点。利用夹点编辑功能调节视口到合适的大小。

⑥ 在布局中标注文字　将文字图层置为当前图层，设置合适的文字样式，分别在视口的下方注写各个视口的名称和显示比例。

⑦ 打印布局

◆ 将"视口"图层关闭。

◆ 点击标注工具栏中"打印"按钮或执行"文件"/"打印"命令，弹出"打印"/"布局"对话框，设置图纸大小以及打印比例，然后打印预览，最后确定打印。

## 11.2.3　绘图实例

绘制如图11-31所示小游园平面图。

### 11.2.3.1　绘图准备

（1）建立绘图环境

图形的长度为42000mm，宽度为29700mm。设置绘图范围定为左下角为（0，0），右上角点为（85000mm，60000mm）。

（2）设置图层

图层设定，按照图11-32所示进行。

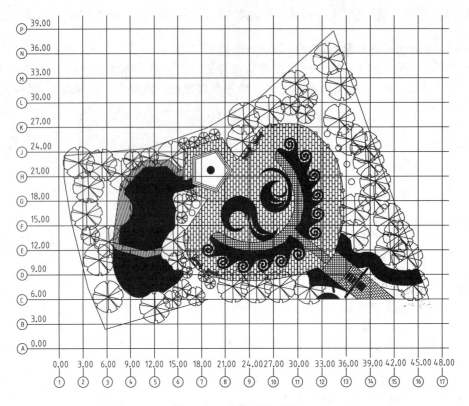

图 11-31　小游园平面图

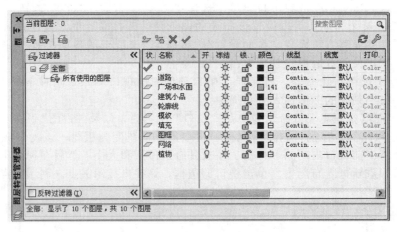

图 11-32　设置图层

### 11.2.3.2　绘图步骤

（1）范围放线

根据小游园的大小设置网格单位为 3m×3m。将"网格"图层置为当前图层，在命令行输入"L"命令，打开正交，绘制长为 55m 的水平线，宽为 45m 的垂直线，然后用偏移命令将水平和垂直线进行 3m 的偏移，形成网格。

在图样的下方与左侧标注定位轴线编号，竖向编号用大写拉丁字母 A～P 由下往上顺序编写，横向编号用阿拉伯数字 1～17 从左往右顺序编写，如图 11-33 所示。

（2）绘制图形

① 绘制小游园轮廓线　在网格区域绘制小游园轮廓线，确定游园位置，如图 11-33 所示。

② 绘制中心广场和水面　将"广场和水面"图层置为当前，游园入口宽度为 3m，首先确定一边，再偏移 3m 以确定另一边，通过修剪绘制好入口部分。再利用"弧线和样条曲线"命令在网格中绘制广场和

水面的轮廓，如图 11-34 所示。

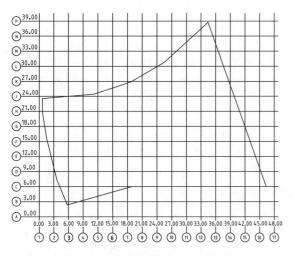

图 11-33　绘制网格及小游园轮廓

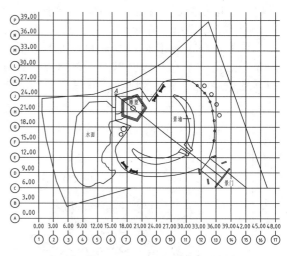

图 11-34　绘制广场、水面及建筑小品

③ 绘制广场中的建筑小品　将"建筑小品"图层置为当前图层，作一垂直平分入口宽度的辅助线，并延伸至①轴与⑥轴交点右边的 A 点。

利用"矩形"绘图工具，绘制 4.5m×0.2m 矩形景门，再利用捕捉工具捕捉到入口宽度中点与辅助线的交点，让景门中心点与交点重合，以确定景门的位置。

绘制广场中的景墙时，以前面的辅助线作为景墙的对称轴，利用网格定位拐点，运用样条曲线工具先绘制景墙的一半，再利用"镜像"命令绘制另一半。

运用"多边形"绘图工具绘制正五边形，将 A 点沿辅助线向景门方向偏移 4.2m，即是五边形的中心，利用"中心点、边长"命令可绘制一边长为 3.3m 的正五边形。利用"偏移"命令将五边形连续向内偏移两次，每次偏移 0.2m，形成雕塑的基座，雕塑则是以正五边形的中心为圆心、半径为 0.45m 的圆，用"圆"命令绘制即可，如图 11-34 所示。

④ 绘制入口汀步和水边木栈道　将"道路"图层置为当前。绘制一个 1m×0.25m 的矩形汀步，运用"阵列"命令形成如图的汀步。

依据网格确定木栈道的控制点，点击"样条曲线"命令绘制木栈道的一边，使用偏移命令偏移 1m 得到木栈道的另一边，如图 11-35 所示。

⑤ 绘制广场模纹　将"模纹"图层置为当前。根据网格确定模纹曲线的控制点，点击"样条曲线"命令绘制模纹的样式，此样条曲线应为闭合的图形，以便下一步图案的填充，如图 11-35 所示。

⑥ 填充　将"填充"图层置为当前。首先对广场中的铺装进行填充，点击"图案填充"命令，根据不同的铺装材料选择合适的图案样式和比例，进行广场铺装的填充，可用同样方法对广场中的水面及模纹进行填充，如图 11-36 所示。

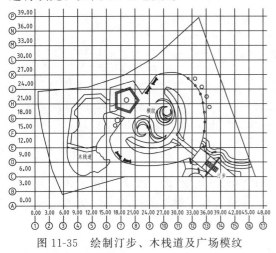

图 11-35　绘制汀步、木栈道及广场模纹

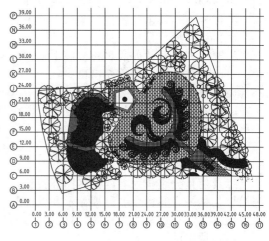

图 11-36　铺装、水面及植物的填充

⑦ 植物　将"植物"图层置为当前。打开图库中的图例，将不同的树种图例复制到小游园中，对同一树种运用复制命令复制，如图11-36所示。

（3）绘制图框、标题栏

首先按国家标准绘制图框和标题栏，再用文字命令输入标题栏中相应的文字。然后执行"写块"命令，点击"基点"选项里的"拾取点"按钮，选择图框左下角点，点击"选择对象"按钮，将图框和标题栏全部选择结合成块，并保存到相应位置以备使用。最后执行"插入"/"块"命令，确定适当比例与旋转角度，即可为当前图纸插入图框和标题栏。

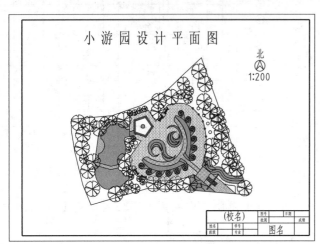

图11-37　小游园设计平面图

（4）创建布局

小游园平面图绘制好以后，图形将以1∶200的比例打印在A3图纸上。图形打印前首先要进入图纸空间布局，单击"布局"选项卡，打开"页面设置管理器"后选择新建布局，进入"页面设置"对话框。确定好各项参数后进入图纸空间，在图纸上自动生成一个视图窗口，模型空间中的图形在窗口中显示，将视口删除插入块"图框和标题栏"。在"视口"工具栏中单击"单个视口"图标，按照图纸的大小新建一个视口，则图形显示在视口中，在视口工具栏中调整视图比例为20∶1。双击视口区域，将图形位置调整好，双击退出模型空间。将绘制好的指北针图块插入到图形中，图形布局结果，如图11-37所示。

# 11.3　3ds Max 2012（中文版）应用基础

在园林设计中，3ds Max主要用于建立园林场地以及园林建筑的立体模型，然后对其赋予模型材质和灯光，通过渲染生成最终效果的园林设计透视图。

本节结合园林行业的实际需求，通过实例介绍3ds Max 2012基本操作命令、操作方法及其应用。

## 11.3.1　3ds Max 2012（中文版）基本知识

### 11.3.1.1　3ds Max 2012的启动

鼠标双击桌面上的"3ds Max 2012"图标，或者单击"开始"按钮，然后在"所有程序"中找到"3ds Max 2012"，启动3ds Max 2012，进入工作界面，如图11-38所示。

### 11.3.1.2　3ds Max 2012的工作界面

工作界面主要由标题栏、菜单栏、工具栏、视口区、命令面板、状态栏和提示行等元素组成。

（1）标题栏

标题栏列出了软件的名称、版本号、当前操作的文件名称等信息，单击标题栏右端的按钮，可以最小化、最大化或关闭应用程序窗口。

（2）菜单栏

3ds Max中绝大部分操作命令都包含在菜单栏中，在菜单栏中共列有15项菜单项，通过鼠标点击某一菜单项可以显示下拉菜单，下拉菜单中还可以有次级菜单，每个菜单项目对应一个3ds Max命令，鼠标单击可以执行相应的命令。

（3）工具栏

工具栏是分组排列着的许多图标按钮，每一个图标对应一个3ds Max命令，将鼠标指针放置于一个按钮上几秒钟，其命令名称即显示在鼠标指针右下角，命令的功能显示在屏幕底部的状态栏左端，单击图标按钮可以快速启动这条命令，默认开启的只有主工具栏。

（4）视口区

视口是观察场景的窗口，具有不同的方向、角度和视野，屏幕中央的灰色区域默认显示顶视图、

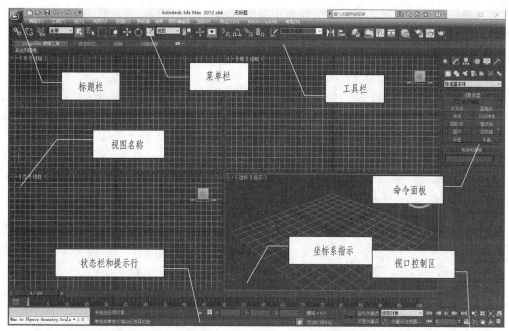

图 11-38　3ds Max 2012 工作界面

前视图、左视图三个正交视图和透视图四个窗口，每个视口的左上角显示视口标签，左下角显示世界坐标系三轴架，红、绿、蓝三色分别对应 X、Y、Z 三个坐标轴。有黄色亮度边框的视口处于活动状态，该视口中的命令和操作生效，其他视口只供观察，在任意一个视口中右击即可将其切换为活动视口。

（5）命令面板

命令面板是在屏幕右侧分组排列着的 3ds Max 命令，对象的创建、修改等命令几乎都是在此操作的，虽然很多命令也可以通过菜单或者工具栏启动，但命令执行过程中的参数修改等交互操作都是在此完成的。

（6）状态栏和提示行

位于屏幕的左下角区域，显示当前命令的功能，提示符合光标的 X、Y、Z 三维坐标值。

## 11.3.2　3ds Max 2012（中文版）基本操作

下面结合园林小游园绿化鸟瞰效果图制作实例介绍 3ds Max 2012 基本操作。

### 11.3.2.1　AutoCAD 向 3ds Max 的图形输入

在 3ds Max 中可以直接输入利用 AutoCAD 所绘制的 DWG 格式的图形文件，且输入后的文件对象保留了原来的独立性、图层等属性。在 3ds Max 2012 中导入 DWG 图形文件的操作方法如下。

（1）启动 3ds Max 2012，执行菜单栏中的"文件/导入"命令，弹出如图 11-39 所示的"选择要导入的文件"对话框。

（2）单击"打开"按钮，弹出如图 11-40 所示"AutoCAD DWG/DXF 导入选项"对话框，并在该对话框中作如下设置：

①"几何体"选项板，如图 11-40（a）所示。

在"缩放"选项栏中勾选"重缩放"选项，并在"传入的文件单位"下拉列表中选择"毫米"。

在"几何体选项"选项栏中取消"按层合并对象"前面的√选项，否则文件输入后，所有在一个图层上绘制的图形对象会连接在一起，不利于图形处理。

②"层"选项板，如图 11-40（b）所示。

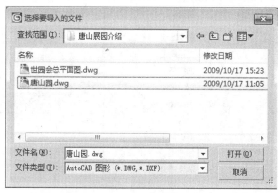

图 11-39　"选择要导入的文件"对话框

点选"从列表中选择"选项，然后在层列表中将所有植物种植图层（色带图层除外）前面的√选项去掉（植物种植不在 3ds Max 中制作，因此植物种植图层不必输入）。

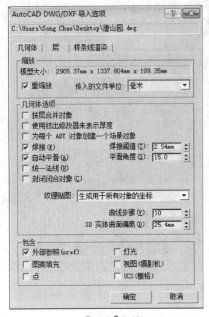

(a)"几何体"选项板

(b)"层"选项板

图 11-40 "AutoCAD DWG/DXF 导入选项"对话框

（3）点击"确定"按钮，关闭"AutoCAD DWG/DXF 导入选项"对话框，小游园平面图被输入到 3ds Max 2012 中。

### 11.3.2.2 在 3ds Max 2012 中创建小游园场景模型

（1）图层设置

① 启动 3ds Max 2012，在主工具栏上单击鼠标右键，在弹出的工具栏列表中勾选"层"，调出"层"工具栏，如图 11-41 所示。

② 在"层"工具栏中点击"建层"按钮，弹出"新建层"对话框，将新层命名为"建模"，点击"OK"按钮，完成图层创建。此时"建模"图层自动设置为当前图层，下面将在该图层上创建小游园的场景模型。

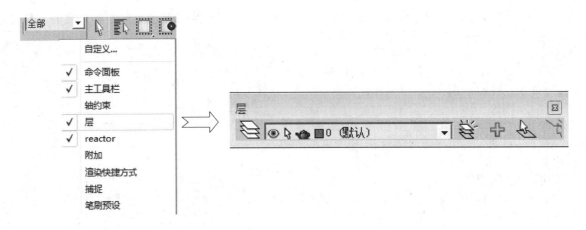

图 11-41 调出"层"工具栏

（2）创建中心船型景墙

① 创建纪念碑

◆ 在创建命令面板中单击"长方体"按钮，在顶视图中创建一个长方体，设置其长度为800mm、宽度为500mm、高度为10000mm的纪念碑，命名为"纪念碑"。

◆ 保持"纪念碑"处于选中状态，右击鼠标，转换为可编辑的多边形，在修改命令面板中单击"可编辑多边形"前的"＋"，打开下拉列表，单击"多边形"，在顶视图中选中顶面，右击主工具栏的"移动"按钮，弹出"移动变换输入"对话框，在"偏移：屏幕"选项栏"X："后输入350，"Y："后输入2000；右击主工具栏的"均匀缩放"按钮，弹出"缩放变换输入"对话框，在"偏移：屏幕"选项栏"％："后输入70，将纪念碑顶面均匀缩小70％。

◆ 单击修改命令面板中的"可编辑多边形"，使之变成灰色，以取消对元素的选择；保持"纪念碑"处于选中状态，在主工具栏单击移动按钮，按住键盘Shift键并同时按住鼠标左键拖移复制出一个纪念碑，将其命名为"纪念碑内侧"，均匀缩小80％，并在视图中调整它的位置，如图11-42所示，同时选中纪念碑和纪念碑内侧，执行菜单栏中的"组/成组"命令，命名为"纪念碑"。

◆ 保持纪念碑处于选中状态，在主工具栏中单击"旋转"按钮，在屏幕左下角状态栏中的Z坐标输入窗口中输入旋转的角度值-37，将纪念碑沿Z轴旋转-37°，并在视图中调整它的位置，如图11-43所示。

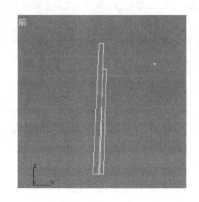

图11-42　纪念碑内侧位置

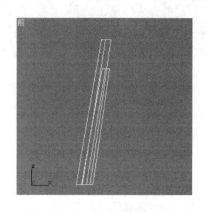

图11-43　纪念碑位置

② 创建景墙

◆ 在创建命令面板中单击"线"按钮，在顶视图中依照总平面图中的景墙内边缘画条曲线，命名为"景墙"，打开命令修改面板，激活"样条线"次物体层次。在"几何体"卷展栏中的"轮廓"按钮后的数值输入框中输入150，然后按回车键确认，创建出景墙的轮廓线。

◆ 确认景墙处于选中状态，在修改命令面板中单击"修改器列表"，在弹出的下拉选项中选择"挤出"命令，设置挤出的数量为7500。

◆ 在修改命令面板中单击"修改器列表"，在弹出的下拉选项中选择"FFD 4×4×4"命令，激活"FFD 4×4×4"下的"控制点"，用鼠标拖动控制点，以改变景墙的形状。

◆ 同时选中纪念碑和景墙，编成一组，在主工具栏中单击"镜像"按钮，弹出"镜像：屏幕坐标"对话框，在"镜像轴"选项栏中点选"X"，在"克隆当前选择"选项栏中点选"实例"，单击"确定"，旋转并移动新景墙，将其调整到合适的位置，将两景墙编组并命名为"景墙"，如图11-44所示。

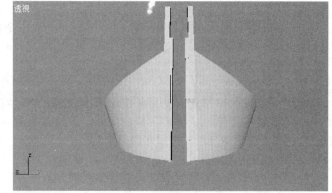

图11-44　"景墙"制作

（3）创建大鼓小品

① 在创建命令面板中单击工具"几何体"，在创建下拉菜单中选择"扩展基本题"选项，单击"切角圆柱体"，在顶视图中创建切角圆柱体，命名为"鼓身"，在屏幕左下角状态栏中的Z坐标输入窗口中输入高度值1750，按回车确认。

② 在顶视图创建，半径为350mm、高度为20mm的圆柱体，命名为"鼓面"，在前视图中，保持选

择"鼓面"状态，单击主工具栏的"对齐"按钮，然后再单击鼓身，弹出"对齐当前选择"对话框，在"对其位置"选项栏中勾选"X 位置"和"Z 位置"，在"当前对象"和"目标对象"选项栏中分别点选"中心"，单击确定，再次单击"对齐"按钮，弹出"对齐当前选择"对话框，在"对其位置"选项栏中勾选"Y 位置"，在"当前对象"选项栏中点选"最小"，在"目标对象"选项栏中点选"最大"，单击确定，把鼓面放在鼓身正上方。

③ 打开点的捕捉，在以鼓面中心为中心的顶视图中创建多边形，半径为 350mm，边数为 3，在垂直方向上复制一个高度为 1750mm 的多边形，打开点的捕捉，按图 11-45 所示用线绘制鼓腿。

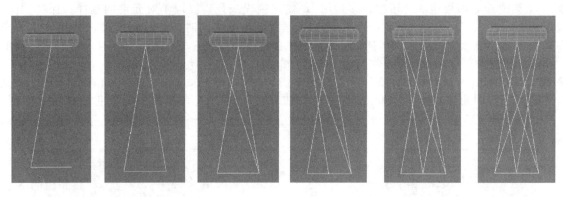

图 11-45　鼓腿制作

④ 选择鼓腿，进入修改面板，打开"渲染"卷展栏，勾选"在渲染中启用""在视口中启用"，点选"径向"，在"厚度"输入窗口中输入 35mm。同时选中鼓身、鼓面、鼓腿，复制出 4 个，并调整好它们的位置。

⑤ 复制出一个鼓，均匀缩放 50％，再复制出 6 个，并调整好它们的位置。

⑥ 选择一个大鼓的鼓面和鼓身，复制 1 份，均匀缩放 200％，并调整好它们的位置。

（4）创建皮影大门

① 在前视图创建平面，长度为 3500mm，宽度为 2000mm，调整角度，放在合适的位置。

② 单击主工具栏的"材质"按钮，打开"材质编辑器"，选择一个材质球，命名为"皮影"，打开"明暗器基本参数"卷展栏，勾选"双面"：打开"Blinn 基本参数"，将"漫反射"的颜色调成红色；打开"贴图"卷展栏，勾选"不透明度"，单击后面的贴图类型按钮，弹出"材质/贴图浏览器"，双击"位图"，弹出"选择位图图像文件"对话框，选择皮影贴图（图 11-46），单击材质球下的按钮，将材质赋予到平面并在视图中显示。镜像拷贝一份并放在合适的位置，皮影小品的做法相同。

③ 在顶视图中创建一个长方体，长度为 100mm，宽度为 1000mm，高度为 420mm，宽度分段为 12。

在修改命令面板中对其施加"弯曲"命令，角度为 65，弯曲轴为 X 轴。旋转一定角度后使之与皮影大门平行，并放在合适的位置。

（5）创建灯塔

按照灯塔立面图用线绘出灯塔的一半，在修改命令面板中对其施加"车削"命令，度数为 360，勾选"焊接内核""翻转法线"，分段数 30，单击"方向"选项栏的"Y"按钮，单击对齐选项栏的"最大"按钮，放在合适的位置，如图 11-47 所示。

（6）创建木栈道

① 在顶视图中用线命令沿底图绘制木栈道轮廓，将其命名为"木栈道"。

② 对木栈道施加"挤出"修改命令，设置挤出数量为 80mm，在屏幕左下角状态栏中的 Z 坐标输入窗口中输入高度值 400，按回车确认。

（7）创建模纹花坛

① 在顶视图中用线命令沿底图绘制模纹花坛轮廓，将其命名为"模纹花坛"。

② 对模纹花坛施加"挤出"修改命令，设置挤出数量为 300mm，完成模纹花坛的创建。

（8）创建绿地

① 在顶视图中用线命令沿底图绘制绿地轮廓，将其命名为"绿地"。

② 对绿地施加"挤出"修改命令，设置挤出数量为 130mm。

图 11-46　皮影贴图

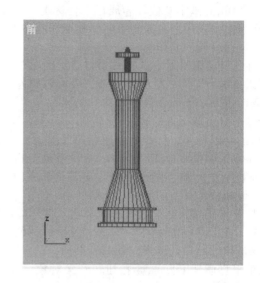

图 11-47　灯塔

（9）创建台地

在顶视图中创建 3 个圆柱体，高度均为 150mm，边数均为 5，半径分别为 2500mm、2700mm、2900mm，将其由小到大、从上到下排列整齐，并放置在合适的位置。

（10）创建地面

① 在顶视图中用线命令沿底图绘制地面轮廓，将其命名为"地面"。

② 对地面施加"挤出"修改命令，设置挤出数量为 1mm。

（11）创建地面铺装

① 在顶视图中用线命令沿底图绘制地面铺装轮廓，将其命名为"地面铺装"。

② 对地面铺装施加"挤出"修改命令，设置挤出数量为 2mm。

（12）创建水面

① 在顶视图中用线命令沿底图绘制水面轮廓，将其命名为"水面"。

② 对水面施加"挤出"修改命令，设置挤出数量为 1mm。

### 11.3.2.3　小游园场景模型的材质制作

（1）船型景墙材质的制作

① 打开材质编辑器，选择一个材质示例球，将材质命名为"景墙"。

② 在"贴图"卷展栏中，勾选"漫反射颜色"，单击后面的"none"贴图按钮，打开"材质贴图"浏览器，双击位图贴图，选择"花岗岩"贴图。

③ 在"贴图"卷展栏中，勾选"凹凸"，单击后面的"none"贴图按钮，打开"材质贴图"浏览器，双击位图贴图，选择一张凹凸贴图。

④ 在视图中选中船型景墙，将材质赋予指定对象。在修改命令面板对景墙施加"UVW 贴图"命令，设置贴图方式为"长方体"，并设置其长、宽、高均为 500mm。

（2）大鼓材质的制作

① 鼓面材质的制作

◆打开材质编辑器，选择一个材质示例球，将材质命名为"鼓面"。

◆在"Blinn 基本参数"卷展栏中将材质的"漫反射"设置为黄色（251.255.130）。

◆在视图中选中所有鼓面，将材质赋予指定对象。

② 鼓身材质的制作

◆ 打开材质编辑器，选择一个材质示例球，将材质命名为"鼓身"。

◆在"Blinn 基本参数"卷展栏中将材质的"漫反射"设置为红色（255.0.0）。

◆ 在视图中选中所有鼓身，将材质赋予指定对象。

③ 鼓腿材质的制作

◆打开材质编辑器，选择一个材质示例球，将材质命名为"鼓腿"。

◆在"Blinn基本参数"卷展栏中将材质的"漫反射"设置为浅灰色（225.223.206）。

◆在视图中选中所有鼓腿，将材质赋予指定对象。

（3）地面材质的制作

① 打开材质编辑器，选择一个材质示例球，将材质命名为"地面"。

② 在"贴图"卷展栏中，勾选"漫反射颜色"，单击后面的"none"贴图按钮，打开"材质贴图"浏览器，双击位图贴图，选择"地面"贴图。

③ 单击材质球下方的 ⬆ 按钮转到父对象，在"贴图"卷展栏中，勾选"凹凸"，设置值为"－76"，单击后面的贴图按钮，打开"材质贴图"浏览器，双击位图贴图，选择"地面"贴图。

④ 在视图中选中地面、台阶，将材质赋予指定对象。在修改命令面板对地面施加"UVW贴图"命令，设置贴图方式为"平面"，并设置其长和宽均为1000mm。

（4）地面铺装材质的制作

① 打开材质编辑器，选择一个材质示例球，将材质命名为"铺装"。

② 在"贴图"卷展栏中，勾选"漫反射颜色"，单击后面的"none"贴图按钮，打开"材质贴图"浏览器，双击位图贴图，选择"铺装"贴图。

③ 单击材质球下方的 ⬆ 按钮转到父对象，在"贴图"卷展栏中，勾选"凹凸"，设置值为"－76"，单击后面的贴图按钮，打开"材质贴图"浏览器，双击位图贴图，选择"铺装"贴图。

④ 在视图中选中铺装，将材质赋予指定对象。在修改命令面板对铺装施加"UVW贴图"命令，设置贴图方式为"平面"，并设置其长和宽均为1000mm。

（5）草地材质的制作

① 打开材质编辑器，选择一个材质示例球，将材质命名为"草地"。

② 在"贴图"卷展栏中，勾选"漫反射颜色"，单击后面的"none"贴图按钮，打开"材质贴图"浏览器，双击位图贴图，选择"草地"贴图。

③ 在视图中选中所有草地，将材质赋予指定对象。

（6）模纹花坛材质的制作

① 打开材质编辑器，选择一个材质示例球，将材质命名为"模纹花坛"。

② 在"贴图"卷展栏中，勾选"漫反射颜色"，单击后面的"none"贴图按钮，打开"材质贴图"浏览器，双击位图贴图，选择"模纹"贴图。

③ 在视图中选中所有模纹花坛，将材质赋予指定对象。

（7）水面材质的制作

① 打开材质编辑器，选择一个材质示例球，将材质命名为"水面"。

② 在"Blinn基本参数"卷展栏中设置材质的高光。

③ 在"贴图"卷展栏中，勾选"漫反射颜色"，单击后面的贴图按钮，打开"材质贴图"浏览器，双击位图贴图，选择"水面"贴图。

④ 单击材质球下方的 ⬆ 按钮转到父对象，在"贴图"卷展栏中，勾选"反射"，设置值为50，单击后面的贴图按钮，打开"材质贴图"浏览器，双击位图贴图，选择"反射"贴图。

⑤ 在视图中选中水面，将材质赋予指定对象。

（8）灯塔材质的制作

① 打开材质编辑器，选择一个材质示例球，将材质命名为"灯塔"。

② 在"贴图"卷展栏中，勾选"漫反射颜色"，单击后面的"none"贴图按钮，打开"材质贴图"浏览器，双击位图贴图，选择"灯塔"贴图。

③ 在视图中选中灯塔，将材质赋予指定对象。

至此，小游园绿地的材质全部制作完成。

### 11.3.2.4 设置摄像机、光源与渲染输出

（1）设置摄像机

① 单击创建命令面板中的 📷 按钮，选择"目标"摄像机，在顶视图中拖动鼠标创建目标摄像机，并调整摄像机的位置，如图11-48所示。

② 激活透视视图，单击键盘上的C键，即可将透视图视图转换为摄像机视图。

（2）设置光源

① 设置主光源

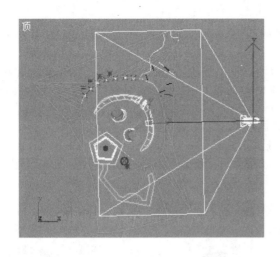
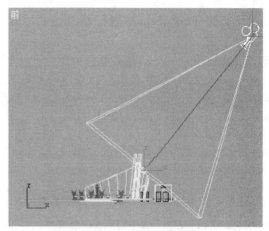

图 11-48　设置摄像机

◆ 在创建命令面板中单击 按钮，选择"目标平行光"，在前视图中创建一个目标平行光源，调整其位置，并将其命名为"主光源"，如图 11-48 所示。

◆ 确认"主光源"处于选中状态，打开修改命令面板，在"常规参数"卷展栏中勾选"启用阴影"，并设置阴影的渲染方式为"光线跟踪阴影"。

◆ 在"强度"/"颜色"/"衰减"卷展栏中将"倍增"值设定为 1.0。

◆ 在"平行光参数"卷展栏中勾选"泛光化"，将"衰减区"/"区域"值设定为 31530mm。

◆ 在"阴影"参数卷展栏中将阴影密度值设定为 0.6。

② 设置辅助光源

◆ 在创建命令面板中单击 按钮，选择"天光"，在顶视图中创建一个天光光源，调整其位置如图 11-49 所示。

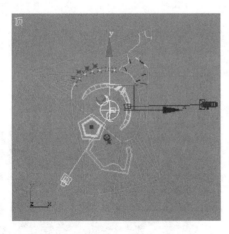
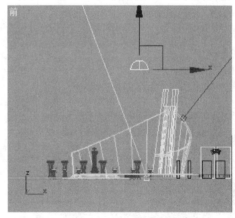

图 11-49　设置辅助光源

◆ 在"强度"/"颜色"/"衰减"卷展栏中将天光的"倍增"值设定为 0.3。

至此，小游园的摄像机设置和灯光设置全部完成。

（3）渲染输出

① 在工具栏中单击 按钮，弹出"渲染场景"对话框，在对话框中设置渲染图像的输出为 4000×3000。

② 单击渲染对话框中的"渲染"按钮进行渲染，结果如图 11-50 所示。

③ 单击渲染效果图左上角的 按钮在弹出的保存图像对话框中将文件名称命名为"小游园渲染图"，设置文件的格式为 TGA。

④ 单击对话框中的"保存"按钮，弹出"Targa 图像控制"对话框，单击"确定"按钮，渲染的图

像文件被保存。

### 11. 3. 2. 5　在 Photoshop 中进行小游园的后期处理

（1）去除背景

① 启动 Photoshop CS6，在菜单栏中单击"文件"/"打开"，打开在 3ds Max 2012 中渲染输出的"小游园渲染图"。在图层面板中双击"背景"图层，在弹出对话框后按回车键确认，将背景图层转换为 0 图层。

② 打开"通道"面板，按住键盘上的"Ctrl"键，同时单击 Alpha 1 通道载入选区。

③ 返回到图层面板，执行菜单栏中的"选择"/"反选"（快捷键：Ctrl＋Shift＋I）命令，将图像中的黑色背景区域选中，执行菜单栏中的"编辑"/"清除"（快捷键：Delete）将选中区域内的图像删除，此时背景部分的图像变为透明，如图 11-51 所示。

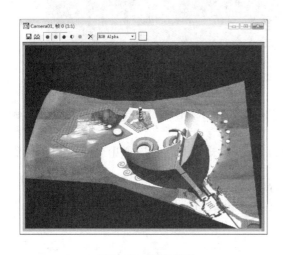

图 11-50　渲染结果

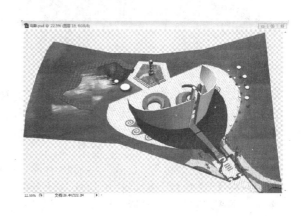

图 11-51　清除背景后的图像

（2）添加鸟瞰背景

① 选择"鸟瞰"图片，如图 11-52 所示。

② 将"鸟瞰"图像复制到小游园效果图中。在图层面板中，将"鸟瞰"所在的图层调整至效果图所在的 0 图层的下面。

③ 确认当前图层为"鸟瞰"所在的图层，在菜单栏中执行"编辑"/"变换"/"缩放"命令，在效果中调整其图像的大小和位置，如图 11-53 所示。

图 11-52　鸟瞰素材图像

图 11-53　添加鸟瞰背景图像

（3）添加公路

① 选择"公路"图片。

② 将"公路"图像复制到小游园效果图中。在图层面板中，将"公路"所在的图层调整至效果图所在的 0 图层的上面。

③ 确认当前图层为"公路"所在的图层，在菜单栏中执行"编辑"/"变换"/"缩放"命令，在效果图中调整其图像的大小和位置，如图 11-54 所示。

（4）添加植物种植

① 选择各种植物的素材图片，将其复制到小游园效果图中，调整其图像的大小并参照在 AutoCAD 中绘制的"小游园"中植物种植点的位置，调整各种植物位置。

② 为植物添加阴影（设置植物阴影的不透明度为 50%）。

（5）添加云效果

① 选择"云"图片，将"云"图像复制到小游园效果图中。在图层面板中，将"云"所在的图层调整至最顶层。

② 确认当前图层为"云"所在的图层，在菜单栏中执行"编辑"/"变换"/"缩放"命令，在效果图中调整其图像的大小和位置，如图 11-55 所示。

图 11-54　调整公路位置

图 11-55　添加云效果图像

# 11.4　Photoshop CS6（中文版）应用基础

Photoshop 具有强大的图像合成和处理功能，在园林设计中，主要用于平面图和效果图的后期处理。

本节结合园林行业的实际需求，介绍 Photoshop CS6（中文版）基本操作命令，结合实例重点介绍其基本操作方法和技巧。

## 11.4.1　Photoshop CS6（中文版）基本知识

### 11.4.1.1　Photoshop CS6 的启动

鼠标双击桌面上的"Photoshop CS6"图标，或者单击"开始"按钮，然后在"所有程序"中找到"Photoshop CS6"，启动 Photoshop CS6 并进入工作界面，如图 11-56 所示。

### 11.4.1.2　Photoshop CS6 的工作界面

工作界面主要由菜单栏、工具箱、选项栏、控制面板、工作区等元素组成。

① 菜单栏　菜单栏中的一个项目可以显示下拉菜单，下拉菜单中还可以有次级菜单，每个菜单项目中对应一个 Photoshop 命令，鼠标单击可以执行相应的操作。

② 工具箱　工具箱里分组排列着许多图标按钮，每一个图标对应一个 Photoshop 命令，将鼠标指针放置于一个按钮上几秒钟，其命令名称即显示在鼠标指针右下方，鼠标单击图标按钮即可启动这条命令。

③ 选项栏　显示当前激活命令的各种参数，列出的参数可以被修改。

④ 控制面板　通过控制面板可以对 Photoshop 图像的图层、通道、路径、历史记录、颜色、样式等进行操作和控制。

⑤ 工作区　处于窗口中部的大片灰色区域，放置新建的图像窗口或打开的图像文件。

## 11.4.2　Photoshop CS6（中文版）基本操作

### 11.4.2.1　图像选择

选择区域是 Photoshop 的操作基础，图像处理的一切操作都是建立在选择的基础上。利用 Photoshop

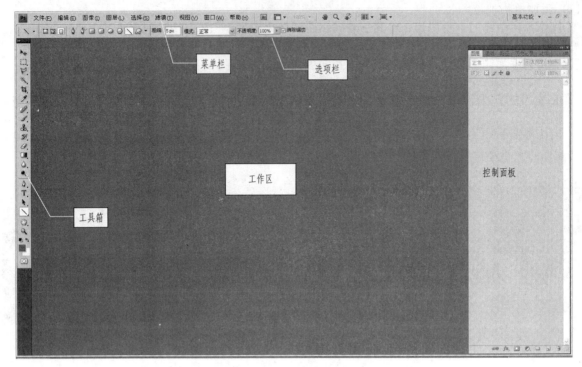

图 11-56　Photoshop CS6 工作界面

中的各种选择工具可以建立各式各样的选区。根据选择方式的不同大致可将其分为以下几类：选框选择工具、套索选择工具、颜色选择工具、蒙版选择、路径选择等。

（1）选框选择工具

选框选择工具适用于建立矩形、椭圆等形状比较规则的选择区域，是 Photoshop 中创建选择区域的最基本的方法。选择工具主要有四种，位于工具箱中。

① 矩形选框工具　在工具箱中点选矩形选框工具后，在选择区域的一个角点按住左键拖动到对角点后松开，即可选择一个矩形区域。在创建新选区状态时，按住"Shift"键后，再单击拖动即可选择正方形区域。

② 椭圆选框工具　在工具箱中点选椭圆选框工具后，在选择区域的一个角点按住左键拖动到对角点后松开即可选择一椭圆形区域。在创建新选区状态时，按住"Shift＋Alt"键后，再单击拖动即可选择圆形区域。

③ 单行、单列选框工具　在工具箱中分别单击"单行选框工具""单列选框工具"，即可以在图像窗口建立 1 个像素宽的横线选区和竖线选区。

（2）套索选择工具

套索工具适用于建立不规则形状的选择区域。套索工具主要有三种：套索工具、多边形套索工具、磁性套索工具。

① 套索工具　选择手绘边缘围合的区域。在工具箱中点选"套索"工具后，移动光标至图像窗口相应按下鼠标左键并向所需要的方向拖移，直至回到起点处松开鼠标即可得到一个闭合的选区。

② 多边形套索工具　选择多边形围合的区域。在工具箱中点选"多边形套索"工具后，在图像窗口中单击鼠标设置起点，然后将光标移动到另一个位置上再单击鼠标，即可创建多边形选区。

③ 磁性套索工具　适用于快速选择边缘与背景对比强烈的对象。操作方法与上述两种套索工具基本相同。

（3）颜色选择工具

颜色选择工具主要是根据颜色的反差来选择对象。当选择对象或选择对象的背景颜色比较单一时，使用颜色选择工具比较方便。

Photoshop 中的颜色选择工具主要有三个：一个是工具箱中的魔棒工具；另两个是菜单栏中的"选择"/"色彩范围"和"选择"/"选取相似"命令。

（4）其他选择工具

① 利用"路径"工具建立选区 利用"路径"工具建立选区也是 Photoshop 中比较常用的方法。由于路径可以非常光滑，而且可以反复调节各节点的位置和曲线的曲率，因此非常适合建立轮廓复杂和边界较为光滑的选区，如人物、汽车、室内物品等。

路径制作工具包括路径的创建、编辑和路径选择工具。其中路径创建工具主要包括钢笔工具、添加描点工具、删除描点工具和转换点工具。

路径工具的用途主要是勾勒图像轮廓，然后将路径转换为选区。

② 利用"快速蒙版"工具建立选区 蒙版是用来保护被遮蔽区域的，以便让被保护的区域不受任何编辑操作的影响。蒙版分为两种：通道蒙版和快速蒙版。

快速蒙版是 Photoshop 中一个特殊的模式，它是专门用来定义选择区域的。当在图像中已经建立了一个选区的情况下，选择"快速蒙版"模式，则图像中没有被选择的区域会自动被蒙版保护起来。在"快速蒙版"模式下可以使用画笔、橡皮擦等工具在图像区域中通过涂擦来修改蒙版区域的大小，当退出"快速蒙版"模式时，蒙版以外的不被保护区域自动变为一个选区。

③ 利用"抽出"滤镜选择对象 抽出滤镜一般用于分离边缘杂乱、细微但与背景有一定反差的对象，如：人物的发丝、边缘散落较多水滴的喷泉等。

### 11.4.2.2 图像处理

采用 Photoshop 工具箱中的绘制工具对图像进行处理，主要有绘图工具和绘画工具、渐变工具、橡皮擦工具等。

（1）绘图工具

绘图工具主要用于创建定义为几何对象的形状，可以绘制矩形、椭圆、圆角矩形、多边形、直线以及自定义形状等图形。此外使用钢笔、自由钢笔工具也可以绘制任意形状的图形。

（2）绘画工具

绘画工具主要用来更改像素的颜色，包括画笔工具和铅笔工具，使用它们可以在图像上用前景色绘画。

画笔工具可以模拟传统的毛笔效果，创建柔和的彩色线条，并且可以自由选择毛笔大小和形状。

铅笔工具可以模拟传统绘画中的铅笔效果，绘制硬边的彩色线条。

（3）渐变工具

利用渐变工具可以创建多种颜色之间的逐渐混合效果，在园林效果图制作过程中应用非常广泛，尤其是在处理天空、草地、水面等背景图像时，使用渐变工具可以制作出柔和的过渡效果，使画面产生细微的变化。

单击工具箱中的"渐变"工具，在选项栏中会显示渐变工具的相应参数，可对其进行设置。

（4）三种橡皮擦工具

Photoshop 中共有三种橡皮擦工具，可用于图像和背景色的擦除。其中橡皮擦工具和魔术橡皮擦工具可以将图像区域抹成透明或背景色；背景橡皮擦工具可以将其图层抹成透明。

① 橡皮擦工具 主要用来擦除图像。在工具箱中点击"橡皮擦"工具，然后移动光标到图像窗口中拖曳鼠标即可。

② 魔术橡皮擦工具 可以将一定容差范围内的图像内容全部清除而得到透明区域。

③ 背景橡皮擦工具 可以通过连续取样来清除背景，同时具有保护某种颜色不被清除的功能，适合清除一些背景较为复杂的图像。

### 11.4.2.3 图像修复

对于园林效果图制作中的微小缺陷或瑕疵，可以利用 Photoshop 提供的修饰工具加以解决。Photoshop 中的图像修复工具主要包括五大类。

（1）图章工具

主要用于图像或图案的复制工作，包括仿制图章工具和图案图章工具。

① 仿制图章工具 利用仿制图章工具可以对某部分图像进行取样复制，然后将其取样复制到其他图像或同一图像的不同部分上，该工具主要应用于图像的修复与修饰工作中。

② 图案图章工具 主要用来复制图案，复制的图案可以是 Photoshop 提供的预设图案，也可以是用户自定义的图案。

（2）修复工具

主要用于修复图像上的划痕、污点、褶皱等瑕疵，在消除瑕疵的同时保留原有色调与纹理。修复工具包括修复画笔工具和修补工具。

① 图案修复画笔工具　与图章工具的使用方法相似，通过从图像中取样或用图案来填充图像。二者的区别是：修复画笔工具在填充时，会使目标位置图像的色彩、色调、纹理等保持不变，从而能使填充的图像与周围图像完美融合在一起。

② 修补工具　与修复画笔工具的使用方法相似，也是使用图像采样来修复图像，同时也保留原图像的色彩、色调、纹理。不同的是，在使用修补工具前需要建立修补图像选区。

（3）减淡和加深工具

主要用来变亮或变暗图像区域，在效果图制作过程中，主要利用这两种工具来处理局部图像的光影变化，增加造型的质感。

（4）海绵工具

可以降低或提高图像区域的色彩饱和度。

（5）模糊和锐化工具

可以模糊调焦后所产生的模糊或清晰的效果，在效果图制作过程中，主要利用这两种工具来增加图像物体的透视感和融合感。

模糊工具可将图像所需区域变得柔和与模糊，特别是对两幅图像进行拼贴时，利用模糊工具使参差不齐的边界柔和并产生阴影效果；锐化工具可使图像所需区域变得更清晰，色彩更亮。

### 11.4.2.4　文字工具

在园林效果图制作过程中，经常需要在图像中加入文字。利用 Photoshop 中的文字工具，可以很方便地为图像加入不同字体、不同颜色的文字。文字工具位于工具箱中。

## 11.4.3　绘图实例

### 11.4.3.1　绘图准备

在 AutoCAD 中打开小游园平面图，设定绘制比例尺后虚拟打印出来，如图 11-57 所示。用 Photoshop 将其打开后另存为 psd 格式，命名为"小游园渲染图"，打开"小游园渲染图"。

### 11.4.3.2　小游园平面图渲染

（1）广场铺装的渲染

打开"广场地面铺装"素材，将其定义为图案后关闭。在"小游园渲染图"中，选中背景图层，用"魔棒"选中如图 11-58 所示区域。

执行"图层"/"新建图层"/"通过拷贝的图层"命令，此时自动生成一个新图层，将其命名为"广场铺装1"。

选中"广场铺装1"图层，执行"图层"/"图层样式"/"图案叠加"，出现"图层样式"对话框，设置好参数如图 11-59 所示，单击"确定"。

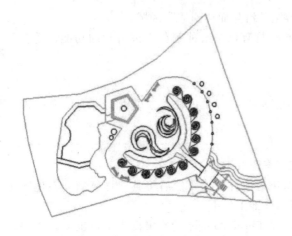

图 11-57　虚拟打印出的小游园平面图

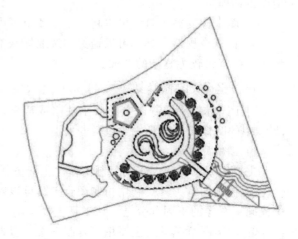

图 11-58　用"魔棒"选取广场铺装区域

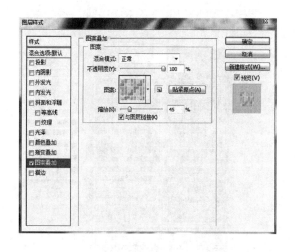

图 11-59　在"图层样式"对话框输入参数

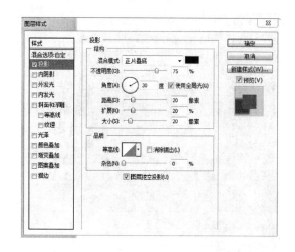

图 11-60　在"图层样式"对话框中输入投影数据

草坪、模纹花坛、台地、地面花纹铺装以及木栈道的渲染方法同上。

（2）水面的渲染

在背景层中选中水面选区，执行"图层"/"新建图层"/"通过拷贝的图层"命令，将新生成的图层命名为"水面"。锁定透明像素，将前景色改为 R：157，G：199，B：224，然后对水面层填充。小品、灯塔、景墙的渲染方法同上。

（3）植物的渲染

将植物图例拖入图像中，调节好大小以后，按照设计图复制到适当位置。绘制完成后，可将同种植物的图层合并，并按照植物高低调节好图层的先后顺序。

（4）投影的制作

选中一个植物图例图层，执行"图层"/"图层样式"/"投影"命令，出现"图层样式"对话框，参数设置如图 11-60 所示。其他图层的投影做法同上，但在制作过程中，注意调节图层的上下顺序。投影的制作效果如图 11-61 所示。

（5）标题和指北针的制作

利用"文字"等工具绘制标题文字、比例尺和指北针，绘制效果如图 11-62 所示。

图 11-61　投影制作完成后的效果

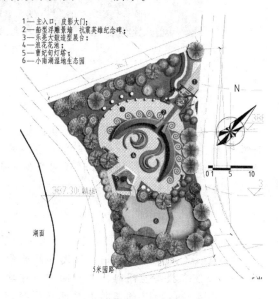

图 11-62　小游园平面设计渲染图成图

图 11-63～图 11-65 为部分园林平面与透视渲染图实例，供参考。

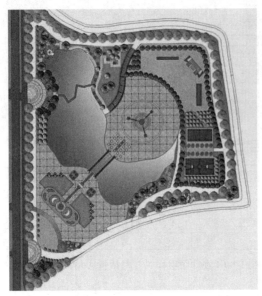

图 11-63　公园平面图

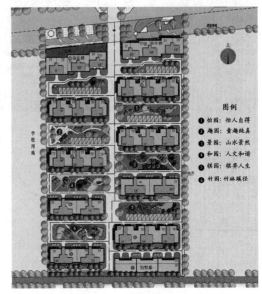

图 11-64　居住区平面图

图 11-65　小游园鸟瞰图

=== 本章小结 ===

　　本章从园林制图工作的实际需要出发，主要介绍了 AutoCAD 2017、3ds Max 2012 和 Photoshop CS6 计算机绘图软件的基本命令和操作方法，并通过实例介绍了利用计算机绘制园林工程图的一般方法和步骤。应熟练掌握运用三种计算机绘图软件绘制园林专业设计图的方法。

=== 思 考 题 ===

1. 绘图软件 AutoCAD 2017、3ds Max2012 和 Photoshop CS6 与以往的版本相比有哪些创新点？
2. AutoCAD 2017 常用的绘图和修改命令有哪些？
3. 如何在模型空间和布局空间中打印输出 AutoCAD 图？
4. 3ds Max2012 的工作界面包括哪些内容？
5. 根据选择方式的不同可将 Photoshop CS6 图像选择工具分为哪几类？

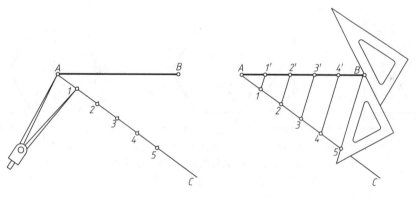

# 附录1

# 几何作图

利用几何学原理和常用制图工具进行作图的方法称为几何作图。主要包括线段等分、绘制正多边形、圆弧连接、椭圆绘制等,下面介绍这些作图方法。

## 附录1.1 任意等分直线段

如附图1-1所示,已知直线段 $AB$,要求将其五等分。

作图步骤如下:

① 过 $AB$ 的一个端点 $A$ 作任意直线 $AC$。

② 用有刻度的直尺或分规以任意相等的距离在 $AC$ 上量得1、2、3、4、5个等分点。

③ 连接 $B$、5两点,并分别过各等分点作 $B5$ 的平行线,四条平行线分别与 $AB$ 相交于四点 $1'$、$2'$、$3'$、$4'$,则该四点即把 $AB$ 分成了五等分。

附图1-1 等分线段

## 附录1.2 正多边形画法

正多边形一般都是利用其外接圆画出。

### 附录1.2.1 正五边形画法

如附图1-2所示,求作圆内正五边形。

作图步骤如下:

① 以圆周上点 $B$ 为圆心,$OB$ 为半径,画弧与已知圆交于两点,连接此两点得圆半径 $OB$ 的中点 $K$,如附图1-2(a)所示。

② 以 $K$ 为圆心,$KA$ 为半径画弧,得交点 $C$,$AC$ 即为所求五边形的边长,如附图1-2(b)所示。

③ 以 $AC$ 为弦长,自 $A$ 点起用分规在圆周上依次截取,得1、2、3、4、5点,此五点将圆周五等分,如附图1-2(c)所示。

④ 依次连接5个点得正五边形,如附图1-2(d)所示。

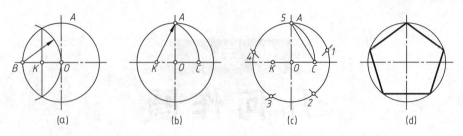

附图 1-2　正五边形的画法

## 附录 1.2.2　正六边形画法

正六边形的画法较简单，可直接利用丁字尺、三角板作图（为减少作图线省略了圆周）。

① 已知对角线长度作正六边形，如附图 1-3 所示。

② 已知对边距离作正六边形，如附图 1-4 所示。

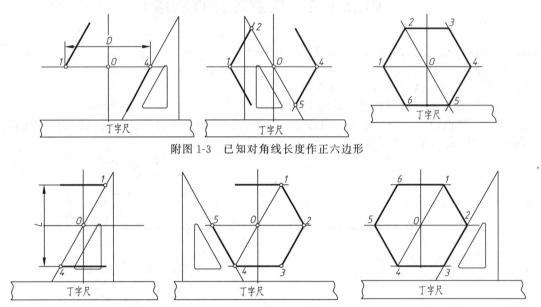

附图 1-3　已知对角线长度作正六边形

附图 1-4　已知对边距离作正六边形

# 附录 1.3　圆　弧　连　接

在绘制图形时，常会遇到从一条线（直线或圆弧）光滑地过渡到另一条线的情况。这种光滑过渡就是平面几何中的相切，在制图中称为连接。其中，用已知半径的圆弧光滑连接（即相切）两已知线段或其他圆弧的作图过程称为圆弧连接，这种起连接作用的圆弧称为连接圆弧。作图时必须确定连接圆弧的圆心和切点的位置，才能保证光滑连接。

## 附录 1.3.1　用圆弧连接两已知直线

与已知直线相切的圆弧，其圆心的轨迹是一条与已知直线平行的直线，两直线的距离为半径 $R$，过圆心向已知直线作垂线，垂足就是连接点（切点），即连接弧的起、止点。如附图 1-5 所示，已知两直线 $AB$ 和 $CD$，求作半径为 $R$ 的连接圆弧。

作图步骤如下：

① 过直线 $AB$ 上任意一点 1 作 $AB$ 的垂线，并在垂线上截取 $12=R$，再过 2 点作 $AB$ 的平行线 $L_1$。

② 用同样的方法作出 $CD$ 的平行线 $L_2$。

③ $L_1$ 和 $L_2$ 相交于 $O$ 点，$O$ 点即为所求连接圆弧的圆心。

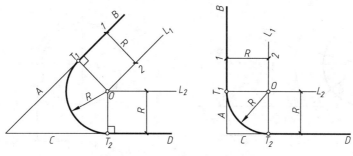

附图 1-5　用圆弧连接已知直线

④ 过 $O$ 点分别作 $AB$ 和 $CD$ 的垂线，垂足 $T_1$、$T_2$ 即为连接点。

⑤ 以 $O$ 为圆心，$R$ 为半径画弧交 $AB$ 和 $CD$ 分别为 $T_1$、$T_2$，$\overset{\frown}{T_1 T_2}$ 即为所求。

## 附录 1.3.2　用圆弧与两已知圆弧相切

用圆弧与已知圆弧相切时，其圆心的轨迹为已知圆弧的同心圆，该圆的半径为两圆半径之和（外切）或两圆半径之差（内切）。

如附图 1-6 所示，已知半径分别为 $R_1$、$R_2$ 的两圆，圆心分别为 $O_1$、$O_2$，求作半径为 $R$ 的外切连接圆弧。作图步骤如下：

① 求圆心　分别以 $O_1$、$O_2$ 为圆心，$R+R_1$、$R+R_2$ 为半径画圆弧，两圆弧交点 $O_3$（或 $O_4$）即为所求圆弧的圆心。

② 求切点　过圆心 $O_3$（或 $O_4$）分别与 $O_1$、$O_2$ 连线交两圆弧于两个近交点 $T_1$、$T_2$，$T_1$、$T_2$ 即为切点。

③ 画连接弧　以 $O_3$ 为圆心，$R$ 为半径，过 $T_1$、$T_2$ 画圆弧即为所求。

用半径为 $R$ 的圆弧与两已知两圆弧内切的作图步骤与外切的作图步骤相同，只是在求圆心时，分别以 $O_1$、$O_2$ 为圆心，$R-R_1$、$R-R_2$ 为半径画圆弧即可，如附图 1-7 所示。

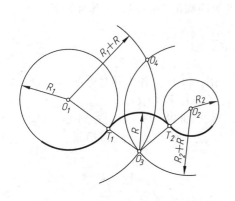

附图 1-6　用圆弧外切连接两圆弧

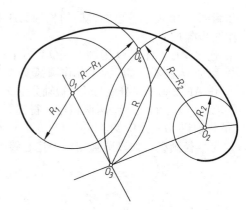

附图 1-7　用圆弧内切两圆弧

## 附录 1.3.3　用圆弧连接一直线和一圆弧

用圆弧连接已知直线和已知圆弧可分为外切圆弧与一直线、内切圆弧与一直线两种情况。

如附图 1-8（a）所示，已知一圆心为 $O_1$、半径为 $R_1$ 的圆和一直线 $AB$，求作半径为 $R$ 的外接圆弧。作图步骤如下：

① 作已知直线 $AB$ 的平行线 $L_1$，并使 $AB$ 与 $L_1$ 之间的距离等于 $R$。

② 求圆心　以 $O_1$ 为圆心，$R+R_1$ 为半径画圆弧，交 $L_1$ 于 $O$ 点，则 $O$ 点即为所求圆弧的圆心。

③ 求切点　过圆心 $O$ 作 $AB$ 的垂线，得垂足 $T$，连接 $OO_1$ 与已知圆交 $T_1$ 点，$T$、$T_1$ 即为切点。

④ 画连接弧　以 $O$ 为圆心，$R$ 为半径，过 $T$、$T_1$ 画圆弧即为所求。

附图 1-8（b）为内切圆弧与一直线的作图，此时，求圆心 $O$ 时应以 $O_1$ 为圆心，$R-R_1$ 为半径画圆弧。

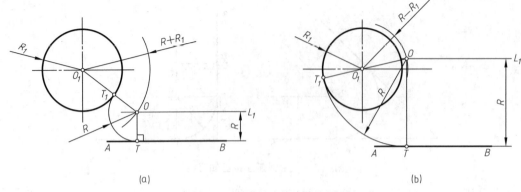

(a)                      (b)

附图 1-8　用圆弧连接直线和圆弧

# 附录 1.4　椭圆的近似画法

## 附录 1.4.1　同心圆法

如附图 1-9 所示，已知椭圆的长轴 $AB$ 和短轴 $CD$，两轴交点为椭圆的中心 $O$，求作此椭圆。

作图步骤如下：

① 以 $O$ 为圆心，两轴 $AB$ 和 $CD$ 为直径作两同心圆。

② 以 $O$ 为中心，作一系列放射线（本图作 12 条）与两圆相交，将圆周等分。

③ 过大圆上各等分点作铅垂线与过小圆上各等分点所作的水平线分别相交于1、2、3…8 点。

④ 用曲线板光滑连接以上各点即完成椭圆。

## 附录 1.4.2　四心圆法

如附图 1-10 所示，已知椭圆的长轴 $AB$ 和短轴 $CD$，两轴交点为椭圆的中心 $O$，求作此椭圆。

作图步骤如下：

① 连接 $AC$，并以 $O$ 为圆心，$OA$ 为半径作圆弧交 $CD$ 的延长线于 $E$ 点。

② 以 $C$ 为圆心，$CE$ 为半径作圆弧交 $AC$ 于 $F$ 点。

③ 作 $AF$ 的垂直平分线与长、短轴分别交于 $O_1$、$O_2$ 两点，并在 $AB$ 和 $CD$ 上作出其对称点 $O_3$、$O_4$。

④ $O_1$、$O_2$、$O_3$、$O_4$ 两两相连，得四条连心线 $O_1O_2$、$O_2O_3$、$O_3O_4$ 和 $O_1O_4$。

⑤ 分别以 $O_1$、$O_3$ 为圆心，$O_1A$（或 $O_3B$）为半径画弧，再分别以 $O_2$、$O_4$ 为圆心，$O_2C$（或 $O_4D$）为半径画弧，四段圆弧相切于连心线上四点 $K$、$K_1$、$N$、$N_1$ 点，而构成一近似椭圆。

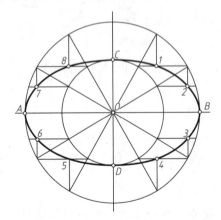 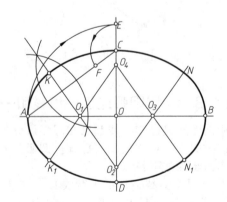

附图 1-9　同心圆法作椭圆　　　　　　　附图 1-10　四心圆法作椭圆

用此法作出的图形，实质上并不是椭圆，而是四段圆弧的连接图形，但由于其与椭圆非常接近，而且作图简便，能保证椭圆的对称性，因而在实际绘制椭圆时，常采用此方法。

# 常用建筑材料图例

| 序号 | 名称 | 图 例 | 说 明 |
|---|---|---|---|
| 1 | 自然土壤 |  | 包括各种自然土壤 |
| 2 | 夯实土壤 |  | |
| 3 | 普通砖 | 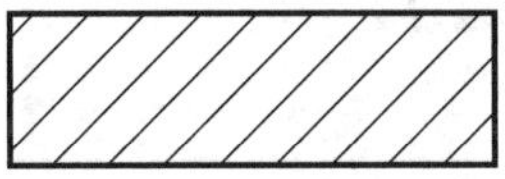 | 包括实心砖、多孔砖、砌块等砌体。断面较窄不易绘出图例线时,可涂红 |
| 4 | 混凝土 | 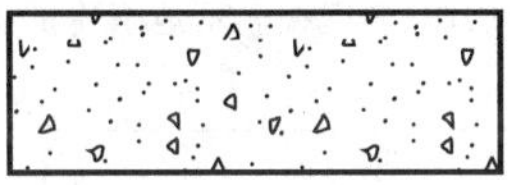 | 1. 本图例指能承重的混凝土及钢筋混凝土<br>2. 包括各种强度等级、骨料、添加剂的混凝土<br>3. 在剖面图上画出钢筋时,不画图例线<br>4. 断面图形小,不易画出图例线时,可涂黑 |
| 5 | 钢筋混凝土 | 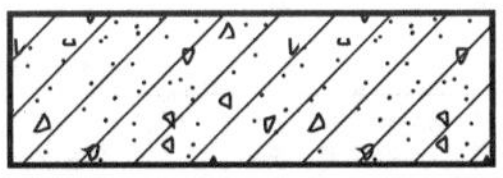 | |
| 6 | 饰面砖 | 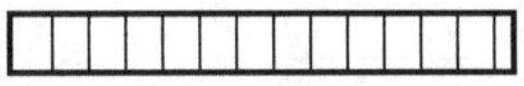 | 包括铺地砖、马赛克、陶瓷锦砖、人造大理石等 |
| 7 | 砂、灰土 | 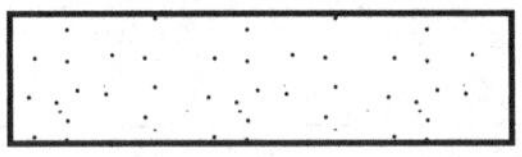 | 靠近轮廓线绘较密的点 |
| 8 | 毛石 | 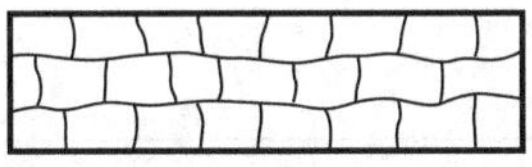 | |
| 9 | 金属 |  | 1. 包括各种金属<br>2. 图形小时可涂黑 |
| 10 | 木材 |  | 1. 上图为横断面,左上图为垫木、木砖或木龙骨<br>2. 下图为纵断面 |
| 11 | 防水材料 |  | 构造层次多或比例大时,采用上面图例 |
| 12 | 塑料 |  | 包括各种软、硬塑料及有机玻璃等 |
| 13 | 粉刷 | 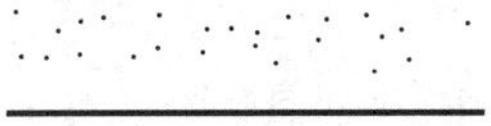 | 本图例采用较稀的点 |

注:序号1、2、3、5、9、12图例中的斜线、短斜线、交叉斜线等一律为45°。

# 常用总平面图图例

| 序号 | 名称 | 图 例 | 说 明 |
|---|---|---|---|
| 1 | 新设计的建筑物 | 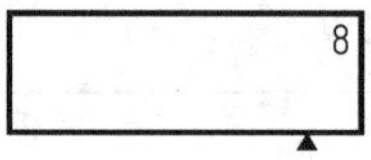 | 1. 当比例小于1∶2000时,可以不画出入口<br>2. 需要时可在右上角以点数(或数字)表示层数<br>3. 用粗实线绘制(±0.000处的建筑轮廓) |
| 2 | 原有建筑物 | 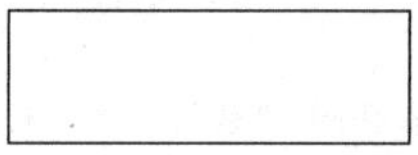 | 1. 应注明拟利用者<br>2. 用细实线绘制 |
| 3 | 计划扩建的预留地或建筑物 |  | 用中粗虚线绘制(粗虚线表示地下建筑物) |
| 4 | 拆除的建筑物 | 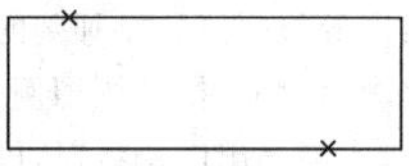 | 用细实线绘制 |
| 5 | 坡屋顶建筑 | 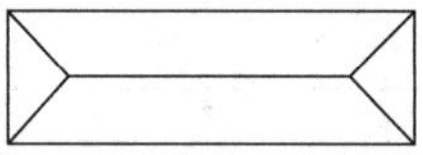 | 包括瓦顶、石片顶、饰面砖顶等 |
| 6 | 草顶建筑或简易建筑 | 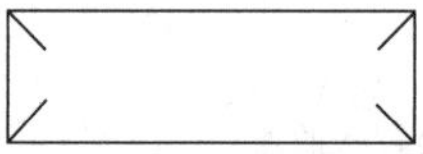 | |
| 7 | 温室建筑 | 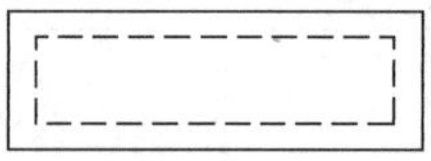 | |
| 8 | 敞棚或敞廊(柱廊) | 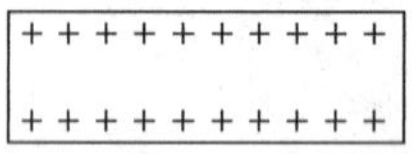 | |
| 9 | 花台 | 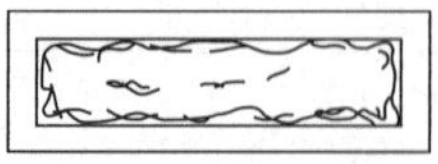 | 仅表示位置,不代表具体形态,也可根据设计形态表示 |
| 10 | 花架 | 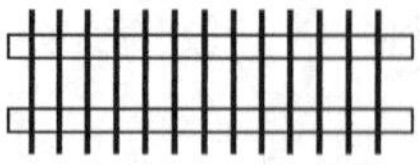 | |
| 11 | 围墙及大门 | 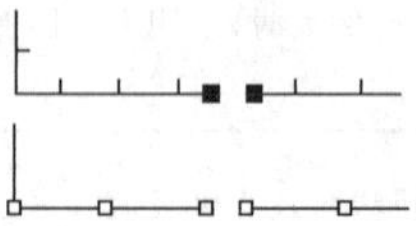 | 上图为实体性质的围墙,下图为通透性质的围墙。若仅表示围墙时不画大门 |
| 12 | 栏杆 | 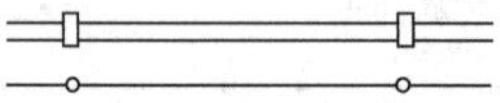 | 上图为非金属栏杆,下图为金属栏杆 |

| 序号 | 名称 | 图　例 | 说　明 |
|------|------|--------|--------|
| 13 | 坐标 | 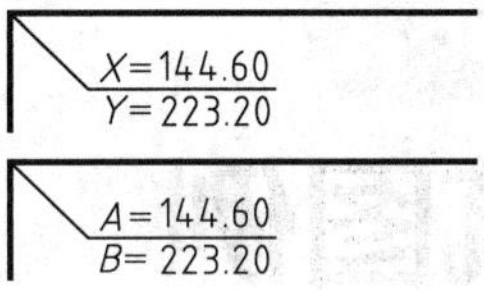 X=144.60 Y=223.20 A=144.60 B=223.20 | 上图表示测量坐标,下图表示建筑坐标 |
| 14 | 方格网交叉点坐标 | 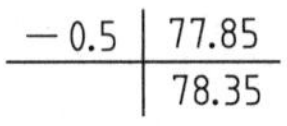 −0.5 \| 77.85 78.35 | "78.35"表示原地形标高,"77.85"表示设计标高,"−0.5"为施工高度,"−"表示挖方,"+"表示填方 |
| 15 | 喷泉 | 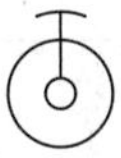 | 仅表示位置,不代表具体形态,也可根据设计形态表示 |
| 16 | 园灯 |  | 仅表示位置,不代表具体形态,也可根据设计形态表示 |
| 17 | 饮水台 | 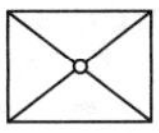 | |
| 18 | 室内地坪标高 | 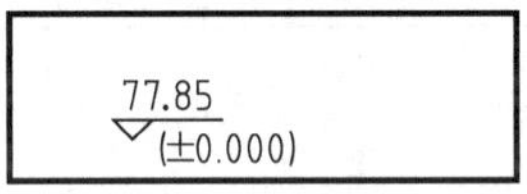 77.85 (±0.000) | |
| 19 | 室外地坪标高 |  72.35 | |
| 20 | 原有道路 | 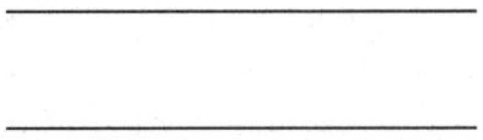 | |
| 21 | 计划扩建道路 |  | |
| 22 | 台阶 | 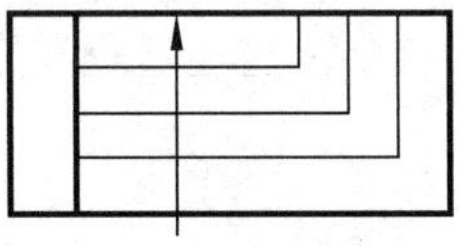 | 箭头指向表示向下 |

# 常用建筑图例

| 名　称 | 图　例 | 说　明 |
|---|---|---|
| 检查孔 | 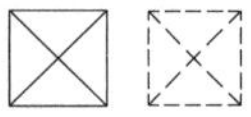 | 实线为可见,虚线为不可见 |
| 入口坡道 | 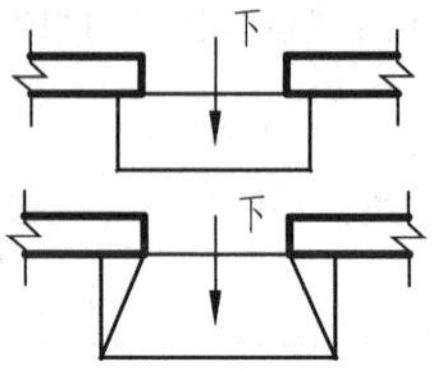 | |
| 底层楼梯 | 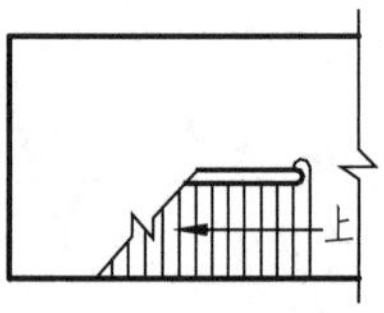 | |
| 中间层楼梯 | 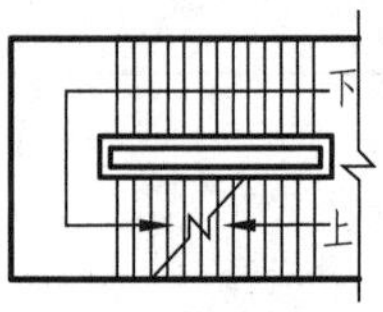 | |
| 顶层楼梯 | 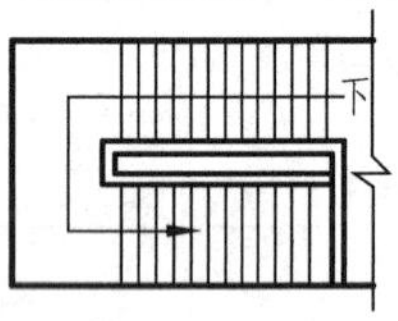 | |
| 空门洞 | 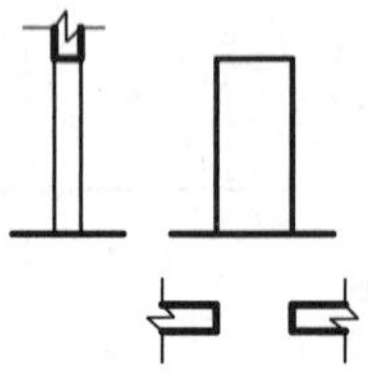 | 1. 门的名称代号用 M 表示<br>2. 剖面图中左为外,右为内;平面图中下为外,上为内<br>3. 立面图中开启方向线交角的一侧为安装铰链的一侧,实线为外开,虚线为内开<br>4. 平面图中开启弧线及立面图中的开启方向线在一般设计图上不需表示,仅在制作图中表示<br>5. 门的立面形式应按实际情况绘制 |
| 单扇门(包括平开或单面弹簧) | 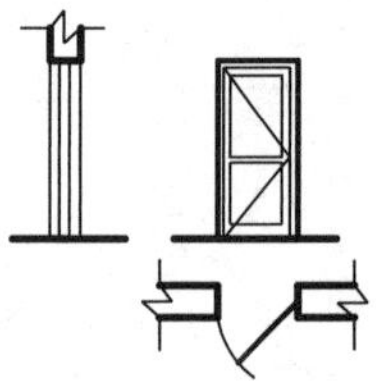 | |

| 名　　称 | 图　　例 | 说　　明 |
|---|---|---|
| 双扇门（包括平开或单面弹簧） | 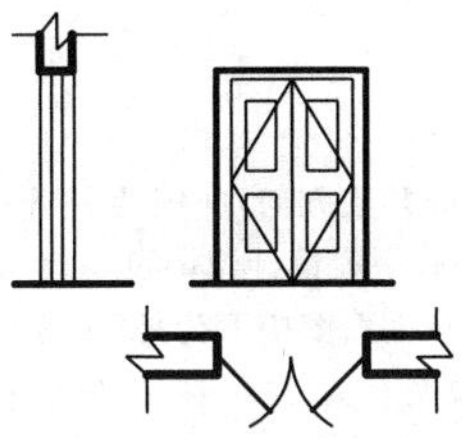 | |
| 单扇双面弹簧门 | 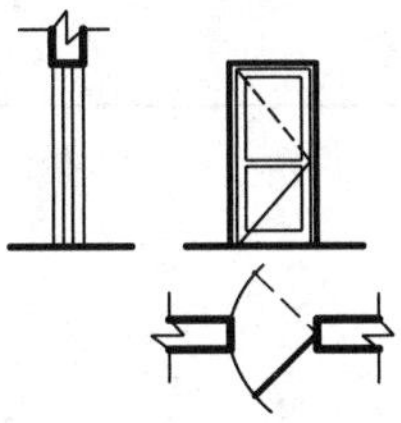 | 1. 门的名称代号用 M 表示<br>2. 剖面图中左为外，右为内；平面图中下为外，上为内<br>3. 立面图中开启方向线交角的一侧为安装铰链的一侧，实线为外开，虚线为内开<br>4. 平面图中开启弧线及立面图中的开启方向线在一般设计图上不需表示，仅在制作图中表示<br>5. 门的立面形式应按实际情况绘制 |
| 双扇双面弹簧门 | 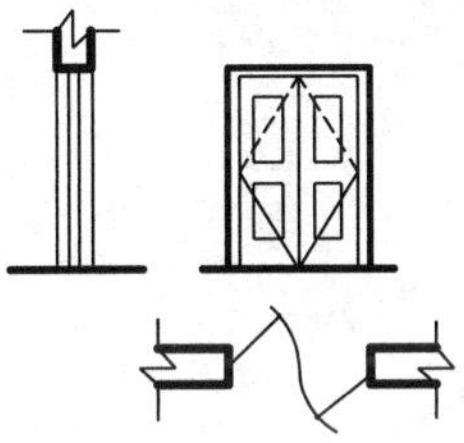 | |
| 单层固定窗 | 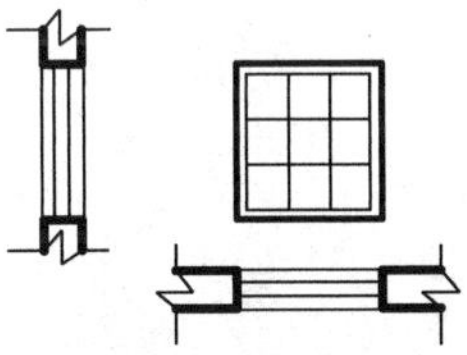 | |
| 单层外开上悬窗 | 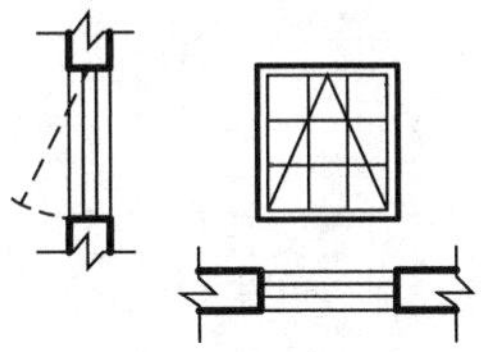 | 1. 窗的名称代号用 C 表示<br>2. 立面图中的斜线表示窗的开关方向，实线为外开，虚线为内开；开启方向线交角的一侧为安装铰链的一侧，一般设计图中可不表示<br>3. 剖面图中左为外，右为内；平面图中下为外，上为内<br>4. 平、剖面图中的虚线仅说明开关方式，在设计图中不需表示<br>5. 窗的立面形式应按实际情况绘制 |
| 单层中悬窗 | 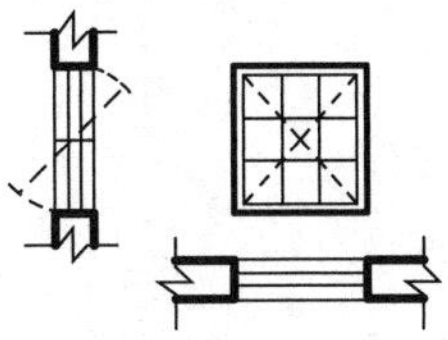 | |
| 单层外开平开窗 | 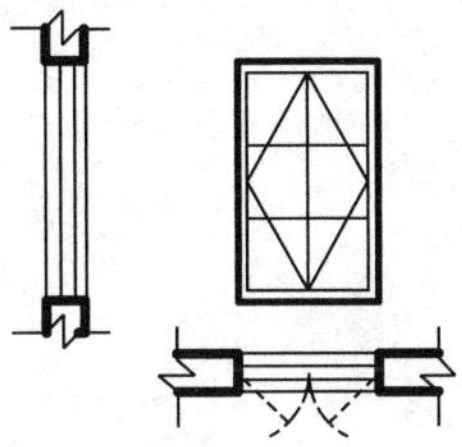 | |

| 名　　称 | 图　　例 | 说　　明 |
|---|---|---|
| 单层内开平开窗 | 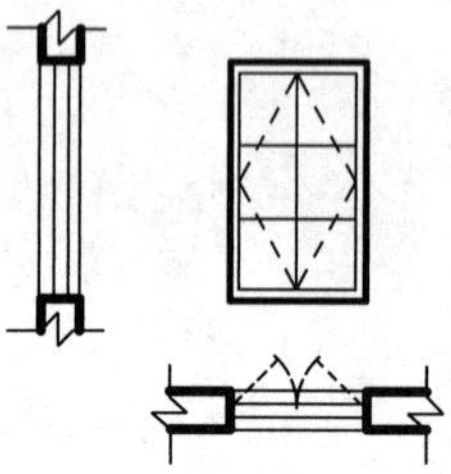  | 1. 窗的名称代号用 C 表示<br>2. 立面图中的斜线表示窗的开关方向，实线为外开，虚线为内开；开启方向线交角的一侧为安装铰链的一侧，一般设计图中可不表示<br>3. 剖面图中左为外，右为内；平面图中下为外，上为内<br>4. 平、剖面图中的虚线仅说明开关方式，在设计图中不需表示<br>5. 窗的立面形式应按实际情况绘制 |

# 参 考 文 献

[1]  中华人民共和国住房和城乡建设部. GB/T 50103—2010 总图制图标准. 北京：中国计划出版社，2011.
[2]  中华人民共和国住房和城乡建设部. GB/T 50104—2010 建筑制图标准. 北京：中国计划出版社，2011.
[3]  中华人民共和国住房和城乡建设部. GB/T 50001—2017 房屋建筑制图统一标准. 北京：中国建筑工业出版社，2018.
[4]  中华人民共和国住房和城乡建设部. CJJ/T 91—2017 风景园林基本术语标准. 北京：中国建筑工业出版社，2017.
[5]  中华人民共和国住房和城乡建设部. GJJ/T 67—2015 风景园林制图标准. 北京：中国建筑工业出版社，2015.
[6]  许松照. 画法几何与阴影透视. 2 版. 北京：中国建筑工业出版社，2002.
[7]  朱育万. 画法几何及土木工程制图. 修订版. 北京：高等教育出版社，2002.
[8]  王晓俊. 风景园林设计. 南京：江苏科学技术出版社，1998.
[9]  辽宁省林业学校，南京林业学校. 园林制图. 北京：中国林业出版社，1995.
[10]  吴机际. 园林工程制图. 2 版. 广州：华南理工大学出版社，2004.
[11]  易幼平. 土木工程制图. 北京：中国建材工业出版社，2002.
[12]  卢传贤. 土木工程制图. 2 版. 北京：中国建筑工业出版社，2003.
[13]  周静卿，孙嘉燕. 园林工程制图. 北京：中国农业出版社，2006.
[14]  穆亚平，张远群. 园林工程制图. 北京：中国林业出版社，2009.
[15]  金煜. 园林制图. 北京：化学工业出版社，2005.
[16]  谷康，等. 园林制图与识图. 南京：东南大学出版社，2001.
[17]  黄晖，王云云. 园林制图. 重庆：重庆大学出版社，2006.
[18]  王颖. 现代工程制图. 北京：北京航空航天大学出版社，2000.
[19]  周佳新. 园林工程识图. 北京：化学工业出版社，2008.
[20]  张淑英. 园林制图. 北京：中国科学技术出版社，2003.
[21]  邢黎峰. 园林计算机辅助设计教程. 2 版. 北京：机械工业出版社，2007.
[22]  曲梅. 园林计算机辅助设计. 北京：中国农业大学出版社，2010.
[23]  马晓燕，卢圣. 园林制图（修订版）. 北京：气象出版社，2005.
[24]  乐嘉龙. 园林建筑施工图识读技法. 合肥：安徽科学技术出版社，2006.